Norman Glatzer | Vanessa Braun
Fast zu wild, um wahr zu sein

Norman Glatzer
Vanessa Braun

FAST ZU WILD, UM WAHR ZU SEIN

Unsere versteckten Biotope
und wie man sie schützen kann

allegria

Wir verpflichten uns zu Nachhaltigkeit
- Papiere aus nachhaltiger Waldwirtschaft und anderen kontrollierten Quellen
- Druckfarben auf pflanzlicher Basis
- ullstein.de/nachhaltigkeit

Allegria ist ein Verlag
der Ullstein Buchverlage GmbH

ISBN: 978-3-7934-2452-9

© Ullstein Buchverlage GmbH, Berlin 2024
Wir behalten uns die Nutzung unserer Inhalte
für Text und Data Mining
im Sinne von § 44b UrhG ausdrücklich vor.
Alle Rechte vorbehalten
Lektorat: Barbara Krause
Illustrationen: © Vanessa Braun
Gesetzt aus der Minion Pro
Satz: LVD GmbH, Berlin
Druck und Bindearbeiten: CPI books GmbH, Leck

Inhalt

Einleitung — 7

TEIL 1: In Schluchten und Wäldern — 9

Schluchtwald – Die Natur geht steil — 11

Naturnaher Laubwald – Im Schatten der Jahrtausende — 31

Auwald – Üppiger Überfluss — 65

TEIL 2: In Mooren und Höhen — 83

Niedermoor – Der Anfang im Ende — 85

Übergangsmoor – Zwischen den Welten — 106

Hochmoor – Verwunschener Weltenretter — 116

Bergwald – Ein Paradies in den Wolken — 131

Auf dem Weg zum Gipfel – Leben über der Waldgrenze — 151

TEIL 3: In Weiten und Städten **169**

Salzwiese – Bitte nicht nachwürzen! 171

Dünen – Leben im Tod 179

Magerwiese – Magie gibt's wirklich 196

Hecke – Grenzenlose Schönheit in der Grenze 215

Stadtnatur – Der Kampf gegen den Beton 235

Ruderalfläche – Alles wird gut (nach der Menschheit) 253

Ein Wort zum Schluss 267

Quellen & Literatur 269

Einleitung

Wäre unsere Natur ein Schmetterling, müsste man nicht lange überlegen, wie er heißt: der Vielfalter. Schönheit und Komplexität, Liebe und Hass, Blumenduft und Kothaufen – all das vereint der Vielfalter in sich. Doch leider bekommt der Vielfalter in letzter Zeit immer lahmere Flügel, und seine einst so lebendigen Farben bleichen aus. Warum nur? Die Natur, die sich in unserem Vielfalter widerspiegelt, hat ein Problem, die Biodiversitätskrise. Aber was ist das eigentlich, diese Biodiversitätskrise?

Die unterschiedlichsten Arten werden immer seltener, egal ob Pflanze, Pilz oder Tier. Um zu verstehen, warum, muss man begreifen, wie und wo diese Lebensformen existieren und wie sie miteinander interagieren. Dazu wollen wir in diesem Buch unterschiedlichste Lebensräume hier in Mitteleuropa kennenlernen. Von der Küste, an der uns ein kostenloses Gesichtspeeling in Form von Sand im Gesicht prickelt, bis hoch hinauf auf den Berg, wo die Gämsen wie verstrahlte Kängurus von Fels zu Fels hüpfen. Überall waltet das Leben mit atemberaubender Schönheit. Erst wenn wir beginnen zu verstehen, was die vielfältigen Lebensräume ausmacht, wissen wir auch, was wir tun können, um die Artenvielfalt zu schützen oder sogar zu fördern.

Auch wir Menschen gehören zu diesem großen Netzwerk,

das immer schneller immer magerer wird. Man könnte sagen, aus einem imposanten kunstvoll gestrickten Pullover wird so langsam wieder ein einziger dünner Faden. Nun ist es an uns, wieder stricken zu lernen und dem Pullover zu seiner einstigen Pracht zu verhelfen. Und wo wir schon mal die Stricknadeln in der Hand haben, können wir vielleicht sogar noch eine Hose dazu stricken. Biodiversität und Ökologie müssen darum von einem Nischenthema zur Allgemeinbildung werden. Der Vielfalter soll wieder schillern und fliegen lernen. Wir sind gefragt, zu lernen und zu handeln, denn es gibt kaum etwas Wichtigeres als das, was wir nun zu tun haben.

Ist der Mensch ein bösartiger Planetenkrebs, der kontinuierlich metastasiert? Oder ist da doch noch was zu retten? Kann unsere Spezies vielleicht sogar zur zweibeinigen Planetenglückseligkeit werden, die das Leben feiert und florieren lässt? Wir werden es herausfinden. Und herausfinden, das ist genau das richtige Stichwort. Denn nun gilt es erst einmal herauszugehen, um das zu finden, was da wächst und gedeiht, kreucht und fleucht. Schnell werden wir merken: Die Natur ist genial! Das verwobene Netzwerk der Artenvielfalt ist fast zu wild, um wahr zu sein. Selbst in unseren abenteuerlichsten Träumen können wir uns nicht ausmalen, was für absurde, ergreifende und schaurige Geschichten sich überall zutragen – gestern, morgen und jetzt gerade!

TEIL 1

In Schluchten und Wäldern

Schluchtwald –
Die Natur geht steil

»Alles Gute kommt von oben!«, sprach die Weinbergschnecke und starb. Sie lebte am Fuße einer tiefen Schlucht, und frisches Wasser tropfte regelmäßig auf sie herab. Doch wo Schluchten sind, da fliegen nicht nur Wassertropfen, sondern auch mal Steine durch die Luft. Große Steine.

Schluchten sind äußerst raue Lebensräume. Schon ihre Entstehung ist nichts für schwache Nerven. Alles beginnt mit einem Fluss. Wenn die Bedingungen passen, schleift sich dieser immer tiefer durchs Gestein nach unten und formt ein Tal. Dieser einschneidende Vorgang ist keine flotte Nummer. Nein, der Schnitt dauert Ewigkeiten und will einfach nicht aufhören. Ein bisschen so, als würde man mit einem Messer in der Hand zur Welt kommen und sich damit, kaum geboren, bei Tag und bei Nacht immer tiefer in einen Finger ritzen, bis ans Lebensende. Der Fluss, der sich da in sadistischster Manier ins Gestein einkerbt, leistet diesen Kraftakt nicht allein. In ihm befinden sich Sand und kleine Steine, die wiederum beim Schleifen und Schneiden helfen. So hinterlistig ist es, das Wasser. Durchtrennt gnadenlos majestätische Gesteinsschichten mithilfe von kleinen Popelsteinen. Wir Menschen nennen diesen Prozess, bei dem sich ein Fluss immer tiefer in ein Tal schneidet, Erosion. Ein Begriff, der fast so klingt, als wäre da Eros, der Gott der begehrlichen Liebe, im Spiel. Doch von Liebe kann bei diesem Akt der Gewalt wirklich keine Rede sein. Das Wort Erosion hat daher auch keine göttliche Herkunft, sondern eine lateinische. Es kommt vom Wort *erosio*, was so viel wie »das Zerfressenwerden« bedeutet.

Springen wir nun ein paar Jahrtausende vorwärts und schauen uns das prächtige Tal an, das entstanden ist. Das Wasser schneidet sich nach wie vor fröhlich durchs Gestein. Mittlerweile sind links und rechts vom Fluss jedoch hochaufragende Wände entstanden. Die Schlucht ist geboren! Und in ihr, da lebt's. Es grünt und blüht und flattert und schwirrt. Zumindest aus menschlicher Sicht. Aus Sicht des Gesteins klafft da eine riesige, immer tiefer werdende Wunde, in der sich alles Mögliche an Leben angesiedelt hat. Von wegen Zeit heilt alle Wunden. Schon Jahrtausende sind vergangen, und die verfluchte Wunde wird einfach immer tiefer! Nun aber genug mit der gesteinszentrierten Sichtweise auf die Dinge. Schauen wir uns mal genauer an, wer da alles so lebt.

Abgründige Bäume

Eine Schlucht ist so wie ihre Geschichte: dunkel und feucht. Sonnenlicht ist hier ein selten gesehener Gast. Wasser hingegen ist nicht nur unten im schneidenden Fluss anzutreffen, sondern befeuchtet auch die Hänge selbst. Der Boden ist hier nicht der stabilste, er lässt sich eher als geröllig bezeichnen. Wenn es viel regnet, rutschen, rollen und fliegen die einen oder anderen Steine oder Felsen durch die Gegend. An so einem mitreißenden Ort fühlen sich Bäume am wohlsten, die sich besonders gut festhalten können. Dazu gehören insbesondere Berg-Ahorn, Berg-Ulme, Esche und Linde.

Die Linde ist wohl einer der bekanntesten dieser Bäume, denn Linden werden häufig als Straßenbäume gepflanzt. Doch hier im Schluchtwald ist ihre wahre Heimat. Eigentlich handelt es sich um zwei Lindenarten, nämlich Sommerlinde und Winterlinde. Da die beiden Arten sich aber ökologisch sehr ähneln und hin und wieder auch bastardisieren, also sich vermischen, sprechen wir hier einfach von Linden.

Sie sind der baumifizierte Zucker. Die Steine im Schluchtwald müssen echt aufpassen, dass sie keine Karies von diesen Bäumen bekommen. Aber zum Glück ist es ja feucht, und das Wasser putzt gut durch. An einer einzigen Linde können bis zu 60 000 Blüten ihren Honigduft verströmen. Gemeinsam produzieren sie bei guten Bedingungen mehrere Kilo Nektar am Tag. Wenn man dann noch bedenkt, dass eine Linde bis zu 1000 Jahre alt werden kann, kommen da ein paar Tonnen Nektar pro Baum zusammen. Darum verwundert es nicht, wenn Bienen im Schluchtwald vorbeischauen und vor lauter Ekstase komplett ausrasten. Und als wären Tonnen an Nektar nicht genug, haut die Linde noch mehr Zucker raus. In diesem Fall allerdings unfreiwillig. Denn die Lindenzierlaus saugt unglaublich gerne die leckeren Säfte aus den Lindenblättern. Lirum, larum Löffelstiel, wer viel frisst, der scheißt auch viel. Und darum scheiden auch die Lindenzierläuse Honigtau aus. Sage und schreibe 90 Prozent ihrer aufgenommenen Energie landen wieder unter der Linde. Diese süße und klebrige Honigtauschicht kennt man aus Städten, wenn sie Autos verziert, man mit den Schuhen auf dem Gehweg kleben bleibt oder wenn es bei strahlendem Sonnenschein auf einmal von oben tropft. Ja, das ist dann alles süße Läusekacke. Im Wald haben diese Ausscheidungen jedoch einen großen Nutzen. Sie regen nämlich Bodenbakterien an, die im totalen Zuckerschock ihre ganze überschüssige Energie rauslassen müssen und den Boden so fruchtbarer machen.

Schön für all die vielen Kräuter, die im Schluchtwald unter der Linde wachsen.

An den Saugstellen auf den Lindenblättern siedeln sich nun wiederum Rußtaupilze an, welche die süßen Reste verwerten. Die Linde stimmt dies eher missmutig, denn die Pilze auf den Blättern sind nicht gerade förderlich für die Photosynthese. Apropos Pilze. Da gibt es einige, die die Linde besonders mögen. Zum einen versorgen eine ganze Handvoll freundlicher Symbiose-Pilze die Linde im Austausch für Zucker mit wichtigen Nährstoffen. Zum anderen gibt es aber auch noch die Pilze, die das Laub und das Holz der Linde verdauen. Und gerade unter diesen gibt es im Schluchtwald eine absolute Besonderheit.

Im späten Winter und Vorfrühling, noch bevor die ersten Frühblüher erblühen, ist so mancher Schluchtwald rot gepunktet. Keine Sorge, das sind nicht die Windpocken oder Masern, nein, jetzt fruktifiziert auf abgefallenen Lindenästen der Linden-Kelchbecherling. Dieser Pilz bildet zu dieser für Pilze wohl kaum berühmten Jahreszeit knallrote becherförmige Fruchtkörper aus. Die sind so was von rot, dass sie so unnatürlich wirken wie Kunstfingernägel an Wolfstatzen. In seltenen Fällen gibt es die leuchtenden Becher auch mal in Gelb. Die grellen Farben dienen vermutlich dazu, das Sonnenlicht besser zu absorbieren. Denn jedes bisschen Wärme zählt in dieser ungemütlichen Jahreszeit. Und wer sich keine Mütze häkeln kann, muss eben anderweitig kreativ sein. Dass man diese seltenen Pilze unter einer Dorflinde findet, ist übrigens äußerst unwahrscheinlich, denn sie benötigen den Lebensraum Schluchtwald, und zwar einen richtig kalkhaltigen.

Betrachten wir einen weiteren Baum, der gerne am Abgrund steht, nämlich die Berg-Ulme. Sie kann bis zu 400 Jahre alt und über 40 Meter hoch werden. Beachtlich, wenn man das ganze Geröll bedenkt. Noch beachtlicher, wenn man ihren Leidensdruck bedenkt. Die Berg-Ulme erfährt nämlich vorzeitigen Samenerguss – und das ganze 400 Jahre lang! Das heißt, sie bildet Jahr für Jahr ihre Samen schon aus, bevor sie überhaupt Laub trägt. An diesen Samen befinden sich kleine grüne Flügelchen, damit der Wind sie möglichst weit verbreiten kann. Diese Flügelchen haben einen Clou. Sie können nämlich Photosynthese betreiben. Somit macht die Berg-Ulme schon lecker Zucker aus Licht und Luft, bevor ihr Blätter wachsen. Ziemlich gerissen! Doch bevor die Ulme ihre Samen in alle Winde schießen kann, muss sie erst einmal geschlechtsreif werden. Und dafür lässt sie sich so richtig viel Zeit. Erst nach 30 bis 40 Jahren ist so eine Berg-Ulme überhaupt blühfähig. In dem Alterszeitraum, in dem wir Menschen so langsam aber sicher von der Quarterlife-Crisis in die Midlife-Crisis hineinrutschen, entdeckt die Ulme zum ersten Mal ihre Sexualität.

Apropos, mit ihren hübschen Blättern ist die Ulme nicht nur ein Objekt der Begierde für andere Ulmen, sondern auch eine Delikatesse für viele Insekten. Kaum sind die Blätter da, fressen auch schon die weiblichen Ulmenblattkäfer kleine Kuhlen in die Blattunterseiten, um dort ihre Eier hineinzulegen. Die Larven, die daraus schlüpfen, ernähren sich streng ulmitarisch. Was hält die Berg-Ulme eigentlich davon, dass sie so gern gegessen wird? Sie sprudelt nur so vor Abscheu und Missvergnügen! Darum verströmen die Ulmenblätter schon dann, wenn die weiblichen Käfer an ihren Eiablageplätzen knabbern, ein Duftgemisch, mit dem sie Erzwespen anlocken. Die Erzwespen wiederum bauen eine Eier-Matrjoschka, indem sie ihre eigenen Eier in diejenigen der Ulmenblattkäfer hineinlegen. Die geschlüpften Erzwespenlarven fressen dann im Ei die Larven der Ulmenblattkäfer, ehe diese überhaupt schlüpfen und losmampfen können. Wer Krieg mit Ulmen will, kriegt Krieg mit Ulmen! Zumindest wenn man ein Ulmenblattkäfer ist.

Doch viele weitere Insekten stehen ebenfalls auf Ulmenblätter, und nicht immer ist der Baum so gut gewappnet für seine Selbstverteidigung. Wenn im Sommer die Blätter richtig schön groß sind, schauen die Raupen des Ulmen-Harlekins vorbei. Genüsslich futtern sie sich am Ulmen-Salat-Buffet so richtig schön satt. Kommt dann der Herbst, verpuppen sich die schwarz-weiß-gelben Raupen unter der Erde. In der Puppe findet nun die Metamorphose statt: Aus der Raupe wird ein Schmetterling, der im kommenden Frühjahr durch den Schluchtwald schwirrt. Der frisch geschlüpfte Ulmen-Harlekin wird sich beim ersten Blick auf sein Spiegelbild in einer Pfütze gewiss mordsmäßig erschrecken: »Ach du liebes bisschen, ich seh ja aus wie Vogelscheiße!« Die Taktik, sich als trauriges Exkrementhäufchen eines Piepmatzes zu tarnen, wird als Vogelkotmimese bezeichnet. Na ja, lieber hässlich, als von einem Vogel gefressen werden, oder?

In der (K)luft

Denn Vögel gibt es einige im Schluchtwald. Wie viele andere Lebewesen profitieren sie sehr von den hier gegebenen Bedingungen. Klar, wo ein steiler Hang ist, sind keine Menschen. Darum ist auch noch nicht alles sauber verputzt und verfugt, und Raufaser sucht man ebenfalls vergeblich. Stattdessen kann sich die Natur so entwickeln, wie sie will, und schafft in diesem steilen Habitat besonders viel Totholz mit Bruthöhlen. Auch das Gestein am Hang kann mit so manchem Unterschlupf aufwarten. Hier kann sich Vogel aussuchen, ob er lieber ein Holzhaus oder ein Steinhaus möchte.

Weil der Immobilienmarkt im Schluchtwald noch völlig im Lot ist, trifft man an der Steilwand mit etwas Glück auch mal auf die größte Eulenart der Welt, den Uhu. »Oho, ein Uhu!«, sagen jetzt all die anderen Tiere vom Hang und verstecken sich in ihren Nischen. Die bis zu 3 Kilo schweren Jagdvögel haben nicht nur Kampfgewicht, sondern auch todbringende Schnäbel. Im Gegensatz zu den Larven vom Ulmenblattkäfer, die nur Ulmenblätter fressen, steht beim Uhu Fleisch auf dem Speiseplan. Fleisch von so ziemlich allem, das entweder kleiner ist als der Uhu oder sogar gleich groß. Je nach Tageskarte im Restaurant der Natur gibt es beim Uhu auch mal einen saftigen Igel. Dieser wird auf den Rücken gelegt und von unten genüsslich leergefuttert, bis nur noch die Stacheln übrig bleiben. Wenn ein paar davon mitvertilgt werden, ist das kein Drama. »Stacheln reinigen den Magen!«, pflegte schon die Uhu-Oma zu sagen. Man könnte meinen, so ein kulinarisches Unterfangen wird mit dem Tode des Uhus enden. Aber nein, die Stacheln werden nach einer Weile, komprimiert zu einer Art Wurst, einfach wieder hochgewürgt. Das wurstartige Teil mit Igelstacheln wird als Gewölle bezeichnet. Manchmal wurden in Uhu-Gewöllen sogar schon ganze Tierschädel gefunden. Wer sich damit rühmt, einen Saumagen zu haben, sieht neben einem Uhu mit Uhu-Magen auf jeden Fall sehr, sehr klein aus.

Die Tatsache, dass im Schluchtwald regelmäßig Steine und Felsen hinunterpurzeln, sorgt mitunter für eine bedrohliche Atmosphäre in diesem Lebensraum. (An dieser Stelle gedenken wir noch einmal kurz unserer Weinbergschnecke …) Eine Vogelart profitiert jedoch genau davon: die Wasseramsel. Sie liebt die in den Fluss gerollten Felsen und verbringt einen Großteil des Tages auf ihnen. Von da schaut sie ins Wasser und hält Ausschau nach dort lebenden Kleintieren. Kommt was Leckeres vorbeigeschwommen, stürzt sie sich auf ihre Beute. Sie ist der einzige hier vorkommende Singvogel, der schwimmen und tauchen kann. Die Wasseramsel kann sogar, wenn ihr mal wieder der Sabber im Schnabel vor Appetit zusammenläuft, unter Wasser gegen den Strom laufen. Damit solche heroischen Stunts nicht beschämend enden, hat dieser possierliche Vogel den Evolutionsjoker gezogen. Wasseramseln haben schwere Knochen. Während schwere Knochen bei Menschen ein Mythos sind, gibt es sie bei Wasseramseln tatsächlich. Die meisten Vögel haben bekanntlich hohle Knochen. Die der Wasseramseln sind hingegen mit Mark gefüllt. So wird die Futtersuche im reißenden Strom etwas weniger mitreißend.

Ob nun Uhu oder Wasseramsel: Der vom Menschen unberührte Schluchtwald, mit all seinem Totholz und den großen und kleinen Höhlen im Gestein, ist ein wahres Paradies für Vögel. Darum geht einiges ab in seinem Flugraum, bei Tag und bei Nacht. Und als wäre das nicht genug, kommen dann auch noch jede Menge Fledertiere in die Hood. Die Fledertiere, die auch als Fledermäuse bezeichnet werden, sind die einzigen Säugetiere, die fliegen können. Dank ihrer im Flug aktiven Echo-Ortung mit Ultraschall stellen sie sicher, dass es in der Nacht nicht zu Unfällen mit den Uhus kommt. Besser so, denn hier ist niemand versichert. Dass es in der westlichen Welt noch Lebewesen ohne Vollkasko gibt, hätte wohl niemand gedacht. Hier im Schluchtwald existieren sie noch. Hoffen wir mal, dass dieses Buch nicht von einer gewitzten Versicherungsvertreterin gelesen wird. Sonst ist es damit auch bald vorbei …

Die Bechsteinfledermaus ist der Schrecken der Insekten des Schluchtwaldes. Dieses Fledertier jagt nicht nur klassisch beim Umherfliegen, sondern beherrscht auch den Rüttelflug. Dieser ermöglicht es ihr, unablässig an einer Stelle zu fliegen, sich im Flug also nicht vorwärtszubewegen. Das gibt ihr ganz neue Möglichkeiten bei der Jagd. In der Luft stehend kann sie mit ihren großen Ohren sogar die Krabbelgeräusche von Insekten weit unter sich wahrnehmen. Bechsteinfledermäuse jagen nämlich nicht nur in der Luft, sondern sammeln auch flugunfähige Insekten direkt von Pflanzen oder dem Waldboden ab. Das breite Nahrungsspektrum ist sehr wichtig, denn die Weibchen müssen jede Nacht mehr als zwei Drittel ihres Körpergewichts in Form von Nahrung aufnehmen. Das heißt, es wird so richtig viel gefressen: Faltersalat, Hundertfüßerspaghetti, Kohlschnakenroulade und vieles mehr. Eine große Auswahl an Insekten ist essenziell. Für eine bunte Palette an Krabbelkost braucht es wiederum eine diverse Vegetation. Und Pflanzen, davon gibt es im Schluchtwald so einige.

Im Schatten der Bäume

Tatsächlich gibt es nicht nur eine Vielfalt an Baumarten im Schluchtwald, sondern auch an Kräutern und Sträuchern. Insbesondere im Frühling lohnt sich ein Ausflug, denn dann blühen unzählige kleine Gewächse. Schon im Februar beginnt hier der Lenz mit weißen Blütenteppichen. Im Schluchtwald kann es wilde Vorkommen vom Schneeglöckchen geben. Ihre Blüten sind im Februar jedoch nicht der einzige weiße Teppich. Manchmal liegt hier um diese Zeit noch Schnee. Doch kein Problem fürs Schneeglöckchen. Die Blattspitzen des Frühblühers sind besonders fest, damit sie sich auch durch gefrorenen Boden und Schneeschichten einfach durchschieben können. Einmal am Tageslicht angekommen, fängt die Pflanze an zu blühen. Damit Insekten die weißen Blüten auf weißem Schnee überhaupt sehen können, reflektieren sie das

UV-Licht der Sonne besonders stark. Frost macht den Blüten nichts aus, sie blühen einfach weiter. Etwas wärmere Tage sind dennoch willkommen, denn die bestäubenden Bienen werden erst ab 10 °C aktiv. Später, wenn die Schneeglöckchen schon verblüht sind, wird es richtig warm.

Im April beginnt der Gefleckte Aronstab zu blühen. Damit er bestäubt werden kann, muss er einiges leisten. Denn seine Bestäuberin ist die Abortfliege. Und die hat es eigentlich so gar nicht mit Blümchen. Was sie viel lieber mag, ist schöner warmer frischer Kot. Die Weibchen der Abortfliege legen ihre Eier gerne in der Nähe von Exkrementen – für die Nestwärme der Extraklasse. Den geschlüpften Larven steht dann die wichtigste Mahlzeit des Tages bevor: die Kotzeit. Darum lebt die Abortfliege eigentlich auch sehr gerne in der Nähe des Menschen und besiedelt Toiletten und andere Abflüsse. *Wie soll ich da nur mithalten können?*, dachte sich einst der eingeschüchterte Aronstab. Ein Motivationstraining bei einem illegal im Wald entsorgten Pömpel veränderte dann sein Leben. »Fake it, till you make it!«, sprach der Pömpel. Und der Aronstab tat es. Seine Blüte ist ein von einem Hochblatt umschlossener violett-brauner Kolben. Die Basis dieses Kolbens kann sich auf bis zu 40 °C erhitzen. Die Wärme macht es in dem Hochblatt nicht nur gemütlich, sondern sorgt auch dafür, dass die nach Kot duftenden Pheromone besonders effektiv abgegeben werden können.

Das ganze Theater findet am Abend statt. Ein gut gelungenes Schauspiel vom Aronstab, denn die Abortfliegen kommen tatsächlich in Scharen zu seiner Vorstellung, weil sie hier einen geeigneten Eiablageplatz vermuten.[1] Die kolbenförmige Blüte ist jedoch nicht so leicht zu erreichen, da sie ja vom Hochblatt umgeben ist. Das sieht ein bisschen so aus, als wäre die Blüte von einer Vase ummantelt. Nur nach oben hin ist dieses Hochblatt offen, ähnlich wie bei der Vase. Nun fliegen die kleinen

Kotnascher also von oben in die »Vase« hinein, um zur Blüte zu gelangen, von der sie denken, sie sei ein Abfluss oder etwas ähnlich Appetitliches. Drinnen angekommen, hagelt es dann Enttäuschungen: Da ist gar kein Abfluss, sondern eine Blüte. Außerdem ist die Innenseite des Hochblattes verdammt ölig. So rutschen die Abortfliegen dann in einen Kessel im unteren Teil der Blüte. In den geht es zwar rein, aber nicht wieder raus. Doch der Aronstab ist glücklicherweise keine fleischfressende Pflanze, sondern nach wie vor nur eine nach Kot stinkende. Im Kessel werden die Abortfliegen zunächst von den Pollen, die sie bereits tragen, befreit. Dazu produziert die weibliche Blüte einen Empfängnistropfen, an dem die Pollen kleben bleiben. Danach werden die frisch gereinigten Fliegen wieder mit neuem Pollen bepudert. Am Morgen ist der Prozess abgeschlossen. Der Kessel öffnet sich plötzlich, und die Innenwände vom Hochblatt sind auch gar nicht mehr ölig. Freiheit! Die Abortfliegen können nun endlich wieder zum nächsten Fladen fliegen. Oder sie lassen sich wenige Meter weiter vom nächsten Aronstab erneut verführen.

Ein weiteres typisches Gewächs des Schluchtwaldes ist die Mondviole. Sie fühlt sich hier so wohl, weil es schön feucht und dunkel ist. Ähnlich wie der Aronstab ist auch die Mondviole eher nachtaktiv. Während die Aronstäbe die nächtliche Schlucht in Kloakeduft hüllen, wird die zur selben Zeit blühende Mondviole zum Duftstein im großen Fake-Klo. Mit ihren Blüten, die herrlich nach Flieder duften, lockt sie eine Vielzahl an Nachtfaltern an. Sehr zum Wohlwollen unserer Bechsteinfledermaus übrigens, die hier ja des Nachts mit ihrem grenzenlosen Kohldampf auf Insekten ihr Unwesen treibt. Auch tagsüber ist bei der blühenden Mondviole einiges los. Die ausgewachsenen

Aurorafalter kommen jetzt sowohl zur Bestäubung der Blüten als auch, um ihre Eier an der Mondviole abzulegen. Weibliche Aurorafalter sind wahre Pheromonschleudern und hinterlassen mehr Abgase als die Wahl eines neuen Papstes. Es kostet die Männchen nämlich einiges an Energie, Ejakulat zu produzieren und ein geeignetes Weibchen zu finden. Freundlicherweise geben die Weibchen aber deutliche chemische Signale ab. Sind sie paarungswillig, werden sie circa 60 Sekunden lang von einem Männchen umworben. Sind sie jedoch paarungsunwillig, versuchen es die Männchen nur 3 Sekunden lang. Auch nach der Paarung werden fleißig weitere chemische Nachrichten verbreitet. Denn die Eier, welche die Weibchen unter anderem an der Mondviole ablegen, enthalten Pheromone, die den anderen Weibchen sagen sollen: »Legt an dieser Pflanze bloß nicht eure Eier ab, das ist meine!« Nichts da mit »sharing is caring«. Denn so eine frisch geschlüpfte Raupe kommt unter Umständen mit ziemlich mieser Laune auf die Welt. Findet sie noch andere Aurorafalter-Eier auf ihrer Futterpflanze, frisst sie diese auf, dass bloß keine anderen blöden Aurorafalter-Raupen schlüpfen. In der Hölle schmoren soll sie, diese gierige Konkurrenz!

Die Aurorafalter-Raupen sind nicht die einzigen Brutalos im Schluchtwald. Auch bei einigen Schnecken gelten hier nur die Gesetze der Straße. Denn die vielen Steine mit ihren feuchten Zwischenräumen bieten den perfekten Lebensraum für Raubschnecken. Allen voran sind da die Kleine Daudebardie und die Rötliche Daudebardie zu nennen. Im Gegensatz zum Großteil der schleimigen Verwandtschaft, die sich streng vegan ernährt, sind die beiden Daudebardien die Freaks auf jeder Familienfeier, die immer eine Extrawurst brauchen. Denn sie leben, man höre und staune, karnivor. Anders als viele andere Landschnecken verbringen sie die meiste Zeit des Tages unterirdisch und fressen dort Regenwürmer. Während die normalen veganen

Schnecken Raspelzähne haben, sind die Zähne der Raubschnecken eher dolchartig geformt, damit sie ihre Opfer so richtig schön festhalten und zerreißen können.

Ein sehr sensibles Thema ist für die beiden Daudebardien ihr Körper. Sie sind nämlich Halbnacktschnecken. Das heißt, sie tragen zwar ein Schneckenhaus mit sich herum, in das sie aber nur als Jungtier gepasst haben. Denn dummerweise ist das Haus dann nicht mitgewachsen, und so schleppen die ausgewachsenen Schnecken winzige Häuser durch die Gegend, mit denen sie überhaupt nichts anfangen können. Manche Daudebardien tragen ihr Häuschen mit Stolz als stylisches Accessoire, während sie mal wieder einen Regenwurm zerfetzen. Andere hingegen sind echt genervt und denken, ihr Körper sei mit diesem unnötigen Haus einfach nur sinnlos von der Evolution verunstaltet worden.

Wo Gestein und Feuchtigkeit aufeinandertreffen, ist auch der Feuersalamander nicht weit. Die schwarz-gelben Amphibien sind alles andere als unauffällig, und doch bekommt man sie so gut wie nie zu sehen. Das liegt vor allen Dingen daran, dass sie nachtaktiv sind. Zu Uhrzeiten, zu denen wir Menschen im Schluchtwald nur noch schwarz vor Augen hätten und ein tödliches Unglück nahezu gewiss wäre, können die kleinen Salamander mit ihren ausgesprochen lichtempfindlichen Augen wunderbar sehen. Ausgestattet mit exzellenten optischen Sinnesorganen, machen sie sich des Nachts auf die Jagd nach allerlei Insekten und anderem kleinen Getier. Insbesondere im Orbit von Pilzfruchtkörpern halten sich die Feuersalamander gerne mal auf. Ein kulinarisches Interesse an diesen haben die flinken Amphibien aber keineswegs, vielmehr gelüstet es ihnen nach Nacktschnecken, die wiederum gerne mal von Pilzen naschen. Den Pilzen wiederum wird dieser Schutz durch das Abernten der gierigen Schnecken vermutlich gefallen. Salamander bedienen sich gerne am großen Nahrungsangebot im Lebensraum – doch wer frisst die Salamander? Niemand. Die Nahrungskette ist an dieser Stelle defekt und lässt sich auch von keinem Juwelier reparieren.

Das bunte Äußere des Feuersalamanders wird auch als Warntracht bezeichnet. Er trägt die Warntracht allerdings nicht aus nostalgischen Gründen und besucht damit regelmäßig Trachtenumzüge zu den Klängen traditioneller Blasmusik. Nein, seine Warntracht ist ein nett gemeinter Hinweis an so ziemlich alle anderen Lebewesen: Wenn du mich angreifst, verpass ich dir eine dermaßen giftige Abreibung, dass du leiden wirst wie nie zuvor. Das könnte für Tiere, die darauf nicht hören wollen, gravierende Folgen haben: Maulsperre, Genickstarre oder eben auch mal der Tod. Erstaunlicherweise nehmen die meisten potenziellen Fressfeinde diese Warntracht auch sehr ernst. Wer auf der Arbeit oder Ähnlichem nicht so gerne angesprochen wird, kann sich ja mal in ein Ganzkörper-Latexkostüm in Salamander-Optik werfen und berichten, ob es auch bei Menschen funktioniert.

Fortpflanzungswillige Feuersalamander-Weibchen sind übrigens äußerst unabhängig von den Männchen. Bei den meisten anderen Lebewesen sieht es ja zumeist so aus: Man möchte vielleicht Kinder, aber die Auswahl auf dem Singlemarkt ist einfach eine Katastrophe. Nun hat man die Wahl: entweder keine Kinder – oder Kinder mit einem »Kompromiss«. Denn Feuersalamander-Weibchen reicht es völlig aus, wenn sie ihren Traummann nur ein einziges Mal auf ein Stelldichein treffen. Sowie sie seinen Samen haben, haben sie auch schon gewonnen. Denn sie können diesen jahrelang im Körper aufbewahren und jedes Jahr ein paar Spermien zu Nachwuchs verwursten. Männer sind danach nicht mehr relevant für die Reproduktion, sondern nur noch optional. Die Salamander-Mädels legen übrigens keine Eier, was äußerst ungewöhnlich für Amphibien ist. Sie tragen zwar Eier in sich, doch in dem Moment, in dem sie diese ans Tageslicht befördern, platzen die Eier auf, und es kommen direkt Larven als Lebendgeburten zur Welt. Das Leben des Nachwuchses ist dann aber erst mal nicht so chillig wie das der Erwachsenen, denn die Larven verfügen über noch kein Gift und stehen daher auf dem Speiseplan vieler Tiere. Unter anderem werden sie von unserer schon bekannten Wasseramsel gefressen, aber auch von der Wasserspitzmaus. Und die hat es faustdick hinter ihren Mini-Öhrchen.

Die Wasserspitzmaus lebt recht nahe am Gewässer, denn sie ist aufs Schwimmen und Tauchen spezialisiert. Jeden Tag frisst sie in etwa das Äquivalent zu ihrem eigenen Körpergewicht. Wasserspitzmäuse geben recht viel Wärme an die Umgebung ab und verbrennen Unmengen an Energie, weshalb sie auch reichlich jagen und futtern müssen. Der hohe Energieverbrauch findet ausgerechnet bei der Jagd statt, denn damit die Kälte beim Tauchen nicht an die Haut heranreicht und die Maus unterkühlt, bilden sich in den Deckhaaren des Fells Luftbläschen. Die sorgen dann aber wieder für Auftrieb beim Tauchgang, weswegen extra viel gepaddelt werden muss. Ganz schön fordernd, so ein Wasserspitzmausleben. Irgendwie klingt das nicht gerade nach einem Gewinn in der Evolutionslotterie. Doch das letzte Wort ist noch nicht gesprochen, denn die Wasserspitzmaus zählt zu den wenigen giftigen Säugetieren, die es gibt. Das possierliche Mäuschen produziert nämlich einen giftigen Speichel, der für kleine Tiere lähmend oder sogar tödlich sein kann. Dieser Speichel wird durch Kanäle über die Schneidezähne abgegeben. Dadurch ist die Maus in der Lage, auch mal einen Frosch oder Fisch zu erbeuten und zu verspeisen. Für Menschen wäre ein Biss übrigens nicht gefährlich, maximal Hautausschlag könnte die Folge sein. Damit ist zumindest sichergestellt, dass Wasserspitzmäuse vorerst nicht die Weltherrschaft an sich reißen.

Farne und Moose

Wie sich ja schon herauskristallisiert hat, sind die meisten Schluchtwälder feucht und dunkel. Ein Paradies für Farne und damit ein Ort, an dem man eine Ahnung vom Erscheinungsbild der Erde vor Hunderten Millionen Jahren bekommen kann. Die ersten Wälder der Erdgeschichte bestanden weitestgehend aus riesigen Farnen und einigen Bärlappgewächsen. Die Farne waren so mächtig, dass sie durch ihre Photosynthese das Klima auf der Erde abkühlten. Wenn wir heute Steinkohle verbrennen, dann verfeuern wir eigentlich vor allen Dingen Farne, die im Karbon unentwegt Kohlendioxid gebunden haben. Farne blühen nicht und bilden keine Samen aus, sondern Sporen. Die Blütenpflanzen sind im Vergleich zu ihnen noch recht junge Hüpfer. Irgendwann jedoch triumphierten sie über die Farne, weil sie nicht so viel Feuchtigkeit benötigen. Im Schluchtwald gibt es allerdings noch Farne, so weit das Auge reicht.

Ein ganz besonderer unter ihnen ist der Hirschzungenfarn. Sein Name ist Programm, denn seine Blätter, die eigentlich Wedel genannt werden, sind zungenförmig. Der Hirschzungenfarn ist ein absolutes Nordlicht, denn wir finden ihn nahezu ausschließlich an Nordhängen. So mancher Nordhang streckt uns dann aber gleich Hunderte Zungen auf einmal entgegen. Doch der Hirschzungenfarn ist äußerst anfällig gegen die samenbildende Konkurrenz aus der Pflanzenwelt und lässt sich schnell verdrängen. Gentrifizierung allerorts, und hier trifft es die Gewächse aus dem Trias. Darum zieht unser Hirschzungenfarn Felszwischenräume vor, in denen andere Pflanzen mangels Nährstoffen schwächeln würden. Damit der Hirschzungenfarn selbst nicht hungern muss, hat er seine großen Wedel. Sie fangen organisches Material auf wie zum Beispiel Laub und kleine Zweige oder anderes, was den Hang heruntergerollt kommt. Die gesammelten Snacks verrotten dann direkt am Farn und spenden die raren Nährstoffe. So kann der Hirschzungenfarn auch an steilsten Hängen gedeihen. Andere Lebewesen interessieren sich wenig für Farne. Keine Blüten, keine Samen, meist giftige Wedel – das volle Programm an Nutzlosigkeit. Gut für die Farne, denn sie müssen sich so keine Gedanken über den Tod machen und führen ein tiefenentspanntes Leben.

Auch die Moose fühlen sich im feuchten und strukturreichen Lebensraum Schluchtwald absolut wohl: Spitzblättriges Schönschnabelmoos, Großes Schiefmundmoos, Bach-Kurzbüchsenmoos, Scheiden-Doppelzahnmoos, Wirteliges Schönastmoos, Vermoostes Moosenmoos, Gekrümmtes Spaltzahnmoos, Grünspan-Nacktmundmoos, Zartes Klein-Schnabeldeckelmoos, Grünes Verbundzahnmoos, Fuchsschwanz-Bäumchenmoos, Engmündiges Krausblattmoos, Gezähntes Jochzahnmoos, Breites Igelhaubenmoos[2] ... Was zur Hölle ist hier nur los? Ganz richtig, all diese Moose mit ihren extravaganten Namen kann es in diesem Lebensraum geben. (Na gut, zugegebenermaßen hat sich ein Moos in diese Liste geschummelt, das es gar nicht gibt. Wer es findet, darf es behalten.) Die Moose fühlen sich hier wohl, weil es so schön feucht ist. Gleichzeitig speichern sie selbst ebenfalls Wasser und befeuchten so ihrerseits den Lebensraum. Schon praktisch, wenn man als Biotop mit so viel Moos befreundet ist. Natürlich bietet der Schluchtwald den Moosen außer der Feuchtigkeit vieles mehr. Nämlich unzählige

Oberflächen zur Besiedelung auf Felsen sowie auf lebenden und toten Bäumen.

In Schluchtwäldern mit saurem Gestein hat sich ein ganz besonderes Moos angesiedelt. Es trägt einen viel weniger speziellen Namen als die meisten anderen Moose in diesem Lebensraum, aber es hat einiges drauf: das Leuchtmoos. Das Moos wächst an den allerdunkelsten Orten, und zwar ganz tief in Felsspalten oder in Höhleneingängen. Eigentlich würde man es dort so gut wie gar nicht sehen. Allerdings hat das Leuchtmoos linsenförmige Zellen, die einfallendes Licht zurückwerfen können und damit in etwa so funktionieren wie Reflektoren am Fahrrad. Wenn die Lichtverhältnisse passen, wirkt es so, als würde das Moos leuchten. Die linsenförmigen Zellen absorbieren allerdings nur die Wellenlängen an Licht, die ihnen schmecken, die anderen geben sie der Lichtquelle wieder zurück. Ob das Moos mit diesem Leuchten irgendwas bezwecken will? Vermutlich nicht, es weiß einfach nur mit Ressourcen umzugehen und gibt wieder ab, was es nicht braucht, anstatt zu hamstern. Auch von Moosen kann man fürs Leben lernen.

Im Wasser

Nun nehmen wir einmal den Weg eines losgelösten Steines im Schluchtwald. Steil geht es bergab, bis wir schließlich im Wasser landen. Auch hier können wir Spannendes beobachten. Denn wenn die Bedingungen passen, lassen sich hier echte Perlen finden. Zumindest, wenn dieses Buch im 18. Jahrhundert erschienen wäre, eure Erlauchtheiten. Denn gerade in langsam fließenden Gewässern oder Gewässerabschnitten lebte einst die Flussperlmuschel. Dort lebt sie an und für sich immer noch, aber nur an sehr wenigen Standorten, weil sie mittlerweile vom

Aussterben bedroht ist. Eigentlich sind die Flussperlmuscheln robuste Tierchen. Bis zu 280 Jahre können sie alt werden, diese rüstigen Rentner. Ist ja auch klar, bei so viel Wassergymnastik ... Aber bei all der Fitness haben sie doch diverse Ansprüche an ihren Lebensraum. So sollte das Flussbett möglichst nicht zu schlammig sein, sondern lieber sandig oder kiesig. Und sandig und kiesig kann unser Schluchtwald durchaus bereitstellen. Doch auch die selten gewordene Bachforelle sollte mit von der Partie sein. Denn die Larven der Flussperlmuschel haften sich an den Kiemen von Bachforellen an und leben dort ganze 10 Monate als Parasit und trinken deren Blut. Eine Wahl haben sie nicht, denn ohne ihr fischiges Opfer können sie nur 2 Tage im Wasser überleben. Eine ausgewachsene und von der Forelle losgelöste Flussperlmuschel kann dann tatsächlich Perlen produzieren. Allerdings macht das schätzungsweise nur jede 25ste bis 2000ste Flussperlmuschel. Es muss also schon ganz schön muscheln, damit es perlt. Durch Überdüngung und allerlei andere Faktoren haben wir unsere Gewässer jedoch so weit gebracht, dass sie heutzutage fast perlenfrei sind. Damals, vor etwa 300 Jahren, war uns der Schutz der Flussperlmuschel noch wichtig: Wer diese Muscheln fing, dem wurde mancherorts zur Strafe eine Hand abgehackt. Hach ja, die gute alte Zeit!

Während die Beziehung zwischen Flussperlmuschel und Bachforelle von Einseitigkeit geprägt ist, lebt ein anderer Fisch mit einer anderen Muschel in trauter Zweisamkeit: der Bitterling. Vom Namen her mag man ja denken, dieser Fisch sei eher so der permanente Trauerkloß. Doch ganz im Gegenteil. Der Bitterling wirkt mit seinen silbrig schillernden Schuppen so, als würde er gleich auf eine 70er-Jahre-Karaoke-Party gehen und »Night fever, night fever, we know how to do it!« singen. Besonders gerne sucht er im Frühjahr schlammige Buchten auf, denn dort lebt die Große Flussmuschel. Und nun wird es pervers. Vor

Ort sucht sich der männliche Bitterling eine Muschel, die ihm gefällt. Hat er eine gefunden, gerät er ziemlich in Wallung und sein eh schon schickes Schuppenkostüm legt noch mal den Turbo ein: Nun schillert es neben silbern auch noch in Rot und Grün. Erspäht der männliche Bitterling nun ein Weibchen, lockt er es zur Muschel. Ist ihm das gelungen, beginnt die Muschelorgie. Zuerst schiebt das Weibchen ihre Legeröhre in den Kiemenraum der Muschel, um dort ihre Eier abzulegen. Anschließend gibt das Männchen seine Samenflüssigkeit zum Befruchten der Eier in die Muschel. So können die Bitterlingslarven gemütlich im Muschelinneren schlüpfen, ohne sich davor fürchten zu müssen, gefressen zu werden. Und das ist die Geschichte von den Bienchen und Blümchen, denn auch Bitterlingsbabys kommen nicht auf magische Weise mit dem Storch. Die Flussmuschel biedert sich im Übrigen noch weiterhin an: Auch andere Bitterlingspaare sind nach wie vor herzlich zur Vermehrung eingeladen. So kann es vorkommen, dass eine Flussmuschel die Kinder verschiedenster Eltern auf einmal ausbrütet. Nun stellt sich nur noch die große Frage: Warum tut die Flussmuschel das? Ganz einfach: Sie heftet wiederum ihre eigenen Larven an die Bäuche der Bitterlinge, und alle sind glücklich.

Bedingt durch seine steilen und felsigen Abhänge, ist der Schluchtwald wohl einer der vom Menschen unberührtesten Lebensräume und damit auch einer der urtümlichsten. In der Schlucht hat die Natur ihre Nische gefunden, in der sie einfach noch sein darf. Sorgen wir dafür, dass das so bleibt. Die atemberaubende Vielfalt des Schluchtwaldes wird es uns danken.

Naturnaher Laubwald – Im Schatten der Jahrtausende

»Mitteleuropa, einer der größten Laubwälder auf der Raststelle Erde. Frische Pilze und saubere Toiletten inklusive.« So könnte der Titel eines Reiseführers für eine Welt ohne Menschen lauten. Nur wer würde dann solche Bücher schreiben und lesen? Aliens auf Durchreise, klare Sache. Weite Teile dieses Kontinents wären mit einem gigantischen Laubwald bewachsen. Riesige Laubbäume – Jahrhunderte oder gar Jahrtausende alt – würden hier alles in den Schatten stellen. Hin und wieder stürbe zwar mal einer der knorrigen Bäume, doch in kürzester Zeit würde er durch Nachwuchs ersetzt werden. Freie Flächen wären eher die Seltenheit.

Doch dieses Gedankenexperiment ist fernab der Realität angesiedelt. Schließlich gibt es ja Menschen, und darum ist Mitteleuropa auch kein riesiger Laubwald. Zum einen brauchen wir Platz zum Leben und Konsumieren, denn wir sind wirklich verdammt viele. Zum anderen sind Laubblätter keine Geldscheine und wandeln nur Kohlendioxid in Sauerstoff um. Und wer braucht schon gute Luft? Einen neuen SUV kann man sich davon genauso wenig kaufen wie die nächste alljährliche super duper Erleuchtungs-Rucksack-Bewusstseins-Fernreise mit dem Flieger nach Südostasien oder Südamerika. Statt flächendeckendem Laubwald gibt es also nur noch kleine niedliche Laubwaldparzellen. Doch weil es kaum etwas Wichtigeres gibt als die Erhaltung und Förderung solcher Wälder, ist es jetzt allerhöchste Zeit, sich mal mit dem Lebensraum zu befassen, der hier eigentlich dominieren würde und der ein ganzes Arsenal an Lösungen für unsere Zukunftsprobleme mit dem Klima bereithält. Dazu betrachten wir zwei Baumarten, die diesen Wald prägen, und zwar Eiche und Buche.

Eichen

Die beiden häufigsten einheimischen Eichen, die Stieleiche und die Traubeneiche, beheimaten mehr Leben als alle anderen Baumarten unserer Wälder. Diese Gehölze sind die absoluten Wundertüten der Biodiversität. Auf diesen Bäumen geht es so wild, bunt und quirlig zu, dass im Vergleich dazu jedes Menschenfestival wirkt wie ein biederes Kaffeekränzchen in einem bourgeoisen Wohnzimmer. Dabei steht keine der beiden Eichenarten der anderen in etwas nach, und wir können, der Einfachheit halber, von der Eiche sprechen. Doch warum ist es gerade die Eiche, die eine so atemberaubende Vielfalt beherbergt?

Das liegt an ihrer Geschichte. Die lassen wir uns am besten mal von einer 1000-jährigen Eiche selbst erzählen. Also brav hinsetzen und die Klappe halten, während diese ehrwürdige Kreatur spricht, die schon ihre Blätter der Sonne entgegengereckt hat, bevor unsere Ur-ur-ur-ur-ur-ur-ur-Ahnen in ihre Windeln gemacht haben. Blicken wir andächtig in ihr knorriges Geäst und lauschen ihrer kratzigen, knackenden Stimme:

»Ihr wollt also wissen, warum wir Eichen so vielen Lebensformen ein Zuhause bieten? Nun, um euch das zu erklären, muss ich schon ein bisschen weiter ausholen und euch von einer Zeit vor meiner Zeit erzählen. Es war vor etwa 10 000 Jahren, da waren die Neandertaler schon längst ausgestorben oder hatten sich mit euch verpaart. Aber das ist ja eure Geschichte, damit müsst ihr fertigwerden. Wie auch immer, vor etwa 10 000 Jahren muss es gewesen sein, als gerade die letzte Kaltzeit vorüber war, da begab es sich, dass zunächst Pioniere wie Weiden, Birken und Kiefern mit der Besiedelung der Moränenlandschaften Mitteleuropas begannen. In diesen Wäldern fanden Tiere ihre Heimat, die wiederum die Eicheln als Nahrung mitbrachten, versteckten und vergaßen. Die Früchte keimten, und meine Vorfahren und viele andere kleine Eichen wuchsen der Sonne entgegen. Es war ein goldenes Zeitalter.[3] Vor 9000 Jahren waren bereits große Teile Deutschlands von Eichenwäldern geprägt.[4] Es muss einfach herrlich gewesen sein. Stellt euch diese Pracht vor. Damals, bevor die Buchen kamen ...

Ach ja, Pilze, Insekten und andere Lebewesen passten sich daraufhin an das Leben in den Eichenwäldern an. Manche spezialisierten sich ausschließlich auf das Zusammenspiel mit uns Eichen, und eine Koevolution war die Folge. Besonders Insekten konnten gar nicht genug von uns Eichen bekommen und das, obwohl wir sie sowohl mit unserer Rinde als auch dem Holz, den Blättern und den Früchten, die allesamt stark gerbstoffhaltig sind, auf Abstand halten wollten. Man stelle sich das mal vor, meine Ahnen haben sich extra chemisch gegen diese Krabbler gewehrt, und da passt sich das Getier einfach an und umgeht unsere Abwehrmechanismen. Inzwischen sind viele Lebewesen gerade auf dieses ursprünglich feindliche Milieu angewiesen. Welche Ironie des Schicksals. Als hätte man einem menschlichen Gast einen leeren Teller mit der Aufschrift ›Fick dich!‹ hingestellt, und der hätte nichts Besseres zu tun gehabt, als Nachkommen zu zeugen, die sich von Porzellan und Beleidigungen ernähren. Damit dürfte klar sein, warum wir Eichen so stark besiedelt sind. Und jetzt genießt doch einfach mal die Stille und den Anblick des Waldes, oder habt ihr vergessen, wie das geht?«

Folgen wir also dem Rat dieser ungehobelten, knorrigen Seniorin und schauen uns den Eichenwald genauer an. Diese archaischen Bäume wachsen hier bis zu 40 Meter in die Höhe und überragen uns Menschen damit, wie unsereins ein totgefahrenes Eichhörnchen am Straßenrand überragt. Und ähnlich jämmerlich müssen wir diesen langlebigen Bäumen vorkommen, die unsere blutigen Kriege und flammenden Redner, unser schmerzendes Herzeleid und unseren wilden Wissensdurst aus ihrer Sicht über Jahrtausende hinweg betrachten. Doch nicht alle Eichen erreichen ein so stolzes Alter. Wer meint, ein Leben als Mensch sei schwierig, sollte sich der großen Hürden im Leben einer Eiche bewusst werden.

Alles beginnt mit der Bestäubung weiblicher Blüten durch die Pollen der männlichen Blütenkätzchen mithilfe des Windes. Im Laufe des Sommers bilden sich dann die Eicheln, wobei aus jeder Nussfrucht nur ein neuer Baum wachsen kann. Eine Eichel wiegt zwischen 6 und 12 Gramm und fällt zunächst, ganz den Regeln der Physik gehorchend, nicht weit vom Stamm. Hier, im Schatten der Eltern, stehen die Chancen für diesen Möchtegern-Baum aber ziemlich schlecht, auch mal eine ausgewachsene Eiche zu werden. Weil sich die kleine Nuss nicht einfach Beine wachsen lassen kann, ist sie nun auf Hilfe aus dem Tierreich angewiesen. Mit etwas Glück fällt der Blick eines Eichelhähers auf die Frucht, der sie in seiner dehnbaren Speiseröhre auf eine Reise mitnimmt. So schaffen es die Eicheln doch noch, dem Orbit ihrer Eltern zu entkommen, und haben eine Chance auf ein selbstbestimmtes Leben. Nun ja, im Grunde genommen sind sie der Willkür eines Vogelhirns ausgeliefert. Glücklicherweise sind die Eichelhäher sehr kluge Vögel und platzieren ihre Vorräte nicht einfach irgendwo. Sie wählen lichte Stellen, weil dort die Wahrscheinlichkeit, dass Nager sich über ihre mühsam gesammelten Vorräte hermachen, geringer ist. Denn diese würden im offenen Gelände Gefahr laufen, von Raubvögeln oder anderen Mausivoren erbeutet zu werden. Außerdem achten die Eichelhäher darauf, dass sie jede einzelne Eichel sorgsam mit Blättern, Moos oder Rindenstückchen bedecken. So sorgen sie dafür, dass die Eicheln nicht austrocknen und bessere Chancen haben, zu keimen.

Wenn die Eichel an einem geeigneten Standort vergessen wurde, beginnt sie bereits im Winter, ihre Pfahlwurzel auszubilden. Mit dieser verankert sich der künftige Baum fest im Boden und blickt einer ungewissen Zukunft entgegen. Ist der Frühling da, treibt aus dem Samen schließlich ein Spross mit kleinen Blättern, mit denen der Keimling Photosynthese betreiben kann. Zeit, sich nach guten Freunden umzuschauen. Und wo findet ein junger Eichenkeimling einen echten Freundeskreis? Weder auf dem Schulhof noch in der Kneipe oder auf der Tanzfläche. Ihre Freundschaften schließt die Eiche unter der Erde in der Welt der Pilze. Mykorrhiza-Pilze wie die Eichenrotkappe, der Sommersteinpilz oder der Grüne Knollenblätterpilz sind bereit für eine lebenslange Beziehung des Gebens und Nehmens und kämen nicht mal im Traum darauf, den Eichenkeimling zum Alkoholtrinken oder zu trashigem Deutschrap zu verleiten.[5] Stattdessen versorgen sich der Keimling und seine Pilzfreunde mit allem, was der jeweils andere gerade braucht. Die Pilze können beispielsweise dadurch, dass ihr Geflecht viel weiter reicht als das Würzelchen des Keimlings, Wasser und Nährstoffe aus weiter entfernten Bodenschichten für die kleine

Eiche heranschaffen. Diese wiederum nimmt die Geschenke nicht ohne Gegengeschenk an, denn sie stellt den Pilzen ihrerseits mittels Photosynthese hergestellten Zucker zur Verfügung.

Doch nicht alle Pilze sind dem Eichenbaby wohlgesonnen. Einige von ihnen lösen Wurzelfäule aus und beenden das junge Eichenleben, bevor es richtig losgeht. Auch bei der Verteidigung gegen solche parasitären Pilze hilft dem Keimling die Mykorrhiza-Partnerschaft mit seinen Pilzfreunden.[6] Aber alles in allem geht es unter der Erde eben nicht nur harmonisch, sondern durchaus gefährlich zu. Wir können schon froh sein, dass uns in der Schule kein Klassenclown mal aus Spaß ein Bein abgefault hat. Das Mobbing, gegen das sich die junge Eiche erwehren muss, hört bei parasitären Pilzen an der Wurzel aber nicht auf.

Kaum haben die Keimlinge Blätter ausgebildet, stehen diese auch schon auf dem Speiseplan von Rehen. Das bedeutet für viele Eichenminis das Ende ihres Lebens oder aber eine Verzögerung ihres ohnehin langsamen Wachstums. Da könnte man jetzt meinen, die Bäume stehen mit Rehen auf Kriegswurzel. Das ist jedoch nicht der Fall. Denn obwohl die Wildtiere gerne mal die Blättchen der Keimlinge knabbern, futtern sie auch ausgiebig an den sie umgebenden Pflanzen. In einem Versuch konnte festgestellt werden, dass auf Flächen, auf denen Rehe äsen, mehr Eichen überleben als auf eingezäunten Flächen, die für Wild unzugänglich sind.[7] Die wenigen überlebenden Eichen innerhalb des eingezäunten Bereiches wuchsen jedoch bedeutend schneller als die dem Rehwild ausgesetzten Bäume. Dennoch dauert es schon um die 4 bis 5 Jahre, bis eine Eiche eine Höhe von 2 Metern erreicht hat. Dann verlangsamt sich ihr Wachstum stetig. Bis die Eiche selbst blühen und Eicheln ausbilden kann, vergehen noch um die 15 weitere Jahre.

Doch auch wenn es eine kleine Eiche schafft, zu einem stattlichen Baum heranzuwachsen, ist sie vor Fressfeinden nicht sicher. Es kommt immer wieder vor, dass sich bestimmte Schmetterlingsraupen in Massen über das Laub der Eichen hermachen. Manchmal kann es dazu kommen, dass sich mehrere Falterarten zur selben Zeit an den Blättern der Eichen gütlich tun und so am Ende kaum mehr ein Blatt am Baum bleibt.

Der Große Frostspanner ist ein solcher Falter, wobei die Weibchen dieser Art von der Evolution mächtig angeschmiert wurden, denn obwohl sie ja zu den Schmetterlingen gehören, haben sie keine Flügel. Während also die Blauen Eichen-Zipfelfalter im Juni und August elegant in der Krone der Eiche umherflattern und ihres Lebens froh sind, kann das Große-Frostspanner-Weibchen, das erst im September schlüpft, sein elendes Dasein damit zubringen, am Stamm der Eiche ungelenk hinaufzukriechen. Oben angekommen, legt sie dann ihre blassgelben Eier in die Knospen der Eiche. Ob sie eine grausame Genugtuung beim Gedanken an die Plackerei der nächsten Generation empfindet, können wir nicht wissen. Vielleicht denkt die Schmetterlingsmama ja auch liebevoll an ihre Raupenzeit zurück und wünscht ihrem Nachwuchs eine ebenso schöne Jugendzeit. Der Nachwuchs in den sich über den Winter langsam rosa und schließlich rot verfärbenden Eiern wartet ahnungslos bis zum Frühling mit dem Schlüpfen.

Dann haben es die Raupen des Großen Frostspanners aber gar nicht schlecht getroffen, denn sie können nicht nur den ganzen Tag leckeres Laub und Knospen fressen, sondern haben dazu auch noch eine Superkraft, die eine ordentliche Portion Spaß verspricht. Sie verfügen nämlich über Spinndrüsen, mit denen sie sich ganz Spider-Man-mäßig zum Boden abseilen können. Diesen Stunt vollbringen die Bungee-Raupen aber nicht des Adrenalin-Kicks wegen oder um damit zu flexen, sondern um sich bei drohender Gefahr in Sicherheit zu bringen.

Ist die Bedrohung vorüber, klettern sie an demselben Faden wieder hinauf und raffen diesen mit ihren Brustbeinen zusammen. Nun wird das selbst gemachte Rettungsseil aufgefressen und das Knospen- und Blätterfuttern kann weitergehen. So geht die schöne Raupenzeit wie im Fluge dahin, bis sich die kleinen Nimmersatte Ende Juni ein letztes Mal abseilen und im Boden verpuppen.[8] Nach den ersten Frösten beginnt dann für die Weibchen ein unbeflügeltes Dasein und der Kreislauf des Lebens von vorn. Der Große Frostspanner kann auf vielen Bäumen leben. Auf der Eiche kann er mit dem Kleinen Frostspanner und dem Eichenwickler zusammen vorkommen, und gemeinsam können sie ganze Wälder entblättern.

Der Eichenwickler, der seine Leibspeise bereits im Namen trägt, ist ein nacht- und dämmerungsaktiver Falter. So bekommen wir Menschen die hübschen grasgrünen Schmetterlinge kaum zu Gesicht. Hinzu kommt, dass die ausgewachsenen Eichenwickler eine Lebenserwartung von lediglich 5 bis 10 Tagen haben. Diese Zeit verbringen die Weibchen mit lebensfrohem Geflatter in den Baumkronen und damit, ihre Eier an Zweigen abzuladen. Wie Socken werden die Eier immer paarweise zusammengelegt. Allerdings ganz anders als Socken, nicht in einer Schublade, sondern in einer klebrigen Masse am Holz. Und hier kommt dem Falter eine Alge zu Hilfe. Auf dem schnodderigen Eierpärchen setzt sich nämlich nicht nur allerlei Staub ab, sondern es siedeln sich auch Algen an. Das führt dazu, dass die Abkömmlinge der Schmetterlinge nicht zu Frühstückseiern anderer Eichenbewohner werden. Gut getarnt überwintert die Brut der Schmetterlinge und schlüpft erst im nächsten Frühling. Nun ist die Zeit des Mampfens gekommen. Besonders junge Blätter und bereits geöffnete Knospen haben es den Raupen angetan. Später spinnen sie Blätter ein und fressen diese von innen heraus auf. Irgendwann verpuppen sie sich dann in ein

Blatt gewickelt und schlüpfen nach wenigen Wochen als fertige Falter.

Und die Eichen? Freuen sie sich etwa über eine hippe Frisur, wenn ihnen die Raupen die Blätter aus der Krone fressen? Nein, so ist es ganz und gar nicht. Zwar können gesunde Eichen auch mal einen Kahlfraß überstehen, ohne gleich den Löffel abzugeben, aber willkommen sind die gefräßigen Raupen dem Baum keinesfalls. Darum haben manche Stieleichen bereits die Fähigkeit entwickelt, den Eichenwicklern einen Strich durch die Rechnung zu machen. Sie geben flüchtige Signalstoffe in ihre Umgebung ab, die die weiblichen Schmetterlinge so verwirren, dass sie ihren Wirtsbaum selbst dann nicht finden, wenn sie schon in dessen Krone umherflattern. Doch damit nicht genug, manche der Eichen gehen noch weiter und bilden vermehrt bittere Polyphenole in ihren Blättern aus. Diese Stoffe sind für die Raupen so schlecht verdaulich wie für unsereins ein Tischbein. Darum vergeht manchem Räupchen bei so einer Mahlzeit schon mal der Appetit.[9]

Dennoch kann ein Eichenwickler-Befall den Baum vor weitere Herausforderungen stellen. Die von den Raupen heimgesuchten Eichen sind nämlich besonders anfällig für eine Infektion mit dem Eichenmehltau. Dieser Pilz verhält sich im Vergleich zu vielen anderen Pilzen überaus exzentrisch. Während die Otto-Normal-Pilze ihre Hyphen, also ihr Pilzgeflecht, eher im Verborgenen halten und lediglich ihre Fruchtkörper an der Oberfläche ihres Substrates zu sehen sind, wachsen die Hyphen des Eichenmehltaus außen sichtbar auf den Blättern der Eichen. Dieser Nudismus dient aber keinem exhibitionistischen Lustgewinn. Der Pilz erreicht auf diesem Weg einfacher sein Ziel, das Blatt an immer neuen Stellen mit Infektionshyphen zu befallen. Durch das Geflecht dieses Pilzes wirken die kranken Eichenblätter dann weißlich bepudert und wenig vital, ganz ähnlich den Gesichtern von Ravern nach 3 Tagen Polytoxikomanie.

Doch damit nicht genug, neben den genannten Raupen und dem Eichenmehltau müssen sich die Eichenblätter noch vielen weiteren Gegnern stellen. Die weitläufig für ihre gefährlichen Brennhaare bekannten Eichenprozessionsspinner wandern im Gänsemarsch zu wahren Fressorgien in die Kronen der Eichen, und die Raupen des Gepunkteten Eichen-Gürtelpuppenspanners futtern ausschließlich die Blätter dieses Baumes. Insgesamt gibt es rund 170 Schmetterlingsraupen, die von den Eichenblättern naschen, wobei 30 davon monophag ausschließlich diese Kost zu sich nehmen.[10]

Der Eichenblattroller macht sich die Blätter der Eiche weniger aggressiv zunutze. Auch dieser circa 5 Millimeter große Käfer nutzt das Eichengrün als Nahrung. Darüber hinaus hat der Krabbler aber noch eine andere Verwendung für das Laub des Baumes. Das Blatt wird mit sauberen Schnitten links und rechts von der Mittelrippe im vorderen Ende zunächst zertrennt. Dann wartet der Käfer ab, bis es etwas angetrocknet ist, woraufhin er die Blattoberseiten aufeinanderlegt und von der Spitze her einrollt. Da stellt sich nun die Frage: Warum widmet sich der Käfer dieser mühsamen Arbeit? Anstatt damit in einer Kunstausstellung einen saftigen Preis abzugreifen, nutzt der Krabbler sein Werk als Ablageort für 1 bis 3 Eier, die nun gut verpackt auf ihre Zukunft als Käfer im nächsten Jahr warten: Eichen-Sushi als Kreißsaal. Es kann jedoch sein, dass ein Kuckucksrüssler auf die Blattrollen aufmerksam wird und sein Ei ebenfalls in dem Blattwickel platziert. Dann haben die Eichenblattroller-Larven Pech gehabt, denn sie werden allesamt gefressen. Die Eiche nimmt es gelassen, diese kleinen Blattrollen sind so einem hartgesottenen Baum schnurzpiepegal.

Je älter die Eiche nun wird, umso vielfältiger gedeiht das

Leben auf ihr. Dazu muss sie nicht nur verschiedensten Insekten, Trockenstress und parasitären Pilzen die Stirn bieten, sondern auch noch den hungrigen Kettensägen unserer Spezies entgehen. Hat sie das geschafft, jubiliert die Natur, denn eine alte Eiche bietet dem Leben mehr Räume zur Entfaltung als der hippeste Szenekiez. Doch was macht einen solchen Baum so attraktiv für die Entwicklung einer unübertroffenen Artenvielfalt?

Die Eiche kleidet sich in eine besonders rissige und reliefreiche Borke. Diese wird mit zunehmendem Alter immer furchiger. In den Ritzen können unterschiedlichste Käferarten ihre Eier ablegen. Der Große Eichenbock ist einer von vielen Käfern, die genau das tun. Dieser dunkelbraune Sechsbeiner mit dem hellbraunen Hintern gehört mit seinen 24 bis 53 Millimetern Länge zu den größten einheimischen Käferarten. Zu der imposanten Körperlänge kommen dann noch die eindrucksvollen Fühler, die bei den Weibchen in etwa deren Körperlänge erreichen, bei den Männchen ungefähr das Doppelte ihrer Körperlänge. Das ist schon mehr als beeindruckend, besonders für so fühlerlose Wesen wie uns. Stellen wir uns mal vor, unsere Menschenmännchen hätten 3 bis 4 Meter lange Auswüchse auf dem Schädel. Der öffentliche Nahverkehr wäre eine Katastrophe und Fahrstuhlfahren dermaßen traumatisierend, dass statt eines Concierge immer ein Psychotherapeut mitfahren müsste.

Auch den Großen Eichenbock betreffend, sehen wir einem möglichen Desaster entgegen. Denn dieser wundervolle Krabbler ist vom Aussterben bedroht. Das liegt zum einen daran, dass bereits in der Vergangenheit viele Eichen gefällt wurden, bevor sie alt genug waren, um dem Käfer ein angemessenes Zuhause zu bieten. Zum anderen sind die Großen Eichenböcke sehr standorttreu. Sie leben zunächst 5 Jahre als Larve im Baum und bleiben auch in ihrem kurzen Käferleben von 46 bis 59 Tagen die meiste Zeit auf ihrem Geburtsbaum. Dabei trinken sie vom Baumsaft verletzter Eichen oder verstecken sich unter losen Rindenstücken. Große Strecken fliegen ist nicht so ihr Ding. Nachts rufen die Käfer durch das Aneinanderreiben von zwei ihrer Brustsegmente Geräusche hervor, die dem Zirpen von Grillen ähneln. Ihre Eier legt das Weibchen dann wieder in die Rinde der Eiche. An sich keine schlechte Idee, da sich ein Baum, der mehr als 1000 Jahre alt werden kann, sehr gut für einen Mehrgenerationenhaushalt anbietet. Blöd nur, wenn wir Menschen mehr Bock auf Brennholz und Parkett haben als auf Eichenböcke.

Auch unsere Leidenschaft für Flechten ist noch ziemlich ausbaufähig. Diese Lebensgemeinschaft aus Pilz und Alge profitiert ebenfalls von den Borkenrissen der Eiche, die sich durch ihre Feuchtigkeits- und Lichtbedingungen für eine Flechtenbesiedelung optimal eignen. Und hier können wir mal wieder ein Loblied auf die menschliche Ignoranz singen. Während kaum ein menschliches Wesen jemals Notiz von der bunten Vielfalt der Flechten nimmt, haben wir es doch geschafft, zum Beispiel in der Schweiz 40 Prozent der erd- und baumbewohnenden Spezies zu gefährden. Hinzu kommt, dass bereits 38 Arten hier komplett ausgerottet wurden. Das bedeutet für die Schweiz, dass dort mehr Flechten ausgerottet wurden als Säugetiere, Vögel, Reptilien und Amphibien zusammen.[11] Und in anderen Ländern sieht es nicht viel besser aus. Die Eichen-Stabflechte ist ein Beispiel für eine Flechtenart, die inzwischen stark gefährdet ist. Sie siedelt sich in Borkenrissen alter Eichen auf der regenabgewandten Seite an. Und an dieser Stelle können wir zur Abwechslung mal der Menschheit unser Lob zollen. In einem Versuch haben einige unserer Artgenossen nämlich Flechten von absterbenden Eichen auf noch lebende transplantiert und somit womöglich dazu beigetragen, dass die Eichen-Stabflechte nicht aussterben muss. Über einen für Flechten zugegebenermaßen kurzen Zeitraum von 2 Jahren konnte beobachtet werden, dass der Großteil der Transplantate auf den neuen Bäumen überleben konnte.[12]

Doch auf der Eichenrinde gibt es noch weit mehr Leben. Der Efeu klettert gerne an der knorrigen Borke der Eiche empor. Dieses Gewächs wird durch so manche Schmutzkampagne in Verruf gebracht. Oft heißt es, die Kletterpflanze würde Bäume erdrücken und ihnen Saft entziehen. Das stimmt nicht und ist übelste Verleumdung. Die Haftwurzeln, mit denen sich die Pflanze bei ihrem Aufstieg an den Bäumen festhält, sind nicht in der Lage, Nährstoffe oder Wasser aufzunehmen. Der Efeu würde sich ja auch selbst einen Strick drehen, wenn er den Baum schädigt, an dem er emporklimmt. Jahrzehntelanges Klettern, nur um dann wieder von vorne zu beginnen, wenn der Baum darniederliegt. Wir bauen schließlich auch keine U-förmigen Brücken, die uns auf dieselbe Flussseite zurückbringen, von der wir gestartet sind. Tatsächlich schützt der Efeu auch die Rinde seiner Gastbäume vor Sonneneinstrahlung und bietet zusätzlich verschiedenen Vögeln Nistmöglichkeiten und Verstecke. Ein weiterer Pluspunkt dieses nützlichen Gewächses ist, dass der Efeu sehr spät im Jahr blüht und damit auch den Insekten Nahrung bietet, die eher saumselig durch die Gegend brummen. Die Früchte des Efeus sind wiederum für die Vogelwelt von Bedeutung, und so manche Amsel kann ein Lied davon singen, wie ihr diese über den Winter geholfen haben. An dieser Stelle ein klares Plädoyer dafür, den Efeu ungestört wachsen zu lassen und nicht etwa abzukappen, wie es leider von dem einen oder anderen gutmeinenden Banausen getan wird.

Während der Efeu die Eiche also, statt ihr den Garaus zu

machen, lediglich gut kleidet und das Leben in ihrem Orbit beflügelt, gibt es so manchen Pilz, der ihr nur zu gerne an die Substanz will. Insgesamt findet sich am Stammholz der Eiche eine größere Formenvielfalt an holzzersetzenden Pilzen als bei jedem anderen einheimischen Baum.[13] Und dabei geht es wirklich wild zu. Hier gedeihen der Igelstachelbart mit seinen großen Fruchtkörpern, die strahlend weiß und anmutig bärtig daherkommen, aber auch das Schmutzbecherchen, das von außen wie ein kackbrauner Pokal aussieht, innen jedoch eine dunkel-perlmuttfarbene Auskleidung hat; der in Konsolen auftretende Schwefelporling, der mit seinem leuchtenden Gelb den ganzen Wald in puncto Sättigung in den Schatten stellt; der Eichenwirrling, dessen Hutunterseite ein wahrhaft verwirrendes Labyrinth für jeden darstellen muss, der klein und unglücklich genug ist, sich darin zu verlaufen.

Auch der härteste Pilz unserer Breiten wächst auf der Borke der Eiche: der Eichenfeuerschwamm. Dieser Pilz ist zwar nicht so hart drauf, mit einem Flammenwerfer durch den Wald zu ziehen und mit einem barbarischen Urschrei alles niederzumetzeln, was ihm in die Quere kommt, aber seine Fruchtkörper sind so robust, dass man schon hartes Geschütz wie eine Säge auffahren muss, um sie vom Baum zu trennen. Dieser Pilz kann in einem Jahr bis zu 50 Zentimeter breit werden, und auf seinen konsolenartigen Fruchtkörpern siedeln sich gerne Moose und Algen an, was ihm eine schicke grüne Tarnweste verleiht. Bei der Eiche löst der Pilz Weißfäule im Kernholz aus. Das macht dem Baum allerdings wenig aus, denn obwohl sich das Kernholz zersetzt, lebt er weiter. Der Eichenfeuerschwamm weicht jedoch auch das Splintholz der Eiche auf, was wiederum einem anderen Eichenbewohner den Weg bereitet.

Der Mittelspecht, der ausschließlich an Laubbäumen brütet und einen Wald mit einem großen Totholzanteil bevorzugt, baut seine Bruthöhlen besonders gerne in alte Eichen, die vom Feuerschwamm befallen sind. Noch lieber nutzt der Vogel bereits tote Bäume.[14] Deshalb haben Mittelspechte auch eine Petition für den Erhalt alter toter Bäume gestartet: Sie wollen der Politik Druck machen, um ihren Lebensraum zu schützen. Wir Menschen bauen aber lieber völlig überteuerten Menschenwohnraum, als uns Gedanken über Spechthöhlen zu machen. Ihren Ärger darüber schlucken die Mittelspechte einfach runter. Und damit der Zorn über unsere Selbstbezogenheit so richtig gut flutscht, stochern sie in der Rinde der Eiche nach kleinen rindenbewohnenden Insekten, die sie hinterher verschlingen. Ihre Brut füttern die Vögel mit Blattläusen, was für unsereins eher unappetitlich klingen mag, aber auf der anderen Seite die Pflanzen freut, die nicht von einer explodierenden Blattlauspopulation ausgesaugt werden.

Auch ein Pilz profitiert vom Treiben der Mittelspechte. Der Eichen-Leberreischling, der die Eiche parasitiert, nutzt die Spechtheime als Eintrittstore für seine Sporen. So kann sich der Pilz im Inneren ausbreiten und das Kernholz der Eiche mittels Braunfäule zersetzen. Die Eiche lässt das über sich ergehen, mit zunehmendem Alter wird sie eben hohl. Ihre Lebensqualität lässt sie sich jedoch von der inneren Leere nicht versauen. Der Pilz presst dann jedes Jahr seine zunächst orangefarbenen Fruchtkörper in kleinen Knubbeln aus der Rinde. Schließlich breiten sich diese zu Konsolen aus, deren Oberseiten dunkelrot sind und eine Struktur haben, die an die Papillen einer Zunge erinnert. Darum wird der Pilz auch Ochsenzunge genannt. Man möchte sich jedoch nicht den Ochsen vorstellen, der eine solch gewaltige Zunge im Maul hat, denn ein Fruchtkörper kann schon mal einen Durchmesser von 35 Zentimeter haben. Statt »Muh!« würde dieser nur noch »Umpf fuck, ich ersticke an meiner Zunge!« hervorbringen. Wenn man den Fruchtkörper durchschneidet, tropft eine rote, an Blut erinnernde Flüssigkeit aus dem Pilz. Der barbarische Eindruck wird noch dadurch verstärkt, dass das Pilzfleisch tatsächlich fleischig gemasert aussieht. Ein wirklich faszinierender Pilz.

Doch eigentlich wollen wir doch nur wissen, warum es der Eiche so egal ist, dass sie von innen hohl ist. Für uns Menschen wäre ein Dasein als wandelnde Hautluftballons gänzlich undenkbar. Für alte Eichen ist es jedoch sogar von Vorteil, wenn sie innerlich leer sind. Das liegt daran, dass hohle Zylinder gegen Knickung resistenter sind als massive. Die Eiche profitiert hier also von der Physik. So können alte hohle Bäume den auf sie wirkenden Windkräften besser standhalten, als sie es könnten, wenn ihr Kernholz bis ins hohe Alter intakt bliebe. Wir Menschen mussten das auch erst mal lernen. So mancher betagte Baum wurde von uns Betonköpfen zur Stabilisierung mit Beton ausgegossen. Die Folge war der Tod des Baumes und ein hässlicher Betonklotz.[15] Doch Fragen bleiben: Wie kommt die Eiche ohne Innenleben aus? Wie hält sie ihre lebensnotwendigen Stoffwechselvorgänge am Laufen? Das liegt an ihrem Aufbau. Die Borke, die sie nach außen hin abschirmt, ist ihr dabei keine große Hilfe. Unter der Borke liegt die Bastschicht, in der sie Nährstoffe, wie etwa Zucker, transportieren kann. Unter dem Bast schließlich befindet sich das Kambium, das neues Splintholz bildet und somit für das Wachstum des Baumes verantwortlich ist. Im Splintholz werden Wasser und Nährstoffe von den Wurzeln zu den Blättern des Baumes transportiert. Also alles da, was es fürs Leben braucht. Innere Werte werden einfach überbewertet.

Für die Tierwelt sind die hohlen Stämme der Eiche ein wahres Geschenk. Hier können sich nicht nur verschiedenste Insekten und Fledermäuse einnisten, sondern auch der Baummarder findet im Inneren der Eiche ein geschütztes Zuhause. Dieser flinke Klettermax ernährt sich von allem, was das artenreiche Buffet im Laubwald zu bieten hat: Vogelei und Eichhörnchenbein, Frosch, Schnegel, Beeren, Nüsse fein, Aas und Ratte, Insekt und Eidechsen-Innereien, all das passt in den Magen rein. Dieser Merkspruch wird den Baummardern von ihren Müttern mitgegeben, und im Laufe ihres Lebens snacken sie sich quer durch die Karte. Was sie aber gar nicht gerne haben, ist Gesellschaft beim Essen. Besonders andere gleichgeschlechtliche Baummarder sind ihnen geradezu zuwider. Darum markieren sie ihre Reviere mit den Sekreten aus ihren Anal- und Abdominaldrüsen und verteidigen ihre Hood gegen ungebetene Gäste, die sich von der ganzen Arschgrützenschmiererei nicht abschrecken lassen.

Die Hirschkäfer-Weibchen hingegen nutzen Lockstoffe, um mithilfe von Pheromonen Männchen zur Paarung einzuladen. Diese Duftstoffe können schon mal mehr als einen willigen Käferherren anlocken. Treffen zwei der imposanten Männchen aufeinander, kommt es zum Kampf, wobei die Geweihe dazu genutzt werden, den Gegner auf den Rücken zu werfen oder ihn vom Ast zu stoßen. Das kann ganz schön zur Sache gehen, und nur der Sieger hat eine Chance bei der holden Käferdame. Während sich die Ritter des Totholzes mit ihren Geweihen zwar beeindruckende Ringkämpfe liefern können, sind sie für banale Alltagstätigkeiten wie Nahrungsaufnahme ziemlich untauglich. Darum erhalten die Käferherren dabei Hilfe von den Weibchen, die Wunden an der Eichenrinde so weit vergrößern, dass auch die Männchen davon saugen können. Nach der Paarung legt das Hirschkäfer-Weibchen ihre etwa 20 Eier um die 75 Zentimeter tief im Boden an die Wurzeln von Eichen, die entweder durch Pilze geschwächt und bereits stark zersetzt wurden oder aber schon tot sind. Die Larven brauchen dann 3 bis 8 Jahre, um ausgewachsene Käfer zu werden. Hier wird schon wieder mehr als deutlich, wie wichtig Totholz für unsere Natur ist.

Totholz ist ohnehin das Stichwort, wenn es um die Eiche geht. Denn während schon an den lebenden Teilen die Artenvielfalt erblüht, ist das Totholz einer Eiche bedeutend lebendiger als die meist bedauernswürdig uninspirierten Geistesregungen unserer menschlichen Zeitgenossen. Außerdem pflegt die Eiche ein sehr entspanntes Verhältnis zum Tod. Sie wirft abgestorbene Äste nicht etwa von sich, wie es die meisten anderen Bäume tun würden, sondern sie belässt diese toten Körperteile einfach, wo sie sind. Das schützt das Totholz vor uns Menschen, wenn wir mal wieder völlig wahnsinnig den Wald »aufräumen« wollen. Und so können sich auch hier in den Bäumen Hunderte Käferarten ansiedeln und vermehren. Diese paradiesischen Zustände enden auch nicht damit, dass die Eiche final abstirbt. Selbst am vollständig toten Baum floriert das Leben. Grund genug, die Eichen auch nach dem Tode weiter zu schützen.

Buchen

Es ist noch gar nicht lange her, gerade einmal läppische 5000 Jahre, da dachte sich die Rotbuche: *Die Eiszeit ist nun wirklich vorbei. Zeit, Mitteleuropa zurückzuerobern.* Dabei hatte sie leichtes Spiel, und das ganz ohne den Einsatz von Panzergranaten, Maschinengewehren und Raketenwerfern, sondern schlicht und ergreifend durch Schatten. Mit diesem setzt sich die Rotbuche bis heute an den allermeisten Standorten ganz einfach gegen andere Baumarten durch. Dank ihrer Fähigkeit, im Schatten zu wachsen, kann sie kinderleicht unter anderen Baumarten gedeihen, um diese dann eines Tages mit ihrer dichten Krone einfach zu überragen und im Schatten verenden zu lassen. Würde es uns Menschen nicht geben, wären zwei Drittel Deutschlands mit Rotbuchen bedeckt. Deutschland wäre ein richtiges Schattenland und ein Schlachtfeld der Bucheneroberung. Klingt so weit erst mal recht monoton, ist es aber nicht. Denn im Schatten der Buchen geht so richtig die Post ab.

Doch bevor wir uns ihrem Umfeld widmen, wollen wir die Mutter des Waldes zunächst einmal persönlich kennenlernen. Obwohl sich die Buche an den meisten Standorten gegen andere Baumarten durchsetzen kann, um dann unangetastet zu chillen, wird sie nicht uralt. Man könnte ja meinen, so ein Lebensstil als Gewinnerin schützt auch vor dem Tod, doch dem ist nicht so. Eine Buche wird nur circa 300 Jahre alt. So alt sind hierzulande aber nur die allerwenigsten, denn die allermeisten Buchen werden schon weit vorher vom Tod durch Kettensäge heimgesucht. 300 Jahre klingt für uns schnelllebige Fleischgestalten recht rosig, ist aber im Vergleich zu anderen Baumarten nicht viel: Eichen und Linden werden beispielsweise 1000 Jahre alt. Der Buche genügen die 300, denn Leben ist ja auch nicht alles. Doch in diesen drei Jahrhunderten passiert so einiges. Aus einem kleinen Keimling wird ein bis zu 50 Meter hoher Baum mit dickem Stamm. Ein Buchenwald mit Bäumen in allen Altersklassen bietet bis zu 10 000 verschiedenen Arten einen Lebensraum. Monoton sind hier also höchstens die Gespräche derer, die unter den Bäumen dahinspazieren.

Unsere Betrachtung der Rotbuche beginnen wir zunächst hoch oben in der Baumkrone der größten Individuen. Denn gerade die höchsten Bäume, die weit über das Blätterdach des Waldes hinausragen, sind für bestimmte Schmetterlinge von besonderer Bedeutung. Hier findet die Wipfelbalz statt. Dazu suchen insbesondere die Schmetterlinge Großer Eisvogel und Großer Schillerfalter die mächtigsten Bäume des Waldes auf und umkreisen deren Kronen. Sie wissen: Hier treffen sie auf ihresgleichen. Das ist genau der richtige Ort zum Daten und Vermehren. Ob die große Buche von ihrer entscheidenden Rolle bei der Paarung dieser Schmetterlinge weiß, ist fraglich, auf alle Fälle bringt sie mit ihrer bloßen Existenz Liebe in die Welt.

Sowohl hohe als auch niedrige Buchenkronen haben eins gemeinsam: Blätter. Und Blätter, das ist in der Insektenwelt hinlänglich bekannt, kann man fressen. Begehrt sind die Buchenblätter vor allem bei den Raupen vom Nagelfleck. Der Nagelfleck ist ein ganz ansehnlicher Schmetterling, mit einer Zeichnung auf den Flügeln, die an einen Nagel erinnert. Man munkelt, dass er diese Zeichnung nicht grundlos trägt. Wer des kritischen Denkens mächtig ist, ahnt bereits, dass der Falter von der gewitzten Heimwerkerindustrie dafür bezahlt wird, uns subtil mit Bildern von Nägeln zu manipulieren. So bleibt uns Marketingopfern gar nichts anderes übrig, als zum nächsten Baumarkt zu rasen und Nägel zu kaufen. Nägel, eine der wundervollsten Errungenschaften menschlicher Schöpfungskraft. Nägel! Glücklicherweise ist diese fundamentale Wahrheit nun ausgesprochen, und wir Schlafschafe können uns mit den weiteren Besonderheiten des Nagelflecks beschäftigen.

Kaum treiben die Buchen im Frühjahr ihre Blätter aus, wird der Falter auch schon munter. Während die Männlein eher tagaktiv sind, sieht man die Weiblein eher des Nachts. Tagsüber liegen die Damen im Buchenlaub am Boden versteckt. Da sie eine ähnliche Farbe wie das Laub haben, schwirren die Herren panisch im Zickzack über die am Boden liegenden Blätter, immer auf der Suche nach dem verlockenden Pheromonduft der Mädels. Tatsächlich haben wir es hier mit recht gestressten Faltern zu tun. Kein Wunder: Sie haben im wahrsten Sinne des Wortes eine Deadline. Die Mundwerkzeuge der erwachsenen

Falter sind zwar vorhanden, aber von Mutter Natur dermaßen stümperhaft zusammengeschustert, dass sie schlicht und ergreifend nicht funktionieren und die Falter deshalb nichts fressen können. Eine wahre Montagsproduktion! Klar, Fasten ist gesund. Aber die Art und Weise, wie ein Nagelfleck fastet, führt nach nur wenigen Tagen zum Tod. Innerhalb dieser Zeit muss sich der Nagelfleck also vermehren. Hinzu kommt dann noch die Sache mit den unterschiedlichen Tageszeiten bei Männchen und Weibchen. Man sieht schon, die Nagelfleck-Herrschaften haben es nicht leicht. Ist ihnen das Nageln allen Hindernissen zum Trotz geglückt, legen die Weibchen ihre Eier an Baumzweigen ab. Aus den Eiern schlüpfen dann wiederum die Raupen, die so gerne Buchenblätter fressen. Über den Winter verpuppen sich diese dann am Boden, nur um dann im nächsten Jahr als ein Schmetterling zu erwachen, der feststellt, dass er nicht fressen kann, aber pimpern muss.

Die Rinde der Rotbuche ist im Vergleich zu denen der anderen heimischen Baumarten ziemlich glatt. Gerade für Insekten ist sie dadurch zunächst nicht von großem Interesse. Insbesondere wenn es regnet, lösen sich dann auch noch die in der Rinde enthaltenen Seifenstoffe: Saponine. Dadurch wird so eine ohnehin schon glatte Buche zu einer richtig rutschigen und schaumigen Angelegenheit. Weil in der Tierwelt die Erfindung von Schlittschuhen noch aussteht, ist das an der Rinde Entlangkrabbeln eine echte Herausforderung. Erst wenn die Buche ein gewisses Alter erreicht hat, wird auch der Stammbereich wieder interessanter, denn alte Buchen neigen zur Bildung von Baumhöhlen. Das passiert zum Beispiel, wenn ein großer Ast bei einem Sturm abbricht und an der Schadstelle durch holzzersetzende Pilze eine Höhle entsteht.

Im Frühjahr kann es dann dazu kommen, dass eine Hornissenkönigin so eine Baumhöhle für ein neues Nest auswählt. In proletarischer Manier beginnt sie ganz allein mit dem Nestbau. Eine Königin, die noch selbst anpackt: So etwas kommt auch nicht alle Tage vor. Dabei profitiert sie unmittelbar von den in der Höhle lebenden Pilzen, denn diese lassen das Holz durch ihre Zersetzung schön weich werden und bearbeitbar. Das morsche Holz wird noch etwas zerkaut, um anschließend eine Wabe mit Zellen daraus zu machen. In jede Zelle legt die Hornissenkönigin dann ein Ei. Erst im Sommer schlüpfen die Arbeiterinnen aus den Eiern und werden zunächst von der Königin mit allem versorgt, was sie so brauchen. Wenn die Arbeiterinnen groß genug sind, sich selbst zu versorgen, beginnen sie mit dem Ausbau des Nestes. Aus anfangs weniger als 100 Zellen werden nun mehr als 1000. Zu Spitzenzeiten vertilgt so ein Hornissenvolk dann ein halbes Kilo Insekten pro Tag. Das heißt, in einem Jahr kommen einige Kilos zusammen. Für den Wald ist das gar nicht mal so schlecht, denn auf dem Speiseplan stehen auch viele Insekten, die den Bäumen schaden. Somit trägt die Hornisse zur Gesundheit und zum Gleichgewicht des Waldes bei.

Weil die hungrigen Brummer so viel vertilgen, produzieren sie auch einiges an Abfall. Da wir es hier mit einem von der Natur ausgeklügelten Ökosystem zu tun haben, gibt es extra eine eigene Art, die ausschließlich in den Abfallhaufen von Hornissen lebt, nämlich der Hornissenkäfer. Dieser futtert und recycelt, was die Hornissen so übrig lassen. Man sieht hier mal wieder deutlich die Komplexität der Beziehungen in der Natur. Den Hornissenkäfer würde es ohne die Hornissen nicht geben, die Hornissen wiederum würde es ohne die Pilze in der Buche nicht geben. Die Buche wiederum würde es nicht geben, wenn wir sie zu jung gefällt hätten. Aber da unsere menschliche Spezies ja durch ihre Weitsicht und Friedfertigkeit besticht, braucht man sich gar keine Sorgen zu machen.

Zurück zu den Baumhöhlen. Manche von ihnen haben die Form von einem Napf. Befinden sie sich dann noch an der Stammbasis unten am Boden, ist die Dendrotelme geboren. Das Wasser fließt am Stamm hinunter und sammelt sich in ihr. Gerade die Rotbuche ist ein Baum, bei dem man dieses Phänomen häufiger beobachten kann. Nun ist er da, dieser mit Wasser gefüllte Napf. In der Tierwelt spricht sich das natürlich schnell herum, denn Wasser ist ein gern gesehenes und wertvolles Gut. Hier wird getrunken, gebadet und gelebt. Mit dem Wasserstand ist das so eine Sache, so manche Dendrotelme macht einen auf Möchtegern-Nordsee. Mal Ebbe, mal Flut, je nachdem, wie viel es regnet und wie viel getrunken wird. Eine Profiteurin dieser Tränke ist die Gelbhalsmaus. Sie lebt ohnehin schon gerne in Baumhöhlen, allerdings in denen ohne Wasser. Dennoch ist der Weg zum naturgemachten Napf manchmal nur einen Mäusesprung entfernt. Zu sehen bekommt man diese spezielle Waldbewohnerin nicht sehr oft, obwohl sie recht häufig ist. Das liegt daran, dass die Maus zum einen nachtaktiv ist und sich zum anderen gerne mal in Baumkronen aufhält. Hauptsächlich ernährt sie sich von Samen wie Bucheckern, aber hin und wieder darf es auch mal ein frisches Vogelei sein.

Die Gelbhalsmaus ist aber bei Weitem nicht das einzige Tier, das gerne Bucheckern frisst. Durch ihren hohen Eiweiß- und insbesondere Fettgehalt sind die Früchte der Buche vor allem auch für größere Tiere von besonderem Interesse. Gerade die borstigen Wildschweine stehen total auf diesen Snack. Da die Buche jedoch nicht jedes Jahr gleich viel Samen produziert, kann der Waldboden mal einem mäßig bedeckten Tellerchen gleichen, mal einer reichlich gefüllten Festtagsplatte. Alle 3 bis 6 Jahre bescheren die Buchen ein Mastjahr, in dem es dann überdurchschnittlich viele Bucheckern gibt. Für die Wildschweine ist in diesen Jahren Party angesagt, denn sie können fressen, bis sie umfallen. Im Mastjahr verlassen sie dann auch seltener den Wald. Wozu auch? Es gibt ja mehr als genug Futter direkt in ihrem Lebensraum. Gleichzeitig bewegen sie sich auch noch weniger auf der Suche nach Essbarem – und Überraschung: Viel Futter und wenig Bewegung führen zu einer ordentlichen Gewichtszunahme. Die grunzenden Vierbeiner nehmen es gelassen. Dank des Winterspecks der Extraklasse wird der kommende Winter für die fetten Schweine zum Kinderspiel. Das wirkt sich auch unmittelbar auf ihre Reproduktion im nächsten Frühjahr aus. Im Jahr nach dem Mastjahr kommen viel mehr Frischlinge zur Welt als in anderen Jahren. Die Buche sorgt also aktiv für Geburtenkontrolle.

Wäre in Mitteleuropa fast überall nur Laubwald, was ja ohne unseren menschlichen Eingriff durchaus vorstellbar wäre, würde das Ganze bestimmt auch gut funktionieren. Weil wir es hier aber mit einer Kulturlandschaft zu tun haben, können die Wildschweine – auch wenn kein Mastjahr ist – ordentlich reinhauen. Dann verlassen sie einfach den Wald und schauen, was Leckeres auf unseren Feldern zu finden ist. Da die Bucheckern nicht die einzigen Samen im Wald sind, fressen die Schweinchen auch allerlei andere Sämereien und gelten sogar als eine der wichtigsten Tierarten, wenn es darum geht, Pflanzen an neue Standorte zu bringen. Laut einer Studie verbreiteten sie 73 von 123 untersuchten Pflanzenarten, indem sie die Samen an einem Ort futterten und an einem anderen wieder ausschieden. Wildschweine lassen sich also durchaus als borstige Gärtner bezeichnen. Die Endochorie, so nennt man diese Verdauungsausbreitung, ist nicht der einzige Weg, wie die grunzenden Landschaftsarchitekten Ökosysteme mitgestalten. Die zweite Disziplin, mit der sie ökologische Eingriffe betreiben, trägt den Fachterminus »wühlen«. Warum, wieso und weshalb wühlen Wildschweine wie wachgeküsste Walküren? Weil: Wildschweine wollen Wurzeln. Wofür? Wegzehrung. Und so beginnt das Gewühle. Dabei werden zunächst die Pflanzen an der Wühlstelle sterben. Dabei entsteht nackter vegetationsloser Boden. Hier können sich nun wiederum neue Pflanzen ansiedeln, weil keine andere konkurrierende Vegetation da ist. Neben dem Wühlen nach Wurzeln steht auch das Wühlen nach Trüffeln regelmäßig auf dem Tagesplan der Schweine. Denn Pilze haben sie gern, egal ob auf oder unter der Erde.

Die Trüffeln haben es ihnen jedoch besonders angetan. Nicht nur, dass diese häufig in Symbiose mit Rotbuchen wachsen, wo ohnehin schon die Eckern liegen. Nein, auch ihr Duft ist ein wahrer Schweinemagnet. Denn echte Trüffeln duften intensiv, und Wildschweine haben einen außerordentlich guten Geruchssinn. Das Beste an dieser Liebesgeschichte: Die Trüffeln wollen unbedingt von den Wildschweinen gefressen werden. Für ihr Projekt, das Land zu besiedeln, sind die Trüffeln nämlich weder im Reisebus noch im Panzer unterwegs, sondern viel lieber zu einer Kackwurst geformt im warmen Schweinedarm. Die Sporen überleben ihr schweinisches Reisemobil unbeschadet und können so an neue Orte gelangen. Damit die Trüffeln auch gefunden werden, produzieren sie allerlei interessante Stoffe. Zum einen ist da das Androstenol: ein Sexualhormon, das sonst eigentlich bei Säugetieren vorkommt. Insbesondere Menschenmännchen und eben Wildschweineber produzieren es, um besonders sexy zu riechen. Lange Zeit dachte man also, die Trüffeln wollten einfach die Schweinedamen mit der Aussicht auf erotische Zeiten anlocken. Holperig an der These war allerdings schon, dass ja auch Eber Trüffeln lieben, die sich aber vom Androstenol weniger angezogen fühlen als die Mädels, also die Bachen. Mittlerweile weiß man, dass es ein anderer Stoff ist, der die Trüffeln so interessant macht: Dimethylsulfid[16]. Dieser Stoff riecht kohlartig und so gar nicht sexy, aber eben durchaus lecker für die Schweine. Auch in uns Menschen findet sich diese chemische Verbindung übrigens wieder, und zwar im Mundgeruch und in Fürzen. Die Trüffeln geben sich also allergrößte Mühe, von den Schweinen und anderen Tieren gefunden und gefressen zu werden.

Unsere Rotbuche findet die Trüffeln auch gar nicht mal so schlecht. Die beiden stehen nämlich in einer Symbiose miteinander und versorgen sich gegenseitig mit den Nährstoffen, die sie brauchen. Das Trüffelmyzel reicht weiter als die Wurzeln der Buche und kann sie so mit wichtiger Nahrung mitversorgen. Im Gegenzug bekommen die Trüffeln Zucker.

Ein fairer Handel, den Buchen sehr gerne eingehen, jedoch nicht nur mit Trüffeln. Tatsächlich ist die Rotbuche eine der Baumarten mit den meisten Pilzbeziehungen überhaupt. Damit leisten die Buchen einen extrem wichtigen Beitrag zur Artenvielfalt. Ohne sie gäbe es viele Pilzarten entweder gar nicht oder wesentlich seltener. Gerade wenn der Boden einen sauren pH-Wert hat, wachsen im Buchenwald so gut wie keine anderen Pflanzen außer eben Buchen. Darum hat die Rotbuche nicht bei allen den besten Ruf. Aber klar, wenn man das Reich der Pilze mit seinen Abertausenden Arten einfach so bei der Betrachtung der Natur ausklammert, kommt man zu solchen Fehlschlüssen. Die Realität sieht ganz anders aus, und die Buche ist von unfassbarem Wert für die Vielfalt. Ob nun Täublinge, Risspilze, Wulstlinge, Röhrlinge, Ritterlinge, Knollenblätterpilze oder Schleierlinge: So gut wie alle Pilzgattungen finden sich unter diesem Baum wieder. Auch die Ordnung der Pfifferlingsartigen ist sehr zahlreich vertreten. Die Buche ist also vor allem durch ihre Pilzbeziehungen eine wahre Förderin der Artenvielfalt. Als wäre ein Beitrag gegen das Artensterben nicht schon genug, setzt sie aber noch einen drauf und bekämpft die Klimaerhitzung in einem Ausmaß, dass uns beim Gedanken daran fast die Augäpfel platzen, als wären sie Knallerbsen. Die Buche steht, vorausgesetzt der Boden ist nicht überdüngt, mit vielen Pilzen in Symbiose. Diese symbiotischen Pilze werden fachsprachlich als Mykorrhiza-Pilze bezeichnet. Nun ist es ja so, dass Bäume CO_2 aus der Luft aufnehmen. Doch was passiert damit eigentlich?

Große Mengen des Kohlenstoffs landen bei den Pilzpartnern unter der Erde. Die Bedeutung der Pilze als Kohlenstoffspeicher hat man bis vor Kurzem minimal unterschätzt. Mittlerweile weiß man, dass Mykorrhiza-Pilze mehr als ein Drittel des globalen Kohlenstoffs aufnehmen[17]. Jedes Jahr aufs Neue speichern diese symbiotischen Pilze mehr als 13 Milliarden Tonnen CO_2. Deutschlands CO_2-Emissionen betragen im Jahr circa 700–800 Millionen Tonnen. Wir können den Mykorrhiza-Pilzen also gar nicht dankbar genug sein. Was sie hier leisten, ist von nahezu göttlicher Natur. Dabei sollten wir natürlich nie vergessen: Ohne entsprechende Bäume, wie zum Beispiel die Rotbuche, gäbe es auch solche Pilze nicht. Und nur dann, wenn der Boden nährstoffarm und nicht überdüngt ist, wachsen diese Pilze richtig gut drauflos. Was kann man also tun? Die Überdüngung des Planeten reduzieren und so viele Bäume, wie es nur geht, schützen.

Der Artenreichtum, den vitale Buchen in Sachen Pilze an den Tag legen, setzt sich nach dem Tod eines Baumes fort. An ihrem Totholz findet bisweilen ein wahrer Pluralitätsboom statt. Man kann sich das so vorstellen: Zur Baumbeerdigung kommen nicht nur eine Handvoll schwarz gekleidete Miesepeter, sondern eben auch behelmte Bauchtänzerinnen, grinsende Gnome, singende Seiltänzer, jodelnde Jongleure, wasserspuckende Feuerspuckerinnen und viele mehr. Eine richtig bunte Party eben. Von besonderer Pracht sind dabei vor allem die selten gewordenen Stachelbärte, die so manches Korallenriff etwas missgünstig auf das Buchentotholz schauen lassen.

Von der gigantischen Pilzvielfalt unter und an der Rotbuche zeigt sich besonders der Pilzschnegel begeistert. Diese Schneckenart ernährt sich ausschließlich von Pilzen. Schon in Kindheitstagen fressen die kleinen Schnegel Pilzmyzel. Erwachsene Schnegel hingegen laben sich dann an Pilzfruchtkörpern aller Art. Auch Pilze, die für uns Menschen tödlich sind, werden von ihnen mit Hingabe gefuttert und vor allem auch überlebt. Nicht mal ein Furz sitzt ihnen nach der Verköstigung eines Grünen Knollenblätterpilzes quer. Wegen ihrer glatten Rinde mögen Pilzschnegel Rotbuchen besonders gerne. An ihr können sie recht mühelos emporkriechen und somit auch die leckeren Baumpilze erreichen. Ihre Ernährungspyramide sieht also äußerst bunt und vielfältig aus, auch wenn nur Pilze darauf zu sehen sind. An dieser Stelle sei noch eines angemerkt: Wir Menschen sollten niemals die Pilzbestimmungsbücher der Pilzschnegel mit in den Wald nehmen. Zum einen sind diese ganz schön klein und nur unter dem Mikroskop lesbar, zum anderen gelten einfach alle Arten als genießbar. Jedes Jahr sterben unzählige Leute an Pilzvergiftungen, weil sie am falschen Ende gespart und sich nur mit den viel günstigeren Schnegel-Büchern ausgestattet haben. Die Schnegel haben, was das angeht, nicht die besten Absichten. Denn ihnen ist klar: Je weniger Menschen Pilze sammeln, desto mehr Pilze für uns.

Die Pilzschnegel sind beim Pilzefuttern aber meist ohnehin nicht allein. Unzählige Käferarten sind mindestens genauso scharf auf die sporenabwerfenden Köstlichkeiten. Einige unter ihnen bauen sogar aktiv Pilze an, um sie dann zu vertilgen. Der Sägehörnige Werftkäfer ist eine dieser besonders gewitzten Arten. Am häufigsten trifft man diesen Krabbler an Rotbuchen. Er bevorzugt Totholz, kann zudem auch das Holz kranker, aber noch lebender Bäume für sich nutzen. Das Weibchen legt im Frühsommer ihre Eier auf dem Holz ab. Doch Eier an sich sind für Käfer nichts Besonderes. Darum wollen die Sägehörnigen-Werftkäfer-Damen verständlicherweise etwas Cooleres tun. Zum Zwecke der Coolness kleistert der Krabbler die Eier darum noch mit Pilzsporen ein. Das Weibchen hat zu diesem Zwecke extra kleine Taschen in der Legeröhre, mit der sie auch die Eier legt. Nach zwei Wochen ist es dann auch schon so weit, und die Larven schlüpfen. Diese wälzen sich direkt erst mal in den Pilzsporen. Frisch in Sporen eingekleidet, fressen sie sich dann ins Holz hinein und hinterlassen dabei Gänge, an deren Wänden immer mal wieder ein paar der Sporen hängen bleiben. Das Bohrmehl wird nach draußen befördert. Rasch kann der Pilz in den feuchten und dunklen Tunneln wachsen und färbt diese schwarz ein. Von dem Pilz wiederum können sich die Larven des Werftkäfers ernähren. Bei dem Pilz handelt es sich um einen Ambrosia-Pilz, der das Holz zersetzt und es somit zu Larvennahrung »umbaut«.

Zusammenfassend lässt sich sagen, es pilzt mächtig gewaltig in, an und um die Buche. Wie sieht es hingegen im Reich der Pflanzen aus? Bei den Pilzen haben wir es ja schon kurz mal angesprochen: In einem schönen alten Buchenwald auf saurem Boden geht in Sachen Pflanzenvielfalt überraschend wenig. Hier und da finden sich mal ein paar Gräser wie Hainsimse und Drahtschmiele oder Wildpflanzen wie Heidelbeeren und Sauerklee. Alles in allem ist das meiste Pflanzliche, was den Boden schmückt, aber vor allem altes Buchenlaub. Doch wie schon gesagt, nur weil die Pflanzenvielfalt nicht so gigantisch ist wie in anderen Lebensräumen, heißt das noch lange nicht, dass die Pilz- und die Tierwelt genauso kümmerlich in Sachen Formenreichtum abschneiden.

Ist der Boden in unserem Buchenwald hingegen basisch, zum Beispiel weil er Kalkgestein enthält, ändert sich auch bei den Pflanzen die Lage. Im basischen Buchenwald lassen sich sogar einige echte Seltenheiten finden, die es nur hier gibt. Selbst Orchideen sind am Start. Mit dabei ist hin und wieder sogar der Gelbe Frauenschuh, die größte einheimische Orchideenart. Die Blüten dieser Pflanze erinnern optisch an extravagante gelbe Pantoffeln mit purpurner Schnürung, die so fein aussehen, dass sie selbst für die luxuriösesten Laufstege der Welt immer noch viel zu edel wären. Im Gegensatz zu den meisten anderen handelsüblichen Pantoffeln riechen die Blüten des Frauenschuhs auch nicht nach Käsefuß, sondern nach köstlichsten Aprikosen. Damit lockt die Orchidee hungrige Insekten in ihre Blüten. Kaum sind diese in den Pantoffel geschlüpft, merken sie plötzlich, dass irgendetwas ganz und gar nicht stimmt. Der Duft entpuppt sich als leeres Versprechen, denn Nektar gibt es hier keinen zu holen. Und die Innenwände der Blüte sind so ölig wie stramme Kanten auf einer Bodybuilding-Convention. Im ersten Moment scheint die Blüte darum eine fiese Todesfalle zu sein. Nach längerer Betrachtung der Gesamtsituation stellen die Insekten jedoch fest, dass es in der Blüte eine Leiter aus kleinen Haaren gibt, auf der sie hinausklettern können. Sie ist der einzige Weg in die Freiheit. Darum befinden sich dort auch die Geschlechtsorgane der Blüte. Flüchtende Insekten kommen also unweigerlich mit diesen in Berührung und führen so die Bestäubung durch.

Was für uns Menschen nach einer der schönsten Blüten weit und breit aussieht und poetische Gefühlswallungen in uns auslöst, ist für viele Insekten ein traumatisches Erlebnis der Extraklasse. Obwohl die Blüte zwar keine insektenfressende ist, kann sie trotzdem zur Todesfalle werden. So manche Spinne weiß nämlich von der öligen Lage in dem Pantoffel und nutzt diese in ihrem eigenen Sinne. Ist mal wieder ein hungriges Insekt dem verführerischen Aprikosenduft auf den Leim gegangen, wird es in dem Pantoffel bereits von der Spinne erwartet. Dort sorgt der Achtbeiner dafür, dass es den Ausgang über die Leiter nicht erreicht, sondern stattdessen den Ausgang aus dem Leben. Und dieser führt durch den Verdauungstrakt der Spinne. Der Gelbe Frauenschuh bevorzugt trotz der düsteren Vorgänge im Inneren seiner Blüten lichte Stellen im Buchenwald. So ein Buchenwald ist jedoch meist alles andere als licht, sondern das genaue Gegenteil. Wird hin und wieder jedoch eine Buche durch einen Sturm oder einen Pilz getötet, können durchaus offene Stellen entstehen.

Ähnlich durchtrieben wie der Frauenschuh ist auch das Rote Waldvöglein. Diese seltene Orchidee finden wir ebenfalls an den eher lichteren Stellen im Kalk-Buchenwald. Gerne wächst sie in der Gesellschaft von verschiedenen Glockenblumenarten – alles andere als ein Zufall. Für uns Menschen sehen das Rote Waldvöglein und die Glockenblumen sich nicht sehr ähnlich: Die Blüten des Waldvögleins sind rötlich, die der Glockenblumen hingegen bläulich. Die Glockenblumen werden besonders von Scherenbienen bestäubt, die dort feinen Nektar finden. Doch die Scherenbienen haben ein Problem: Sie können den Farbunterschied von Waldvöglein und Glockenblume nicht wahrnehmen und verwechseln die Pflanzen dadurch. Deshalb bestäuben sie dann auch das Rote Waldvöglein, in der Annahme, es sei eine Glockenblume. Nektar gibt es in der Orchidee selbstverständlich keinen zu holen, und die ganze Angelegenheit war mal wieder, typisch Orchidee, nichts als ein großer Schwindel.

Auch an den weniger lichten Stellen im Kalk-Buchenwald kann ganz schön was abgehen, und zwar Bäume. An Orten, wo uralte Buchen ein derart dichtes Blätterdach bilden, dass kaum ein Sonnenstrahl in den Wald eindringt, wächst die schattentoleranteste Baumart Mitteleuropas: die Eibe. Sie bildet hier manchmal einen Wald im Wald. Direkt unter großen alten Bäumen zu wachsen, ist ein durchaus gewagtes Unterfangen. Falls so eine Buche mal einen Ast abwirft, kann das ganz schön schmerzhaft enden, und Eiben mit Fahrradhelmen hat man bisher noch nicht entdecken können. Doch die Eibe ist nicht nur unglaublich gut darin, im Schatten zu wachsen, nein, wenn sie verletzt wird, treibt sie einfach wieder neu aus. Sie ist der einzige Nadelbaum, der den Stockausschlag beherrscht. Das heißt, selbst aus dem Stumpf einer Eibe kann wieder eine Eibe heranwachsen. Schatten und äußere Verletzungen machen diesem Überbaum schon mal nichts aus. Wie sieht es da mit dem Innenleben aus? Sollte ein Stamm mal von Pilzen befallen werden und dann von innen her verfaulen, wird er nach und nach hohl. In diesem Hohlraum bildet die Eibe dann einfach neue Wurzeln. Diese Innenwurzeln dienen zunächst der Versorgung mit Wasser und Nährstoffen, später werden sie dann zu einem neuen Stamm. Ganz nebenbei ist der Baum auch noch besonders dürre- und frostresistent. So eine Eibe ist also nahezu unsterblich. Für die Tierwelt ist sie ein wahres Geschenk, denn ihre Samen reifen erst im Spätherbst heran und sind dann von einem süßen roten Fruchtfleisch umhüllt. Unzählige Vogelarten stehen total auf diese sattroten Süßigkeiten, die auch im Winter noch zu finden sind. Besonders die Misteldrosseln haben sich in diese Nascherei schockverliebt. Sie besetzen die Eiben förmlich und verteidigen sie gegen andere Vögel. Sieht man im Winter eine Eibe, die noch immer voll roter Früchte hängt, ist es wahrscheinlich, dass man so einen besetzten und verteidigten Baum gefunden hat.

Naturnahe Laubwälder sind die Eintrittspforte in eine bessere Zukunft. Dank ihrer ohnehin schon tiefen und großen Wurzelsysteme, die durch die Kooperation mit Pilzen sogar noch viel weitläufiger sind, können sie Wasser an die Erdoberfläche ziehen. Über ihre Blätter verdunsten sie einen erheblichen Teil dieses Wassers. Dadurch kommt es zur Wolkenbildung und schließlich zu Regen. Laubwälder können Regen machen. In Zeiten, in denen wir uns immer häufiger mit Dürren konfrontiert sehen, sind solche Lebensräume also von unschätzbarer Bedeutung. Parallel dazu kühlen diese schattigen Biotope die Luft erheblich ab[18] und sind an einem heißen Sommertag wesentlich weniger heiß als Nadelforste oder gar Kahlschläge[19]. Darüber hinaus binden die märchenhaften Wälder auch noch gigantische Mengen Kohlenstoff, insbesondere durch die Kooperation mit Pilzen. Ein weiteres Problem, nämlich das von zu viel CO_2 in der Atmosphäre, wird hier ganz einfach angepackt – und das ohne unser Zutun.

Außerdem sind die Laubwälder wichtige Lebensräume vieler Arten. Gerade die Eiche ist es, die dermaßen Artenschutz betreibt, dass man ihr jede Sekunde einen neuen Preis verleihen müsste. Mehr als 400 Schmetterlinge sowie mehr als 1300 Käferarten nutzen die Eiche als Lebensgrundlage. Die Schmetterlinge sind vor allem auf lebende Eichen angewiesen, bei den Käfern ist es eher das Eichentotholz, das Leben spendet. Auch die Buche lässt sich nicht lumpen, gerade wenn es um Pilze geht. Alles in allem sind also Tausende Arten vom Lebensraum Laubwald abhängig. Wenn diese Biotope aktiv gegen die Klimaerhitzung vorgehen, indem sie Kohlenstoff binden, die Folgen der Klimaerhitzung abmildern, indem sie Kühle und Regen spenden und dann auch noch Arten schützen, warum verdammt noch mal schützen wir dann nicht die Laubwälder?

Gute Frage. Hier und da nimmt das Bewusstsein für die Bedeutung dieser Wälder langsam zu. Aber da geht noch was! Denn eigentlich ist das, was wir tun müssen, doch so einfach. Mehr Wälder sich selbst zu überlassen und komplett aus der

Nutzung zu nehmen, wäre ein erster Schritt. Dazu müssen wir natürlich auch unseren Holzverbrauch senken, indem sich etwa die Bürokratie statt auf Papier im digitalen Raum austobt. Auch das aktive Verbrennen von Wäldern in Holzöfen ist alles andere als förderlich für diese Lebensräume. Parallel zu mehr komplett geschützten Wäldern müssen auch diejenigen, die weiterhin genutzt werden, besser genutzt werden. Der Totholzanteil muss erheblich steigen. Und damit sind nicht nur klägliche Häufchen aus Zweigen gemeint, sondern auch das Belassen jahrhundertealter Bäume in diesen Wäldern. Ebenso sollten wir uns die Bewirtschaftungsformen mit immer größeren und schwereren Maschinen, die eher an einen Krieg gegen die Natur als an ein Leben mit der Natur denken lassen, noch mal durch unsere Holzköpfe gehen lassen. Jeder Baum, den wir nicht nutzen, zählt! Denn ein Baum ist nicht nur ein Baum, sondern die Spitze eines Eisberges aus Abertausenden Arten, die an ihm hängen.

Auwald – Üppiger Überfluss

Geradlinig. Kantig. Schnell. Was sich nach dem Werbeslogan für irgendein hässliches neues Auto anhört, ist in Wirklichkeit das Motto der Verunstaltung von Flüssen in den vergangenen Jahrhunderten. Ein natürlicher Flusslauf mäandert, das heißt, er ist gewunden, verschlungen und der Inbegriff von Kurvigkeit. Der Weg des Wassers ist dabei nicht starr, sondern ändert sich von Zeit zu Zeit gerne mal. Auf so einem Fluss mit einem Schiff zu fahren, wäre eine Katastrophe. Und darum begradigten wir ein Fließgewässer nach dem anderen. Die Flüsse sind nun schnurgerade, schmal und fließen schneller denn je. Die Flussbegradigung scheint zu einer Art Sucht geworden zu sein, denn in ganz Europa gibt es nur noch einen einzigen Fluss, der nicht begradigt worden ist, nämlich der Vjosa in Albanien. Jetzt, wo regelmäßig ganze Siedlungen durch Hochwasser weggespült werden, merken wir so langsam, was wir da eigentlich angerichtet haben. Denn mit der Begradigung der Flüsse haben wir einen der artenreichsten Lebensräume überhaupt vernichtet, der ganz nebenbei auch noch Hochwasserschutz betreibt: den Auwald.

Wasserpegel schwanken. Darum entwickeln sich im Umfeld natürlich mäandernder Flüsse Auwälder, die an diese permanenten Veränderungen angepasst sind. Ein Auwald besteht grob aus drei Zonen. Die erste Zone umgibt direkt das Wasser: die gehölzfreie Aue. Dieser Bereich ist während der Hälfte des Jahres überschwemmt, dementsprechend siedeln sich hier nur sehr wasserliebende Pflanzen an. Die nächste Zone ist die Weichholzaue. Diese wird normalerweise einmal jährlich überflutet. Hier wachsen die ersten Bäume. Ganz außen befindet sich dann die Hartholzaue. Diese wird nur bei außergewöhnlichem Hochwasser überschwemmt.

Gehölzfreie Aue

Wer in der gehölzfreien Aue lebt, muss Wasser lieben und besser auch schwimmen können. Wenn es eine Pflanze gibt, die Land und Wasser in sich vereint, dann ist es der Wasser-Knöterich. Einfach weil er es drauf hat, existieren von ihm zwei Formen: eine Landform und eine Wasserform. Während die Landform ganz klassisch unterwegs ist, also ein recht gewöhnlicher Stiel mit Blättern und hin und wieder auch mal mit Blüten dran, hat die Wasserform extra Schwimmblätter ausgebildet, verfügt über Luft statt Mark im Stängel, Wurzeln, die auch im Schlamm Halt finden, und extra viele antibiotische Stoffe gegen all die potenziellen Erreger im Wasser. Da der Wasser-Knöterich nicht auf den Kopf gefallen ist, macht er sich das fließende Wasser auch für seine Vermehrung zunutze, denn seine Samen sind schwimmfähig. Und das ganz ohne Poolnudel oder Schwimmflügel.

Das Gewöhnliche Pfeilkraut ist auch so ein flexibles Gewächs. Es kommt sowohl an Land als auch im Wasser klar. Die Blätter über dem Wasser, auch Luftblätter genannt, haben die Form von Pfeilspitzen und wachsen an besonders sonnigen Orten immer an der Nord-Süd-Achse ausgerichtet. Das macht das

Pfeilkraut zur Kompasspflanze schlechthin. Der Kompasseffekt ist aber kein bewusster Service, den diese Pflanze verirrten Wandersleuten bereitstellt, sondern eher ein Nebeneffekt. Sie richtet ihre Blätter vor allem deshalb so aus, weil sie sich vor zu starkem Sonnenlicht um die Mittagszeit, wenn die Sonne im Süden steht, schützen möchte.

Viele weitere Pflanzen der gehölzfreien Aue haben ihre Blätter aber auch unter Wasser oder direkt an der Wasseroberfläche. Dazu gehören zum Beispiel der Flutende Wasserhahnenfuß und verschiedene Laichkräuter.

Gemeinsam schaffen sie einen perfekten Lebensraum für Libellen, der auch als Schwimmblattteppich bezeichnet wird. Zwei besonders schöne Libellenarten, die eng miteinander verwandt sind und sich genau diesen Lebensraum ausgesucht haben, sind die Gebänderte Prachtlibelle und die Blauflügel-Prachtlibelle. Ihre Larven brauchen die Schwimmblattteppiche im fließenden Gewässer. An den schwimmenden Blättern halten sie sich fest, während die Strömung an ihnen vorbeirauscht. Dabei fangen sie allerlei andere Insektenlarven, die das Wasser anspült. Ohne die Blätter im rauschenden Nass hätten sie keinen Halt und keinen Lebensraum.

Irgendwann ist es für jede Larve Zeit, erwachsen zu werden. Die Larven der beiden Prachtlibellen-Arten müssen dazu den Schwimmblattteppich verlassen. Wie gut, dass die nächste Station für ihre Transformation zur erwachsenen Libelle direkt am Ufer im Röhricht ist. Hier klettern sie auf verschiedene Pflanzen, wie zum Beispiel das Rohrglanzgras oder den Igelkolben. Einige Zentimeter über dem Wasser kann die Häutung beginnen. Nun sind ausgewachsene Prachtlibellen geschlüpft. Beide Arten machen ihrem Namen alle Ehre. Die Männchen glänzen in metallischem Blau, die Weibchen in schillerndem Grün. Als besonders elegant erweisen sich die Balztänze, welche die

Männchen für die Weibchen vollführen, indem sie ihr Abdomen nach oben recken und den Weibchen bei akrobatischen Flugmanövern ihre hellere Unterseite präsentieren. Was wir als Exhibitionismus unter Strafe stellen, finden die Prachtlibellen nicht nur absolut legitim, sondern auch unfassbar erotisch.

Bei den Vögeln im Röhricht können wir ebenfalls wildes Imponiergehabe beobachten. Die männliche Rohrammer plustert ihren weißen Kragen unter dem Kopf extra weit auf. So wirken die Kerlchen mit ihrer erhabenen Halskrause wie Aristokraten aus dem 17. Jahrhundert. Während bei den Rohrammern eher barocke Vibes vorherrschen, geht die Stimmung bei den Schilfrohrsängern mehr in Richtung modernes Bürgeramt. Der Gesang der Männchen ähnelt bisweilen einem 90er-Jahre-Modem, das sich gerade ins Internet einwählt, um anschließend eine Website mit einem Nadeldrucker auszudrucken. Die Schilfrohrsänger waren gesangstechnisch schon seit jeher im Cyberspace unterwegs.

An kiesigen und sandigen Stellen des Flussufers treibt sich auch die Flussuferwolfsspinne herum, eine der größten Spinnenarten Mitteleuropas. Dank ihrer Zeichnung ist sie auf diesem Untergrund trotz ihrer nicht unbedeutenden Größe kaum wahrnehmbar. Im Gegensatz zu den meisten anderen Spinnen baut sie keine Netze, um Beute zu fangen. Stattdessen ist sie mit besonders guten Augen ausgestattet und ein Sichtjäger. Ruhig wartet sie auf potenzielle Opfer, um sich dann im richtigen Moment auf sie zu stürzen und sie mit einem lähmenden Biss zu vernichten. Sie ist im Boden wohnhaft, denn im Sand gräbt sie sich Wohnröhren. Diese polstert sie mit Spinnseide aus und lässt nur einen Eingang offen. Doch was macht sie, wenn eine Flut kommt? Dann verschließt sie auch diesen Eingang ihrer Behausung mit Spinnseide. Das Wasser fließt dann einfach über ihre Wohnstätte hinweg, und die Spinne übersteht die Flut in ihrem wasserdichten Unterschlupf in einer Luftblase. Auch sonst sparen die Achtbeiner nicht mit Spinnseide. Die Weibchen tragen ihre Eier, wenn sie auf die Jagd gehen, in einem Kokon mit sich herum. So besteht keine Gefahr, dass die Eier in ihrer Abwesenheit von anderen Tieren gefressen werden. Klingt erst mal so, als könnte nichts und niemand der Flussuferwolfsspinne etwas anhaben. Oder? Fast niemand, denn es gibt ja noch die Frühlings-Wegwespe. Sie lebt im Sand vergraben und jagt mit Vorliebe Wolfsspinnen.[20] Die Wegwespe lähmt die Wolfsspinne mit einem Stich und trägt dann ihr Opfer in ihre Höhle. Dort legt sie ein Ei auf die noch lebende, aber gelähmte Spinne und verlässt die Höhle. Den Eingang verschließt die Wegwespe von außen. Die aus dem Ei geschlüpfte Larve ernährt sich dann von der Wolfsspinne. Der Inbegriff mütterlicher Liebe, dem Nachwuchs direkt zur Geburt so einen Braten zu servieren. Guten Appetit, kleine Wegwespe!

Weichholzaue

Die gehölzfreie Aue geht so langsam in die Weichholzaue über. Man könnte meinen, hier gibt es erst mal nur ein paar zaghafte Bäumchen, die mit den ständigen Überschwemmungen mehr schlecht als recht klarkommen. Aber nein, hier leben wahre Giganten! Besonders schön gedeiht unter den gegebenen Bedingungen die Silber-Weide. Sie wächst sowohl über- als auch unterirdisch und im Vergleich zu anderen Bäumen ausgesprochen schnell. Mit ihren sehr großen Wurzelsystemen hält sie sich zum einen selbst im nassen Boden fest, befestigt zum anderen aber auch das Ufer. Ihr Stammdurchmesser beträgt schon in jungen Jahren etwa 1 Meter, und sie wächst pro Jahr bis zu 2 Meter in die Höhe. Ihre flauschigen Samen können bis zu 50 Kilometer weit fliegen. Damit das klappt, sind die Samen sehr leicht. Das hat den Nachteil, dass sie nur extrem kurz keimfähig sind. So muss ein Silber-Weiden-Same entweder sofort nach der Landung keimen oder er hat Pech gehabt. Zusätzlich lässt die Weide hin und wieder belaubte Äste fallen, die vom Fluss weitertransportiert werden, ganz woanders wieder anlanden und zu Bäumen wachsen können. Man merkt schon, die Silber-Weide hat es echt eilig und will Flussufer besiedeln um jeden Preis. Eine klassische Pionierbaumart eben.

Wer diese Zeilen liest und sich jetzt vor Freude die Pfoten reibt, der ist ein Biber. Denn Biber lieben erstklassige Lektüre und Weiden. Zum Glück ist der Spruch »Du bist, was du isst« nicht wahr. Denn wäre dem so, dann wären alle Biber Weiden. Weidenrinde ist das Hauptnahrungsmittel des frechen Nagetieres. Darum lebt der Biber auch in Symbiose mit Bakterien in seinem Darm, die sich auf die Zersetzung von Weidenholz spezialisiert haben. Dumm nur, dass der Biber kein Wiederkäuer ist. Denn die Darmbakterien stellen beste bioverfügbare Nährstoffe her, die nun aber gar nicht mehr so recht verwertet werden können. Aus diesem Grund fressen Biber dann einfach ihren äußerst nahrhaften Kot.[21] Frisch gestärkt, schälen sie nun ein paar Weidenzweige ab, um aus ihnen Dämme und Burgen zu bauen. Und wenn man es recht bedenkt, könnte das ganze Nagen und Schälen ihnen ziemlich auf die Beißerchen gehen ... Deshalb nun zum Werbeblock: »9 von 10 Zahnärzten empfehlen *Bibergate*. Jetzt neu mit erfrischendem Weidenholz-Minz-Geschmack.«

»Doch Moment mal«, fragt sich jetzt ein besonders pfiffiger Biber, »die Zahnärzte verdienen doch viel mehr an mir, wenn ich schlechte Zähne habe. Kann die empfohlene Zahnpasta dann wirklich gut sein?« Tatsächlich hat der Biber völlig recht, er braucht keine Zahnpasta, denn die orange-roten Schneidezähne des Bibers enthalten unter anderem auch Eisen und sind dadurch perfekt zum Bäumefällen geeignet. Bei jeder Nagerei werden sie sogar nachgeschärft. Und so kann der Biber dank der tollen Beißerchen in einer Nacht auch mal einen Baum mit 50 Zentimeter Stammdurchmesser fällen, um dann an die leckeren Knospen und Zweige zu kommen.

Doch zurück zu den Biberburgen. Natürlich werden die Burgen immer in der Nähe von Weiden gebaut, falls mal der kleine oder große Hunger kommt. Ist eine Burg errichtet, muss das Revier markiert oder sich auf die Partnerwahl konzentriert werden. Dazu gibt ein Biber bis zu 100 verschiedene Duftstoffe ab, unter anderem auch Salicylsäure, einen der wichtigsten Inhaltsstoffe der Weidenrinde. Man merkt es deutlich, Biber und Weiden gehören zusammen. Doch was halten die Weiden eigentlich von den Bibern? Gefällt werden finden sie mit Sicherheit nicht so dolle, aber der Biber bringt ja auch andere Baumarten zu Fall. Und das wiederum findet die Weide echt dufte. Weiden brauchen nämlich viel Licht. In ihrem Schatten wachsen jedoch gern andere Baumarten heran, die sie dann verdrängen. Die Biber halten der Weide also die Konkurrenz vom Leibe und sorgen für immer genügend Licht. Nebenbei pflanzen sie auch noch Weiden, indem sie Weidenzweige einfach liegen lassen, aus denen neue Bäume werden können. Auch der Dammbau hilft den Weiden, denn durch neuangelegte Dämme und alte Dämme, die nachgeben, muss das Wasser immer mal wieder andere Wege nehmen. Wege, an denen die Weide sich dann mit der ihr eigenen atemberaubenden Geschwindigkeit liebend gerne ansiedelt.

Mindestens genauso gerne wie der Biber ernährt sich auch

der Schwefelporling von der Weide. In diesem Fall profitiert die Weide aber unter keinen Umständen, denn der schwefelgelbe Pilz ist ein Parasit, der sie einfach nur tötet. Zunächst höhlt er die Weide aus, dann frisst er sich weiter nach außen, bis sie durchbricht und umkippt. Der Schwefelporling sorgt aber keineswegs nur für Tod und Verderben. Für den Gelbbindigen Schwarzkäfer bildet der Killerpilz die Existenzgrundlage. Der hübsche Krabbler kann von nichts anderem leben als von Pilzen. Darum ernähren sich sowohl die Larven als auch die ausgewachsenen Käfer vom Schwefelporling. Auch die Eier werden in den Pilzfruchtkörpern abgelegt. Dank des Parasitismus vom Schwefelporling an der Weide kann diese Käferart hier in der Weichholzaue überhaupt erst leben.

Auch der Große Gabelschwanz schätzt die Weichholzaue sehr, denn die Raupe dieses Nachtfalters ernährt sich von Weidengewächsen. Im Normalzustand ist die Raupe so grün wie die Blätter, die sie frisst. Dadurch hat sie erst mal eine ganz gute Grundtarnung. Sollte sie dennoch von einem Feind entdeckt werden, arbeitet sie sich schrittweise die Eskalationsleiter hoch. Zunächst wird der Kopf in das erste Brustsegment eingezogen. Die Raupe wirkt dadurch zum einen dicker, zum anderen entsteht da, wo der Kopf war, eine Zeichnung auf der Raupe. Sie sieht nun aus wie ein riesiger geöffneter roter Schlund mit zwei schwarzen Augen. Aus der harmlosen grünen Raupe ist ein Monster aus Albträumen geworden. Doch so manchen Angreifer lässt das kalt. Für diesen Fall gibt es den zweiten Schritt auf der Eskalationsleiter. Nun können aus dem Doppelschwanz zwei rote Schläuche ausgefahren werden, die dann zu zittern beginnen. Reicht selbst diese Gruselshow nicht aus, ist es Zeit für den Angriff. Im dritten Eskalationsschritt wird mit einer Drüse Ameisensäure verspritzt. Säure ins Gesicht, das war und ist schon immer ein probates Mittel, um Feinde auf Abstand zu halten. Ist der Horror vorbei, geht die Raupe wieder zum business as usual über: harmlos grün sein und grün futtern.

Die Raupen des Großen Schillerfalters tun es denen vom Großen Gabelschwanz gleich und futtern gerne Weiden. Sogar ihre Überwinterung findet ausschließlich an Weiden statt. Sie sind äußerlich eher unscheinbar und ihr Leben lang im Tarnmodus unterwegs. Ganz anders sieht es dann beim ausgewachsenen Falter aus. An und für sich ist er erst mal nur schwarzbraun. Wechselt man jedoch den Betrachtungswinkel, schillert er plötzlich intensiv blau. Die Flügeloberfläche hat also eine gewisse Ähnlichkeit mit einer Seifenblase – je nachdem, aus welchem Winkel man schaut, sieht man etwas anderes. Wer so zauberhaft aussieht, muss sich wohl von den auserlesensten Nektarsorten der schönsten aller Blüten ernähren, möchte man meinen. Doch weit gefehlt. Der Große Schillerfalter ernährt sich hauptsächlich von Kot und Urin. Nahezu magisch wird er von allem angezogen, was feucht ist und stinkt, um sich dort niederzulassen. Sogar auf mit Benzin verunreinigten Stellen am Boden wird er des Öfteren mal gesehen. Aber nichts geht ihm über Kacke. So profitiert diese mittlerweile recht selten gewordene Schmetterlingsart unmittelbar von den Ausscheidungen anderer Tiere. Der Kot dient nicht nur als Nahrung, sondern – weil sich die Schillerfalter in Scharen auf ihm versammeln – auch als Dating-Plattform. Hier kann man sich bei einem gepflegten Dinner in entspannter Atmosphäre kennenlernen. Auch vor Wandersleuten macht der Große Schillerfalter nicht halt – zumindest nicht, wenn sie ausreichend stinken. Dann setzt er sich mit etwas Glück auch mal auf ein durchgeschwitztes T-Shirt. Wer von einem Großen Schillerfalter besucht wird, bekommt somit von der Natur einen nett gemeinten Hinweis auf den gegenwärtigen Zustand der Körperhygiene.

Auch unter den Weiden ist einiges los in der Weichholzaue. Hier wächst nämlich der Hopfen. Er umrankt ganze Bestände von Kräutern, Sträuchern und Bäumen. So entsteht ein dichter, nahezu undurchdringlicher Bewuchs, wenn der Hopfen sich wie Spinnenweben um alle möglichen Pflanzen knotet. Damit er guten Halt findet, hat er hervorragend verankernde Kletterhaare. Vom dichten Gestrüpp, das hierdurch entsteht, profitiert die ganze Weichholzaue. Wenn nämlich eine Flut kommt, fungiert das Dickicht als Sedimentfänger. Es verringert die Strömung, und allerlei vom Fluss herangetragene Pflanzenteile, von winzigen Blättchen bis hin zu ganzen Baumstämmen, verfangen sich hier und können verrotten. Das reichert den Boden stark mit Nährstoffen an. Zusätzlich leben in den Dickichten, die dank des Hopfens entstehen, auch verschiedene Tierarten. Trifft ein Hopfen auf einen schönen Strauch, entstehen manchmal richtige »Hopfen-Iglus«. In ihnen machen es sich dann zum Beispiel Fasane gemütlich, die wiederum unter anderem vielerlei Samen und Früchte fressen und so zur Ausbreitung diverser Pflanzenarten beitragen.

Dass dank des Zusammenspiels der Pflanzen der Boden so nährstoffreich ist, findet die verfressene Brennnessel absolut traumhaft. Mittlerweile wächst sie, aufgrund von überdüngten Böden, ja so gut wie überall. Hier unter den Weiden hat sie jedoch einen ihrer ursprünglichen natürlichen Standorte. Die Brennnessel ist, ganz ähnlich wie die Silber-Weide, eine Vermehrungskünstlerin. Zum einen hat sie ihre unterirdischen Rhizome, mithilfe derer sie sich vegetativ vermehren kann. Dann gibt es aber auch noch ihre Samen, und die sind außerordentlich flexibel. Wird es mal windig, sind sie leicht genug, um davonzufliegen. Kommt mal wieder eine Flut, können sie auch schwimmen. Falls mal ein Tier vorbeistreift, können sie sich auch ans Fell heften und so weitertragen lassen. Ansonsten finden wir auch allerlei Raupen auf dieser Wildpflanze. Wenn man einen dichten Brennnessel-Bestand vor sich hat und die Blattunterseiten genauer anschaut, wird man staunen, was da teilweise los ist. Denn was wäre unsere Schmetterlingswelt nur ohne diese Pflanze? Vermutlich recht trostlos. Für fast 50 Schmetterlingsarten ist sie eine wichtige Raupenfutterpflanze. Dass die Raupen schlau sind, merkt man daran, dass sie sich vor allem entlang der Blattadern bewegen, denn dort gibt es keine Brennhaare.

Eine Schmetterlingsart, die besonders gerne die Brennnesseln im Auwald mag, ist das Landkärtchen. Vom Landkärtchen gibt es jedes Jahr zwei Generationen, eine im Frühjahr und eine im Sommer. Die beiden Generationen unterscheiden sich so sehr, dass man früher dachte, es handele sich eigentlich um zwei verschiedene Arten. In Experimenten hat man jedoch festgestellt, dass je nachdem, wie viel Tageslicht und Dunkelheit man den Raupen zur Verfügung stellt, entweder die eine oder die andere Generation entsteht. Daher weiß man, dass die Raupen keinen kleinen Abreißkalender mit sich herumtragen und auch keine Selbstoptimierungs-App verwenden, sondern dass die Lichtmenge über das Aussehen des entstehenden Schmetterlings entscheidet. An der Brennnessel kann man nicht nur die Raupen des Landkärtchens beobachten, sondern auch ihre Eier, die in langen grünen Schnüren unter die Blätter gehängt werden. Das Konstrukt bezeichnet man auch als Eiertürmchen. Das Landkärtchen ist der einzige Tagfalter, der auf diese Weise seine Eier legt.

Hartholzaue

Entfernen wir uns nun weiter vom Gewässer, geht die Weichholzaue allmählich in die nur selten überflutete Hartholzaue über. Die Hartholzaue ist ein wahres Artenvielfaltsparadies; hier geben sich seltene Arten die Hand.

Bei den Bäumen ist da natürlich die Esche zu nennen. An die 1000 Arten sind an die Esche gebunden.[22] Egal ob Vögel, Säugetiere, Pflanzen, Flechten, Moose oder Pilze, alles ist mit dabei. So ernähren sich die Raupen des vom Aussterben bedrohten Schmetterlings Maivogel ausschließlich von Eschenblättern. Die Nachtfalterraupen des Blauen Ordensbandes fressen zwar nicht nur Eschenblätter, aber sie sind dennoch ein wichtiger Teil der Ernährung. Bei den Vögeln finden Gimpel dank der Nüsse an der Esche eine hervorragende Winternahrung. Leider wird die Esche zurzeit reihenweise getötet. Unter anderem durch einen schädlichen Pilz, das Falsche Weiße Stängelbecherchen. Zusätzlich breitet sich parallel auch noch der Asiatische Eschenprachtkäfer aus. Beide Arten machen Eschen krank und führen zu ihrem Tod. Pessimistische Vorhersagen gehen davon aus, dass die Eschen dadurch langfristig vom Aussterben bedroht sind. Und was tun wir Menschen mit dieser Information? Richtig, der Zerfall des Denkens setzt sofort ein. Denn statt Eschen so gut es geht zu schützen, wurden in den vergangenen Jahren die allermeisten Eschenbestände gefällt, egal ob krank oder gesund. Der absolute Blutrausch nach Edelholz ist ausgebrochen und greift brutaler um sich als jede Krankheit. Hauptsache, Eschenholz um jeden Preis verkaufen. Wie soll ein Baum da eine natürliche Immunität gegen die nicht-menschlichen Schädlinge entwickeln? Wenn eines Tages die Esche wirklich ausstirbt, dann können wir mit Sicherheit sagen, Hauptfaktor war dabei wohl der von geistiger Umnachtung geplagte Mensch.

Eine besonders bekannte Bewohnerin unter der Esche ist die Speisemorchel. Hin und wieder findet man sie durchaus auch unter anderen Bäumen, aber die Esche ist ihr klarer Favorit. Warum, ist noch nicht klar. Es ist noch nicht mal ganz abschließend geklärt, ob sie wirklich nur ein Folgezersetzer ist, der alles verdaut, was unter der Esche an Laub und Holz landet, oder ob sie nicht sogar mit der Esche in Symbiose gehen kann. Fest steht, die Speisemorchel ist einer der begehrtesten Speisepilze überhaupt. Auch Insekten nutzen sie als zugegebenermaßen eher kurzlebiges Quartier. Weil ihr Hut Waben hat, bietet er perfekte Rückzugsorte. Auch der hohle Stiel ist ganz gemütlich. Darum sollte man beim Sammeln von Morcheln gut darauf achten, nicht mal versehentlich einen Schwarzblauen Ölkäfer mit einzusammeln.

Denn diese Käferart hat in der Hartholzaue einen geeigneten Lebensraum gefunden. Versehentlich essen sollte man den Schwarzblauen Ölkäfer nicht, da schon ein Exemplar für einen Menschen tödlich sein kann. Früher setzte man die Käfer als Potenzmittel ein, mit durchschlagendem Erfolg: Als Konsequenz der Einnahme können eine schmerzhafte Dauererektion und Impotenz auftreten. Als letzte Zugabe folgt der Tod. In diesem Sinne: Erigiere in Frieden! Doch zurück zu den Ölkäfern in der Hartholzaue. Im Frühling blüht es hier in allen Farben, es duftet und sprudelt nur so vor Lebenslust. Zu dieser wonnigen Zeit schlüpfen die Larven des Ölkäfers. Wo Blüten sind, da sind auch jede Menge Bienen. Perfekt für die Larven. Sie machen sich nun nämlich auf den Weg in eine Blüte und warten dort, bis eine Biene kommt. Kaum ist die Biene in der Blüte, klammert sich die Larve auch schon an die Biene. Diese hat keine Wahl und muss die Larve mitnehmen. Sozial lebende Bienen haben Glück. Sie sind nicht die Zielgruppe der Larve, und bei ihnen stirbt die blinde Passagierin. Schlechter sieht es für solitär lebende Bienen aus. Bei ihnen reist die Larve nämlich mit in den Bau. Dort frisst sie dann die Larven der Biene auf. Bald darauf erreicht die Ölkäferlarve ein neues Entwicklungsstadium. Mit kleinen Beinen ausgestattet, macht sie sich nun über den Honig her. Anschließend verlässt sie den Bau und wird zu einer Scheinpuppe, die überwintert. Im nächsten Frühjahr schlüpft dann wiederum eine Larve, die sich dann noch mal verpuppt, um dann, ENDLICH, zum ausgewachsenen Schwarzblauen Ölkäfer zu werden.

Wie schon gesagt, in der Hartholzaue blüht es im Frühling wie verrückt. Bärlauch, Aronstab, Schneeglöckchen, Märzenbecher, Hohe Schlüsselblume, Hohler Lerchensporn, Scharbockskraut, Zweiblättriger Blaustern, Waldgelbstern, Gelbes Windröschen und viele weitere Kräuter machen den Boden zu einem kunterbunten Dufteppich. Die Hartholzaue ist eine der blütenreichsten Habitate, die es im Frühling gibt. Hat man einmal gesehen, was hier im Lenz abgeht, ist man für immer verliebt. Zeit, diese Blütenmagie genauer zu erkunden. All die Pflanzen in der vorangegangenen Auflistung haben etwas gemeinsam: Sie haben entweder eine Knolle, eine Zwiebel oder einen besonders kräftigen Wurzelstock. Denn wenn der Frühling in Richtung Sommer geht, ist die Hartholzaue komplett von einem Blätterdach bedeckt. Darum müssen all diese Kräuter schon blühen, bevor die Bäume Laub getrieben haben. Aus diesem Grund haben sie ihre Zwiebeln, Knollen und kräftigen Wurzeln, denn in diesen steckt genügend Energie, um sofort loszublühen, wenn der Frühling da ist. Nichts da mit erst mal im neuen Jahr ankommen und gemächlich die Photosynthese starten. Nein, hier ist die Devise: Wachsen, Blühen, Vermehren, so schnell und stark es geht!

Viele dieser Kräuter setzen auf die Mithilfe von Tieren, um sich auszubreiten. Die Samen vom Hohlen Lerchensporn haben Elaiosomen. Ein Elaiosom ist eine fettige, ölige Schicht, die die Samen umhüllt und äußerst nahrhaft für Ameisen ist. Davon angelockt, nehmen die Ameisen die Samen als Nahrung mit nach Hause und helfen so dem Lerchensporn, sich zu verbreiten. Der Zweiblättrige Blaustern macht es genauso wie der Lerchensporn, hat aber noch einen Plan B: Seine Zwiebeln werden nämlich auch von Wühlmäusen verbreitet. Der Aronstab lockt mit seinen Früchten Vögel an, die diese futtern und so verbreiten. Bärlauchsamen haften sich besonders häufig an Tierfüßen an und lassen sich so durch die Gegend tragen.

Nicht nur die Blüten- und Käferwelt des Auwaldes treibt es bunt, sondern auch die der Amphibien. Gerade nach Überflutungen bilden sich temporäre Tümpel in Vertiefungen im Boden. Genau in der Zeit, in der die Kräuter blühen und die Ölkäferlarven sich an Bienen klammern, macht es in solchen Tümpeln »Uh, uh, uh«. Wenn das mal nicht die Gelbbauchunke ist. Dieser reizende kleine Froschlurch zählt wie auch der Ölkäfer zu den giftigsten Tieren in Deutschland. Reizend ist die Unke in vielerlei Hinsicht, denn ihr Gift ist schleimhautreizend. Ihre grau-braune Oberseite ist recht unauffällig und eine gute Tarnung im Tümpel. Droht Gefahr, legt sie sich auf den Rücken und zeigt ihren Bauch. Allerdings ist das nicht so wie bei Hunden zu verstehen, die auf diese Weise ihr Vertrauen ausdrücken und gerne am Bauch gestreichelt werden wollen. Vielmehr will die Unke damit zeigen, wie strahlend gelb ihr Bauch doch ist. Gelb – die Warnfarbe dafür, dass sie sich mit Gift zu verteidigen weiß. Ein bisschen verwirrend sind die Signale der Unke trotzdem, zumindest für uns Menschen, denn ihre Pupillen sind herzförmig. Mit Herzen assoziieren wir doch Liebe. Schauen uns die Unken einfach nur verliebt an? Jetzt bloß nicht an alte Märchen denken. Wer die Unke küsst, bekommt keinen Traumprinzen, sondern einfach nur höllische Schmerzen im Mund. Warum die Gelbbauchunke sich ausgerechnet temporäre Tümpel als Lebensraum ausgesucht hat, hat verschiedene Gründe. Zum einen erwärmt sich das bisschen Wasser recht schnell, was sich positiv auf die Entwicklung der Larven auswirkt. Zum anderen gibt es hier weniger Fressfeinde als in etablierten Gewässern.

Auch ein anderer Bewohner der Hartholzaue trägt gerne knallgelb, ist jedoch im Gegensatz zur Unke keineswegs giftig: der Pirol. Dieser Vogel hat in den Auwäldern sein Hauptbrutgebiet. Die Männchen haben intensiv gelbe und schwarze Federn, mit denen sie richtig auffallen. Die Weibchen sind in einem etwas schlichteren Grün gehalten – damit sie beim Brüten im Nest in der Baumkrone besser getarnt sind. Zu sehen bekommt man Pirole selten, denn die wunderschönen Vögel sind recht menschenscheu und halten sich die meiste Zeit in den Baumkronen auf. Doch wer einmal im Frühsommer in einen naturnahen Auwald geht, wird den tranceartigen »didlioh«-Gesang kaum überhören, der von den Männchen lautstark abgegeben wird. Zum einen um Weibchen anzulocken, zum anderen um das eigene Revier abzustecken. Pirole sind äußerst territoriale Vögel, die es nicht leiden können, wenn ihnen ihresgleichen oder Fressfeinde zu nahe kommen. Sie ernähren sich hauptsächlich von Schmetterlingsraupen, von denen es dank der äußerst üppigen Vegetation im Auwald sehr viele gibt.

In der Zeit, in der die Jungen schlüpfen, sind die Wildkirschen reif – erst mal das bevorzugte Grundnahrungsmittel. Bemerkenswert ist auch ihr Überwinterungsquartier, das sie sich irgendwo in Ost- oder Südafrika suchen. Jährlich legen die Pirole so Tausende Kilometer zurück und überqueren dabei die Alpen und die Sahara. Die schnelle Entwicklung der Jungen ist wirklich erstaunlich. Im Juni schlüpfen die Jungvögel gerade erst, und im August geht schon die Reise ins Winterquartier los. 2 Monate Zeit, um von einem kleinen blinden struppigen Jungvogel zum Interkontinentalflieger zu werden.

Auwälder zählen zu den artenreichsten Lebensräumen überhaupt. Leider haben wir fast alle von ihnen Schritt für Schritt vernichtet. Die Rechnung dafür kriegen wir jetzt, in Form von Artensterben und regelmäßigem Hochwasser, die ein Auwald in der Regel verhindern könnte. Glücklicherweise gibt es auch immer mehr Renaturierungsmaßnahmen, die – so gut es geht – die Auwälder zurückholen. Dumm nur, wenn dann die Harvester in Armageddonstimmung in genau diese Habitate walzen, um alle Eschen zu fällen, eine der Schlüsselarten dieses Ökosystems. Wir müssen also noch viel lernen im Umgang mit Fließgewässern und den Lebensräumen, die sie umgeben. Möge unser Denken eines Tages so vielfältig sein wie die Aue und nicht so einspurig wie ein Kanal.

TEIL 2

In Mooren und Höhen

Niedermoor – Der Anfang im Ende

Zunächst einmal die schlechten Nachrichten: Alle Seen werden sterben! Ja, richtig gelesen, alle Seen. Selbst vermeintliche Riesen wie der Bodensee. Im Grunde genommen liegt er bereits als armselige Pfütze auf dem Sterbebett. Der richtige Zeitpunkt, um auf seine glorreichen Jugendtage zurückzublicken. Damals, vor 14 000 Jahren, erstreckte er sich bis weit in die Alpen hinein. Gespeist vom Gletscherwasser der letzten Eiszeit lag er da, als funkelnder Herrscher seines Tales. Doch damit war es bald vorbei, der heutige Bodensee ist nur noch halb so groß wie der damalige. Der glorreiche Gigant wurde zu einem traurigen Tröpfchen. Aber genug des Bodensee-Bashings. Seine Tage als See sind zwar gezählt, aber seine Perspektive ist gar nicht so schlecht. Aus dem Bodensee könnte mal ein artenreiches Moor werden. Damit ist er nicht allein, denn wie gesagt, alle Seen sterben. Dieser schleichende und aus geologischer Sicht doch rasante Tod nennt sich Verlandung. Wenn ein See, wie zum Beispiel der Bodensee, durch einen Fluss gespeist wird, trägt dieser allerlei Geröll, Schlamm und Modder in das Gewässer, und der einst tiefe See verflacht.

Aber auch Seen ohne Zufluss ist ein schlammiges Ende gewiss. So ein See ist ein toller Lebensraum für viele Pflanzen und Tiere. Doch auch die müssen sterben, und wenn sie das tun, verbleiben ihre sterblichen Überreste im Wasser. Manche von ihnen setzen sich am Boden des Gewässers ab, manche am Ufer. So ist ein sonniger Tag am Badestrand auch immer ein sonniger Tag am Leichenpfuhl. Viel Spaß beim nächsten Badeurlaub! Durch all das Gesterbe wird ein See allmählich immer kleiner, flacher und schlammiger und hat damit die besten Voraussetzungen, sich zu einem Niedermoor zu entwickeln. Denn hier können organische Substanzen kaum noch verrotten. Gleichzeitig vermehren sich die Pflanzen und Tiere nun, dank der vielen Nährstoffe, schnell und zahlreich. So wächst der einstige See von den Rändern her immer weiter zu. Dabei steht den aeroben, also sauerstoffabhängigen Bakterien am Grund des Sees, die die ganze organische Pampe verdauen wollen, immer weniger Sauerstoff zur Verfügung, um das zu tun. Das kommt daher, weil das dichte Röhricht und der Wurzelfilz am Seegrund dazu führen, dass das Wasser kaum mehr in Bewegung ist und so der vorhandene Sauerstoff nach und nach verbraucht wird. Deshalb werden die abgestorbenen Pflanzenteile irgendwann gar nicht mehr zersetzt, sondern lagern sich immer mehr am Seegrund ab. Die Geburtsstunde des Torfs hat geschlagen. Und durch die Torfbildung verwandelt sich unser sterbender See schließlich in ein junges Niedermoor, das auch weiterhin von Quellwasser oder Grundwasser gespeist wird. Abhängig von der jeweiligen Pflanzengesellschaft wächst die Torfschicht um 0,8 bis 1 Millimeter pro Jahr an. Erreicht sie eine Mächtigkeit von 30 Zentimetern, können wir den ehemaligen See nun als Niedermoor bezeichnen. Niedermoore entstehen nicht nur durch die Verlandung von Seen, sondern auch an den Austrittsflächen von Quellen, in Senken, Mulden und an Hängen. Wichtig zur Unterscheidung vom Hochmoor, das wir im übernächsten Kapitel betrachten werden, ist, dass das Niedermoor regenunabhängig feucht ist. Schauen wir uns dieses Biotop am Beispiel eines Verlandungsmoores mal genauer an.

Schwimmblattzone

Zum Tod des Sees geizt die Natur nicht mit schönen Blüten. Die Gelbe Teichrose, welche die kleiner und kleiner werdende Wasseroberfläche mit ihren großen Blättern erobert, ziert die Schwimmblattzone mit ihren leuchtend gelben ballförmigen Blüten. Die Pflanze kann bei einer Wassertiefe bis zu 6 Metern vorkommen und bildet Rhizome als Überdauerungsorgane. Wichtig ist, dass diese in der schlammigen Tiefe verborgenen Sprossachsen trotzdem genug Luft zum Atmen bekommen. Einmal täglich lüften reicht da nicht. Darum verfügt die Gelbe Teichrose, wie viele andere hier lebende Wasser- und Sumpfpflanzen, über eine anatomische Anpassung an ihren Lebensraum: das sogenannte Aerenchym. Dieses Durchlüftungsgewebe ermöglicht der Pflanze den Transport von nützlichen Gasen wie Sauerstoff und Kohlendioxid. Die Gelbe Teichrose kann sich vegetativ vermehren. Das heißt, wenn ein Stück des Wurzelrhizoms abreißt, erwächst daraus unter günstigen Bedingungen eine neue Pflanze. Wenn wir hingegen einem Menschen einen Fuß abschneiden, wächst dem Fuß kein neuer Mensch und dem Menschen kein neuer Fuß. Und, ganz wichtig für die Brutalokinder da draußen: Aus einem Regenwurm können niemals zwei Regenwürmer werden, auch wenn ihr ihn ganz genau in der Mitte zerteilt ... Aber zurück zum Aerenchym: Dieses luftige Gewebe gibt zudem den Blättern der Pflanze den notwendigen Auftrieb, um auf der Wasseroberfläche umherzutreiben.

Das gefällt dem Seerosenblattkäfer sehr gut, denn diese Käferart, die auf den Schwimmblättern der Gelben Teichrose, der Weißen Seerose und ähnlicher Pflanzen lebt, kann weder schwimmen noch unter Wasser atmen. Wenn im Frühjahr die ersten Blätter der Pflanzen an der Wasseroberfläche erscheinen, sind die Käfer, die in hohlen Stängeln des ufernahen Röhrichts überwintert haben, sofort zur Stelle. Kaum angekommen, paaren sich die Seerosenblattkäfer. Die Weibchen legen ihre Eier an der Blattoberfläche ab, aus denen bald schon die Larven schlüpfen. Diese machen sich nach dem Schlüpfen über ihre Kinderstube her und fressen die Blätter, auf denen sie geboren wurden. Dabei folgen sie der alten Weisheit: »Friss nicht das Luftpolster kaputt, auf dem du sitzt!« Sie futtern nämlich nur die obersten Blattschichten und lassen das Blatt so weit intakt, dass es nicht untergeht. Wenn der Schabefraß nicht ausreicht, um angenehm satt zu werden, fressen die Käfer auch mal Löcher in die Seerosenblätter. Dabei gilt es nur darauf zu achten, dass Käfer oder Larve dabei nicht ins Wasser plumpst und untergeht, denn das wäre das tödliche Ende. Ach, wenn es doch einen Erlöser gäbe, der übers Wasser gehen könnte!

Aber den gibt es tatsächlich! Man kennt ihn als Gemeinen Wasserläufer, der etwas ungelenk und ruckartig über die Wasseroberfläche schreitet. Hin und wieder setzt diese an ihren Lebensraum perfekt angepasste Wanze auch zum Sprung an, drückt sich ab und macht einen gewaltigen Satz. Doch der Große Wasserläufer bringt auch Erlösung: Er befreit seine Schützlinge von den banalen Tätigkeiten des Alltags und befördert sie auf eine höhere spirituelle Ebene. Weg von den Seerosenblättern und ihrer verführerischen Schönheit, weg von den Röhrichten und weg von der Bindung an andere Käfer und Larven. Endlich frei! Wie macht unser wasserwandernder Prophet das? Ganz einfach: Er führt seine Schäfchen dem Tod zu.

Fällt ein unvorsichtiges Insekt ins Nass und vermag nicht mehr zu entkommen, schreitet der Wasserläufer im hellen Licht seines Heiligenscheins auf das hilflose Krabbeltier zu. Kaum angekommen, reicht er dem Insekt nicht etwa einen Rettungsring, nein, der Wasserläufer nutzt die Gelegenheit und greift sich sein Opfer mit den Vorderbeinen, um es im Anschluss mit seinem Saugrüssel auszusaugen. Nach vollendetem Abendmahl schlappt der Gemeine Wasserläufer in größter Seelenruhe über das Niedermoor und genießt mit seinen wasserabweisenden Füßen die wunderbare Oberflächenspannung des Wassers.

Weit unter den Sohlen des Wasserläufers am Grunde des Niedermoors stecken die Gemeinen Schlammröhrenwürmer den Kopf in den Schlamm. Diese 2,5 bis 9 Zentimeter langen Würmer sind perfekt an diesen sauerstoffarmen Lebensraum angepasst. Die Überlebenskünstler siedeln in Grüppchen und recken ihre schlängelnden Hinterteile nach oben. So bringen sie das Wasser in Bewegung und können sich mit etwas Glück sauerstoffreicheres Wasser zufächeln. Klappt das nicht, ist das zunächst kein Problem. 48 Stunden ohne Sauerstoff stecken die Prepper des Gewässergrundes gut weg. Dabei hilft ihnen der hohe Hämoglobingehalt im Blut, der den Würmern auch ihre rote Farbe gibt. Den Kopf in ihren mit Schleim ausgekleideten Höhlen im Schlamm, führen die Schlammröhrenwürmer ein bescheidenes Dasein und fressen die Reste abgestorbener Pflanzen und Tiere. Damit sie bei der Nahrungsaufnahme nicht durch so eine lästige Nebentätigkeit wie der Atmung gestört werden, haben sie sich etwas Besonderes überlegt. Statt durch das Maul atmen diese windigen Würmer ganz einfach durch das andere Ende ihres Verdauungsapparates. Sie betreiben Darmatmung.

Röhricht

Mit diesem schönen Bild im Kopf verlassen wir die Schwimmblattzone in Richtung Röhricht und blicken gleichzeitig in die Zukunft des Moores. Denn je weiter die Verlandung unseres Niedermoores fortschreitet, desto kleiner wird die Wasserfläche, und wo einst noch die Gelben Teichrosen blühten, wird schon bald das Röhricht gedeihen. Kein Grund, traurig zu sein, denn dieser Lebensraum ist das Zuhause vieler faszinierender Lebewesen. Das Schilfrohr gedeiht hier in großer Zahl. Das tut es mithilfe seiner bis zu 10 Meter langen Ausläufer, aus denen immer neue Schilfpflanzen herauswachsen können. Ähnlich wie andere Röhrichtpflanzen, wie zum Beispiel der Schmalblättrige Rohrkolben, gedeiht das Schilfrohr oft in natürlicher Monokultur und verdrängt andere Pflanzen von ihren Standorten. Gleichzeitig festigt das Schilf die Ufer und ist ein Torfbildner. Das heißt, es hilft unserem jungen Niedermoor, seine Torfschicht weiter aufzubauen. Das ist auch gut für uns Menschen, denn das Photosynthese betreibende Schilf atmet CO_2 ein und O_2 aus. Den Kohlenstoff nutzt die Pflanze zu ihrem eigenen Aufbau. Verrottet das Schilf, können die abgestorbenen Pflanzenteile in den anaeroben Bedingungen am Wassergrund nicht zersetzt werden, und es bildet sich Torf. In diesem Torf bleibt der Kohlenstoff gespeichert, der uns sonst mittels noch schneller fortschreitender Klimaerhitzung noch mehr Feuer unter unseren vier Buchstaben machen würde. Doch nicht nur aufgrund der Torfbildung ist Schilfrohr ein großartiges Gewächs, das lieber handelt, statt sein Image aufzupolieren. Das Schilfröhricht reinigt zudem das Wasser unseres Niedermoors von natürlichen Verunreinigungen wie etwa Schwebpartikeln, aber auch von menschengemachten Umweltgiften wie Öl, Reifenabrieb und Schwermetallen. So bietet das Röhricht ein sauberes und angenehmes Heim für verschiedenste Insekten, Amphibien und Vögel.

Kein Wunder, dass die Schilf-Halmfliege das Leben im Schilfröhricht einfach fantastisch findet. So grandios, dass sie sich ganz ausschließlich auf diesen Lebensraum spezialisiert hat. Wer will schon in New York, Tokio oder Delhi wohnen, wenn man auch im Schilfröhricht eines Niedermoors in Mecklenburg-Vorpommern leben kann. Der einzige Nachteil dieser malerischen Umgebung ist mal wieder die Partnersuche. Obwohl es auf dem Land schön ist, hätte die Schilf-Halmfliege aus gutem Hause gerne einen Partner, der ihre Welt zum Erbeben bringt. Wie sie ihn finden kann? Ganz einfach, mit der Elite-Schilf-Partnervermittlung. Dazu sendet die weibliche Schilf-Halmfliege ein etwa 8 Sekunden andauerndes Vibrationssignal auf einem Schilfblatt. Fliegt nun ein Männchen ein solches Schilfblatt an und nimmt die Vibrationen des Weibchens wahr, kann es seinerseits sexy Stoßbotschaften zurücksenden. Das Weibchen vibriert daraufhin erregt zurück, und die beiden kommen sich, angelockt von ihren aufrüttelnden Signalen, immer näher ...

Das Weibchen legt nach dem Date ein Ei auf die Sprossspitze des Schilfs. Daraus schlüpft eine Larve, die sich, kaum ihrer eigenen Existenz bewusst, schon an ihr zerstörerisches Werk macht. Die kleine Antichristin frisst sich nämlich sogleich in die Sprossungszone des Schilfs ein und sorgt damit dafür, dass das Längenwachstum der Pflanze gestoppt wird. Das führt zur Verdickung und Verholzung des oberen Sprossteiles und ist der Grund dafür, warum die Schilf-Halmfliege auch Zigarrenfliege genannt wird. (Wer bisher gedacht hat, dass dieses Insekt Cohibas raucht, liegt falsch.) Es entsteht eine 15 bis 25 Zentimeter lange Galle mit einem Durchmesser von circa 15 Millimetern. Rauchen sollte man diese »Zigarrengalle« aber nicht, denn darin lebt die Larve der Schilf-Halmfliege, die sich über den Winter auch dort verpuppt.

Den Blaumeisen sind diese Zigarrengallen allerdings nicht entgangen, und sie sind auch schlau genug, kein Feuerzeug an die eigenartig geformten Gebilde zu halten. Vielmehr picken sie mit ihren spitzen Schnäbeln die Gallen auf und bedienen sich an dem Konfekt darin: den verpuppten Larven der Schilf-Halmfliege. Die Kohlmeise und die Sumpfmeise haben sich diese Schlemmerei lange genug angesehen, und kaum ist die Zigarre aufgepickt, vertreiben sie nun die Blaumeisen und bedienen sich selbst an der Feinkost im Röhricht. Falls sie keinem Schnabel zum Opfer fällt, beißt sich die voll entwickelte Fliege im Frühjahr aus der Galle heraus ins Freie. Die verlassene Zigarrengalle wird von anderen Insekten wie Wildbienen und Grabwespen gerne als Fertigbehausung weiter genutzt.

Auch ein anderer Bewohner des Röhrichts, der Spiegelfleck-Dickkopffalter, setzt auf geschickte Verstecke in diesem Lebensraum. Dieser hübsche kleine Falter mit seiner Flügelspannweite von circa 3 Zentimetern beginnt sein flattriges Dasein ganz still und unscheinbar als Ei an dem Blattstiel einer seiner Raupenfutterpflanzen. Das kann Pfeilgras oder Sumpf-Reitgras sein, aber auch das Schilfrohr. Nach dem Schlüpfen beginnt die Spiegelfleck-Dickkopffalter-Raupe ihr Werk. Sie hat sich in den Kopf gesetzt, sicher und wohl gesättigt zum Schmetterling zu werden. Darum rollt sie sich statt fetter Zigarren auch lieber einen wohnlichen Tunnel aus Grashalmen. Darin lebt die Raupe wie im Schlaraffenland, denn sowohl die Wände als auch der Boden ihrer Behausung sind fressbar und ganz nach ihrem Geschmack. Befestigt wird die delikate Heimstatt mit einem weißen Gespinst, das die Raupe auch dafür nutzt, sich zu verpuppen. Schlüpft der Schmetterling schließlich, hüpft er auch schon davon. Dabei kommt er nicht auf dem Boden oder Pflanzen auf, sondern springt von einer gedachten Linie in der Luft immer wieder in die Höhe. Warum er einen so einzigartigen Flugstil entwickelt hat, ist nicht klar. Es könnte sein, dass er damit Fressfeinde irritieren möchte, es könnte aber auch sein, dass diese Art der Fortbewegung Ausdruck seiner unbändigen Lebenslust ist.

Darauf erst mal einen Schluck Nektar! Was blüht denn jetzt im Hochsommer im Röhricht? Der Blutweiderich. Diese Pflanze lädt neben dem Spiegelfleck-Dickkopffalter auch viele andere Schmetterlinge, Schwebfliegen und Bienen zur Nektarverkostung ein. Für einen edlen Tropfen finden sich hier unter anderem auch mal der Kleine Fuchs, der C-Falter und verschiedene Weißlinge ein. Dabei hat die Pflanze ein abwechslungsreiches Sortiment zu bieten. Ihr ähren- oder traubenförmiger Blütenstand besticht mit mehr als 100 einzelnen purpur- bis rosafarbenen Blüten. Dabei entwickelt der Blutweiderich verschiedene Arten von Blüten und Pollen. Jetzt aufpassen: Es gibt lange Griffel mit mittellangen und kurzen Staubblättern, mittellange Griffel mit langen und kurzen Staubblättern und kurze Griffel mit langen und mittellangen Staubblättern, wobei die Pollen bei langen Staubblättern groß und grün sind, während die Pollenkörner der mittellangen und kurzen Staubblätter eher gelb und klein sind. Diese bedeutenden Unterschiede in der Blütenform sind bereits Darwin aufgefallen, und statt zu Hause Nintendo zu zocken, hat er Versuche zur Bestäubung der verschiedenen Blütenformen unternommen. Dabei fand er heraus, dass bei 18 denkbaren Bestäubungskombinationen nur 6 zu einer vollständigen Samenbildung führen. Am besten fruchtet das Ganze dann, wenn die Pollen, mit denen die Griffel bestäubt werden, von einem gleich langen Staubblatt stammen.[23] Es muss also nicht nur bei Tetris alles gut zusammenpassen, sondern auch in der Natur. Haben die Bestäuber sich dann aber am Nektar gütlich getan und ganz nach Plan bestäubt, kann eine Pflanze bis zu drei Millionen Samen produzieren. Diese Samen lassen sich gerne vom Wind und Wasser davontragen, aber sie haben noch einen weiteren Trick auf Lager, um neue Lebensräume für sich zu erobern. Sie nehmen einfach ein Flugzeug zum nächsten Keimplatz. Ein gefiedertes Flugzeug, auch bekannt als Vogel. Die Samen sind nämlich mit kleinen Schleimhaaren besetzt, die es ihnen ermöglichen, im Federkleid von Wasservögeln Halt zu finden.

Und im Röhricht leben viele Vögel, die dem Blutweiderich bei seiner Ausbreitung behilflich sein können. So bauen Teichralle und Blässralle ihre Nester in Röhrichten. Auch verschiedene Rohrsängerarten, die Rohrammer, die Rohrdommel und die Rohrweihe sind hier anzutreffen. Die Rohrweihe schnabuliert gerne die Küken der anderen Wasservögel. Aber auch kleine Säugetiere und Insekten lässt sich der Greifvogel auf der Zunge zergehen. Das Schilf des Röhrichts nutzt er zum Nestbau. Hinein ins Nest legen die Rohrweihen meist 4 bis 5 Eier, die vom Rohrweihen-Weibchen fünf Wochen lang ausgebrütet werden. Ganz schön langweilig, derart lang im dichten Röhricht auf der Brut rumzuhocken, ganz ohne YouTube oder Netflix. Aber was tut Vogel nicht alles für die Nachkommenschaft.

Die Ringelnatter, die im Schilfröhricht auf die Jagd geht, macht es sich da einfacher. Sie sucht sich für ihre Eier einen natürlichen Brutkasten. Das kann ein vermodernder Baumstamm, verrottendes Schilf oder auch ein schöner, warmer Misthaufen sein. In diesen Gratis-Inkubator legt die Ringelnatter 10 bis 30 Eier und schlängelt ihres Weges. Die Pilze und Bakterien, die an der Verrottung des Umfelds des Bruthaufens beteiligt sind, sorgen durch die dabei entstehende Wärme für die optimalen Bedingungen, um die von einer Pergamenthaut umschlossenen Schlangeneier auszubrüten. Im Spätsommer bis Herbst schlüpfen die kleinen Ringelnattern und suchen sich, kaum geboren, einen warmen Laubhaufen zum Überwintern. Dort verharren die Schlangen dann in der Winterstarre, aus der sie erst im Frühjahr wieder erwachen. Kaum ist es warm genug zum ordentlichen Schlängeln, sind die Schlangen auch schon im Röhricht unterwegs. Gut versteckt vor den Rohrweihen und anderen Jagdvögeln, aber genau in der richtigen Position, um den eigenen Beutetieren wie Fröschen, Kröten und Kaulquappen aufzulauern. Mit ihrer Zunge erschnüffelt die Ringelnatter diese Leckerbissen und nähert sich ihnen eifrig züngelnd immer weiter. Dabei schwimmt sie elegant im Wasser und kann sogar tauchen. Hat sie ihre Beute dann gepackt, möchte sie sich den Braten unverzüglich einverleiben. Deshalb renkt sie sich mir nichts dir nichts ihren Kiefer aus, um beispielsweise eine Kröte lebendig und im Ganzen zu verschlingen. Gutes Kauen ist was für Anfängerinnen.

Der Medizinische Blutegel, der inzwischen sehr selten geworden ist, hält die Vorgehensweise der Ringelnatter für absolut stümperhaft. Zwar schlängelt auch er sich im Wasser auf seine Beute zu, allerdings hält er nichts davon, sich irgendwelche Gelenke auszurenken, die er ohnehin nicht hat. Stattdessen saugt er sich mit seinem vorderen Saugnapf an seiner Beute fest, um dann mit seinen drei Kiefern, gespickt mit 240 winzigen, aber scharfen Calcit-Zähnchen, zuzubeißen. Abschließend gibt der Blutegel über den Speichel einen blutgerinnungshemmenden Stoff ab, damit sein Energydrink nicht verklumpt. Und dann wird gesoffen, was das Zeug hält. Ein Medizinischer Blutegel kann abhängig von der Blutmenge seiner Beute in einer Stunde das Fünffache seines Körpergewichtes an Blut aufnehmen und dementsprechend auch zu einem echten Wonneproppen heranwachsen. Dann fällt er mit einem zufriedenen Lächeln in seinem Egelgesicht von der Beute ab und legt eine interne Vorratskammer an. Das heißt, seine Darmbakterien konservieren das Blut der Mahlzeit so geschickt, dass der Egel nun locker ein Jahr ohne Nahrungsnachschub auskommt, bevor es Zeit wird, ein weiteres Opfer auszusaugen.

Großseggenried

Bevor wir dem Kleinen unter die Zähne kommen, verlassen wir lieber das Röhricht in Richtung Großseggenried. Auf den ersten Blick sieht es hier so eintönig aus, als wäre diese Landschaft von modernen Menschen entworfen worden. Und wie wir uns schon denken können, sind Seggen hier keine Mangelware. Ganz im Gegenteil, hier wachsen Seggen, so weit das Auge reicht. Dicht gedrängt, alle etwa gleich groß stehen sie da: Sumpf-Seggen, Schlank-Seggen, Ufer-Seggen, Schwarzschopf-Seggen, Steif-Seggen und Rispen-Seggen verleihen dem Großseggenried sein seggiges Erscheinungsbild. Doch wer oder was sind diese Seggen überhaupt? Es handelt sich bei diesen Pflanzen um Sauergräser, mit denen man sich nicht anlegen möchte. Denn die Seggen sind bewaffnet. Sie tragen zwar keinen Revolver oder Degen, aber ihre Blätter sind rasiermesserscharf und zu allem bereit. Welch wunderbarer Lebensraum das Großseggenried doch ist, architektonisch so reizvoll wie eine Plattenbausiedlung und dazu noch voll gefährlicher Blätter. Hier kann doch unmöglich jemand freiwillig leben, möchte man meinen.

Doch weit gefehlt. Die Bekassine baut hier an leicht erhöhten Standorten, geschützt von der dichten Vegetation, ihr Nest in einer Mulde, die sie mit trockenem Pflanzenmaterial auslegt. Perfekt, jetzt nur noch den richtigen Partner finden und das Brüten kann losgehen. Dazu besucht die Bekassine eine Flugshow der besonderen Art. Die balzenden Männchen himmeln mal wieder. Hier wird aber nicht mit schmalzigem Minnegesang angehimmelt und auch nicht mit machohaften Sprüchen herumgepimmelt. Nein, die Bekassinenjungs fliegen in einem Zickzack-Flug 50 Meter gen Himmel, um sich dann abrupt zur Seite zu kippen. Nun spreizen die Flugkünstler ihre Schwanzfedern und stürzen sich wummernd in einem 50-Grad-Winkel schräg herab. Dieses Kunststück wiederholen die Vögel gerne auch mehrmals. Wir Menschen sollten uns, falls wir dieses Schauspiel jemals beobachten können, daran erinnern, dass die Bekassine ein sehr scheuer Vogel ist, und darum von Applaus absehen, auch wenn die Flugkünste dieser Vögel mit dem langen Schnabel wirklich beeindruckend sind. Apropos Schnabel, dieser eignet sich mit seinen Millionen Tastsinneszellen perfekt zum Aufspüren von Nahrung im sumpfigen Boden. Würmer, Schnecken und Insekten können die Bekassinen damit im Schlamm ertasten und dank des biegsamen Oberschnabels auch geschickt schnabulieren. Darum benötigen die Vögel neben dem Großseggenried, in dem sie gut versteckt brüten können, auch offene, sandige Bereiche, wo sie auf Futtersuche gehen können. Nebst allerlei Getier kommen auch die Samen der Seggen gerne rein.

Ihre Küken begeben sich – kaum geschlüpft – direkt auf Nahrungssuche. Nichts da mit füttern lassen, die Kleinen sind schon selber groß. Dennoch gibt es viel zu tun für die Eltern. Sie müssen die aufgeweckte Brut zu Stellen bringen, wo das Lebensmittelangebot ausreichend ist. Außerdem muss stets die

Umgebung im Auge behalten und sichergestellt werden, dass sich kein Fressfeind nähert. Die Bekassine weiß, die Gefahr kann überall lauern. Ob es nun ein Wiesel ist, das sich gerne ein Küken holen würde, oder ein Fuchs oder unsere alte Bekannte, die Rohrweihe – einfache Beute ist der Bekassinennachwuchs nicht. Zunächst ist da die Tarnung durch das gestreifte Federkleid, das die Vögel im Großseggenried beinahe unsichtbar macht. Außerdem werden Ausflüge ins »Freie« am liebsten in der Abend- oder Morgendämmerung gemacht. Geduckt und skeptisch verlassen die Vögel dann die Deckung und sind jederzeit bereit zu reagieren. Aber was kann so eine Bekassine schon tun, wenn plötzlich ein Fuchs auftaucht? Eine Möglichkeit ist es, den Fressfeind durch schauspielerische Glanzleistungen zu übertölpeln. Dazu macht sie ihm erst mal richtig Appetit, indem sie sich kläglich flatternd und mit hängendem Flügel ganz jämmerlich dahinschleppt. Dem Fuchs läuft bei so einem hilflos anmutenden Sonntagsbraten das Wasser im Munde zusammen, und er lässt sich zur Verfolgung der scheinbar verletzten Bekassine verleiten. Doch kurz bevor die scharfen Fangzähne des Fuchses zuschlagen können, entkommt ihm die plötzlich wieder kerngesunde und wendige Bekassine und fliegt guter Dinge davon. Ihre Brut findet der gelackmeierte Fuchs nun sicher nicht mehr. Doch die Bekassine schützt ihren Nachwuchs auch auf andere Weise vor dem Maul des Fuchses. Nähert sich der hungrige Widersacher, kann der Vogel innerhalb von Sekunden die Küken mit dem langen Schnabel und den Füßen am Bauch festklemmen und so mit der Nachkommenschaft davonfliegen. Adieu, du Null!

Neben den Bekassinen leben viele andere wunderschöne Vögel im Großseggenried. Kampfläufer, Großer Brachvogel, Rotschenkel, Wiesenpieper, Kiebitz und Braunkehlchen treiben sich hier versteckt im Ried und im Fluge in der Luft herum.

Aber nicht nur gefiederte Flieger sind hier unterwegs. Die Speer-Azurjungfer schwirrt ebenfalls elegant durch das Großseggenried. Diese wunderschöne Libelle zeigt sich zwischen Mai und August. Dann kann man die hellgrün-gelblichen Weibchen und die hellblau gemusterten Männchen im Niedermoor beobachten. Bei sonnigem, warmem Wetter treffen sich die Libellen am Gewässerrand für einen Ausflug inklusive Radschlag und Fortpflanzung. Damit das funktioniert, muss das Libellen-Männchen sich aber ganz schön geschickt anstellen. Wer denkt, Hodensäcke wären unpraktisch, weil sie so verletzlich und schrumpelig zwischen den Beinen herumbaumeln, sollte mal die absolut umständlichen Geschlechtsteile der Libellenherren studieren. Bei diesen Insekten ist das primäre Geschlechtsorgan, in dem das Sperma gebildet wird, nicht durch den geschickten anatomischen Kniff eines Samenleiters mit dem sekundären Geschlechtsteil verbunden, das zur Begattung genutzt wird. Nein, die Libellen-Männchen müssen ihr Begattungsorgan, bevor es losgeht, erst einmal aufladen. Dazu biegen sie ihr neuntes Hinterleibssegment, wo ihre samenproduzierenden Keimdrüsen liegen, ganz weit nach vorne und füllen ihre Samenblase im zweiten Hinterleibssegment mit ihrem Libellenliebessaft auf. Ist das erledigt, muss das Männchen ein Weibchen mit der Hinterleibszange am Kopf greifen. Das finden Speer-Azurjungfern nämlich richtig heiß. Das Libellen-Kamasutra nennt diese Vorspiel-Stellung auch das Tandem.

Nun wird es aber Zeit, richtig loszulegen und ein Paarungsrad zu schlagen. Dafür krümmt das Libellen-Weibchen nun ihren Unterleib nach vorne und bringt ihre Geschlechtsöffnung zum Begattungsorgan des Männchens. Dort klammert sich das männliche Geschlechtsteil regelrecht an dem weiblichen fest. Außerdem nutzt das Männchen seinen löffelförmigen Penis, um eventuelle Spermien von anderen Begattern aus dem Ge-

schlecht des Weibchens herauszulöffeln.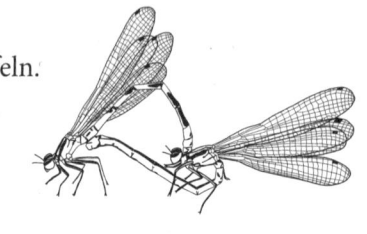
(Also merke: Niemals eine Schüssel
Müsli mit einem Libellen-Männchen teilen, denn der bringt sein
eigenes Besteck mit, und das ist bestimmt nicht steril.) Nun befindet sich das Paar im
herzförmigen Paarungsrad. Der Akt findet im Sitzen in der
Ufervegetation statt und kann zwischen 15 und 30 Minuten
dauern. Dann können die Eier gelegt werden. Dabei verbleibt
das Männchen weiterhin am Kopf des Weibchens angedockt.
Für die Eiablage wählen die Libellen sowohl tote als auch lebendige Seggen- oder Binsenhalme. Torfmoose eignen sich ebenfalls dafür. Diese Prozedur ist ein echtes Kunststück, das es so
in keinem Zirkus zu sehen gibt. Die weibliche Libelle, an deren
Kopf das Männchen noch immer festgekoppelt ist, klettert
rückwärts an einem Halm hinab ins Wasser. Dabei geht sie mitsamt dem Anhang auch unter Wasser und sticht ihre Eier in das
Pflanzenmaterial ein. Während dieser Vorgänge sind die Libellen von einer Luftblase umschlossen, aus der sie genug Atem
für 20 bis 30 Minuten ziehen können. Dann gibt es eine kleine
Verschnaufpause, und das Ganze kann von vorne losgehen.
Ganz schön anstrengend so ein Libellensexleben. Umso blöder,
wenn die Lebensräume der Speer-Azurjungfern von uns Menschen zerstört werden, sodass all die Verrenkungen und Kunst-
stücke umsonst waren.

Bruchwald

Unserer Verantwortung bewusst, machen wir uns auf in den
Bruchwald. Hier hat die Verlandung unseres Sees ihr letztes
Stadium erreicht. Dieser Teil des Niedermoors wird nur noch

bei Hochwasser überflutet. Wie bei allen Biotopen, die wir in diesem Buch besprechen, können wir natürlich nur einen winzigen Bruchteil der Vielfalt an Habitatstypen darstellen, die es tatsächlich gibt. Im Falle des Bruchwaldes schauen wir uns den Erlen-Bruchwald genauer an, der durch die Schwarzerle geprägt wird. Dieser Baum liebt nichts mehr als ein schönes Fußbad und steht darum am liebsten mit mindestens einer Wurzel im Wasser. Das ist auch ganz gut so, denn hier im Erlen-Bruchwald ist das Grundwasser die meiste Zeit des Jahres an der Erdoberfläche oder sogar darüber. Damit die Erlen dabei nicht weggespült werden, bilden sie ein tiefes Herzwurzelsystem, mit dem sie das Ufer befestigen. Und wir können uns schon denken, wer der Schwarzerle dabei hilft, an so einem nassen Ort zu leben. Es sind ihre Freunde aus dem Reich der Pilze. Die Erle lebt in Symbiose mit verschiedenen Mykorrhiza-Pilzen, die sich ihrerseits wiederum an eine exklusive Beziehung mit diesem Baum angepasst haben.

Der Lila Milchling ist einer dieser ganz besonderen Erlenfreunde. Dieser Pilz mit dem rosa- bis lilafarbenen Hut, den gelblich-ockerfarbenen Lamellen und dem Duft nach Geranienblättern und Bockshornklee hat nichts als Liebe für die Erlen übrig. Die Fruchtkörper des Lila Milchlings erscheinen von September bis Oktober gerne in Grüppchen. Auffällig bei den Fruchtkörpern ist, dass sie im Vergleich zu andcren Milchlingen mit einem Hutdurchmesser von 3 bis 8 Zentimetern kleiner sind als ihre Verwandtschaft. Der Moos-Milchling, der ebenfalls nur mit der Erle in Symbiose lebt, treibt das noch weiter, denn seine braunen Fruchtkörper haben einen Hutdurchmesser von lediglich 1 bis 3 Zentimetern.

Doch nicht nur Milchlinge stehen im Mykorrhiza-Austausch mit den Erlen. Hier schalten und walten noch viele andere Symbionten. Der Erlen-Täubling, der Erlen-Scheidenstreifling, der

Erlen-Krempling, der Erlengrübling, der Erlen-Rißpilz, der Erlen-Gürtelfuß sowie der Violette Erlen-Gürtelfuß und der Dickblättrige Erlen-Gürtelfuß – sie alle leben im Erlenbruchwald in trauter Eintracht mit der Schwarzerle. Man kann also schon sagen, dass die Erle richtig angesagt ist. So viele Pilze, die nur mit ihr und niemand sonst befreundet sein wollen. Zusätzlich leben in den Wurzelknöllchen der Schwarzerle auch noch luftstickstoffbindende Bakterien, die den Baum mit dem Stoff versorgen. Klingt erst einmal ganz fresh so ein Erlendasein.

Doch auch das Leben als Schwarzerle hat Schattenseiten. Denn nicht alle Pilze sind ihr wohlgesonnen. Der Erlen-Schillerporling wartet nur auf einen schwachen Moment des It-Girls Schwarzerle, um sie fertigzumachen. Und dann wird Holz verdaut, bis die Erle tot ist und noch weiter. Der Erlen-Schillerporling ist nämlich nicht nur ein Parasit, sondern auch ein Saprobiont, der vom Totholz der Erle nascht. Darum ist er in fast jedem Erlenbruchwald zu finden. Auch der Zitronengelbe Erlenschüppling parasitiert auf der Erle und zersetzt das Holz des toten Baums weiter. Da die Schwarzerle recht schnell wächst, fällt zusätzlich jede Menge anderer Baumabfall an: Blätter, Zäpfchen und Kätzchen. Dieser Kleinkram schmeckt dem Erlen-Schillerporling und dem Zitronengelben Erlenschüppling nicht, andere Pilze finden diese Abfälle jedoch unglaublich delikat. Der Flockenstiel-Helmling und das Rotbraunstielige Sklerotienkeulchen nehmen sich gerne der Blätter an, während der Erlenzäpfchen-Becherling und das Erlenzäpfchen-Weichbecherchen die Erlenzäpfchen verspeisen. Die Erlenkätzchen werden von den Erlenkätzchen-Becherlingen zersetzt. Wir sehen also, dass der Erlenbruchwald ein Ort ist, der vor Pilzen nur so wimmelt.[24]

Allerdings gibt es im Bruchwald auch wundervolle Blütenpflanzen zu bestaunen. So klettert hier der Bittersüße Nachtschatten durchs Unterholz. Für die Bestäubung ihrer bläulich-violetten Blüten ist dieser Pflanze nicht alles recht. Nein, man sollte schon auf einer Wellenlänge mit einem Insekt sein, bevor man diesem die kostbaren Pollen anvertraut. Darum muss eine Bestäubungsanwärterin, wie etwa eine Biene, erst mal zeigen, dass die Schwingungen passen, indem sie sich ordentlich ins Zeug legt und mithilfe ihrer Flugmuskeln starke Vibrationen in der Blüte erzeugt. Erreicht das Insekt dabei die richtige Frequenz, wird der Pollen aus der Blüte auf die Biene herabgeschüttelt und kann im Anschluss von dieser weitergetragen werden. Wenn die Erschütterungen nicht ausreichen, um Bienchen und Blüten glücklich zu machen, kann sich die Pflanze immer noch selbst befruchten, um ihre leuchtend roten elliptischen Früchte zu bilden. Diese Früchte werden dann wiederum von Vögeln weiterverbreitet, die sich über den bittersüßen Snack freuen. Insbesondere deshalb, weil die Früchte auch noch bis spät in den Winter hinein an ihren blauen Stängeln zu finden sind.

Eine andere bezaubernde Blüte, die dem Erlenbruchwald das extra bisschen Magie verleiht, ist die Sumpf-Schwertlilie.

Ihre großen, gelben Blüten sind für viele Insekten so anziehend wie das Berghain für Raver auf Techno-Entzug. Aber wie das bei exklusiven Clubs so ist: Erst mal muss man durch die Tür kommen. Bei der Sumpf-Schwertlilie steht da allerdings kein Türsteher, der entscheidet, wer in der Blüte feiern gehen darf, nein, es gibt einfach nur zwei Eingänge, und die Insekten müssen unterscheiden können, welcher davon der ist, durch den sie reinpassen. Eine verballerte Hummel, die unbedingt durch den Schwebfliegentunnel kriechen will, wird ihr Ziel wohl nie erreichen. Aber am Ende des Hummeltunnels, bei dessen Durchquerung sie mit Pollen statt Pep bepudert wird, wird sie statt eines Darkrooms das Blüteninnere mit köstlichem Nektar finden.

Doch Hummeln und Schwebfliegen sind nicht die einzigen Insekten, die sich auf der Sumpf-Schwertlilie tummeln. Auch der Weißpunktige Schwertlilienrüssler ist auf der schönen Blüte unterwegs und futtert gerne von den gelben Gebilden. Doch damit nicht genug. Die kleinen frechen Käfer nutzen die Sumpf-Schwertlilie auch als Convenience-Geburtsstation. Dazu legen sie ihre Eier in die Samen der Pflanze. Die Sumpf-Schwertlilie verschließt die Einstichstellen ihrerseits mit ihrem Pflanzensaft, der schnell aushärtet. So sind die kleinen Larven bestens geschützt, während sie sich in ihrem Instant-Baby-Bunker langsam vollfressen. Mit der Zeit verschlingt eine Larve auch die angrenzenden Samen und begibt sich schließlich in ihrer Puppenwiege aus drei miteinander verbundenen Samen zur Ruhe, um als wundervoller Käfer wiederzuerwachen.

Wie wir sehen, ist der Tod der Seen kein Grund, Trübsal zu blasen. Lassen wir ihre Verlandung zu, werden wir womöglich mit einem wundervollen Niedermoor und seiner Artenvielfalt belohnt. Einem Ort, wo Bekassinen durch wilde Flugmanöver und lange Schnäbel Blicke auf sich ziehen, wo Libellen ihre Liebe durch Radschlag ausdrücken und wo Schlammröhrenwürmer tiefe Atemzüge durch den Darm nehmen. Im Niedermoor schwimmt und kriecht, hüpft und schwirrt es allerorts, wenn wir diesen Lebensraum schützen. Lassen wir die Niedermoore ihren Job tun, nämlich der Vielfalt ihrer Lebewesen einen Ort zum Leben geben und dabei Kohlenstoff als Torf speichern, profitieren wir nicht nur von den positiven Auswirkungen auf unser Klima, sondern auch davon zu wissen, dass es irgendwo da draußen einen Ort gibt, wo ein Medizinischer Blutegel seine 240 winzigen, aber scharfen Calcit-Zähnchen in sein Opfer schlägt, um es bis auf den letzten Tropfen Blut auszusaugen. Was für ein wohlig-schöner Gedanke!

Übergangsmoor – Zwischen den Welten

Fragten wir Leute in der Fußgängerzone, was ein Zwischenmoor sei, so würden die Antworten ungefähr so ausfallen: »Nichts Halbes und nichts Ganzes, so ein Zwischending eben.« Vielleicht würde sogar ein Vergleich mit dem Berliner Flughafen oder dem Stuttgarter Hauptbahnhof fallen. Doch damit liegen die Befragten falsch. Das Zwischenmoor ist nämlich mehr als nur ein ewig unfertiger Übergangszustand, der viel Geld verschlingt und zu allgemeinem Gespött einlädt. Obwohl das Übergangsmoor eine Brücke zwischen Niedermoor und Hochmoor ist, ist es keinesfalls unfertig oder gar lächerlich. Solche Adjektive sind für natürliche Biotope gänzlich unzutreffend, auch wenn es hier selbstverständlich einige skurrile Lebensformen gibt. Denn auch dort, wo nicht mehr ganz Niedermoor und noch nicht ganz Hochmoor ist, zeigt sich eine unglaubliche Vielfalt an Geschöpfen, die sich diesem Ort angepasst haben. Hinzu kommt beim Zwischenmoor, dass hier noch einige Arten der Niedermoore und schon einige der Hochmoore leben.

Doch wie kommt es dazu, dass ein Niedermoor sich in ein Übergangsmoor und schließlich in ein Hochmoor verwandelt? Wie wir bereits im Niedermoorkapitel dargelegt haben, entsteht ein Moor durch die Bildung von Torf, also nicht vollständig zersetztem Pflanzenmaterial, das sich beispielsweise bei einem Verlandungsmoor am Seegrund sammelt. Ist die Torfschicht mächtiger als 30 Zentimeter, sprechen wir von einem Niedermoor. Diese Torfschicht hört nicht auf zu wachsen, während sich an der Wasseroberfläche immer mehr Pflanzen ansiedeln. Das ständige Wachstum der Pflanzen und ihr Absterben führen zu einer immer weiteren Zunahme der Torfschicht. Irgendwann kann es dann dazu kommen, dass die oberste Humusschicht nicht mehr vom Grundwasser feucht gehalten wird, sondern nur noch Regenwasser trinkt. Damit hat das Moor den Status als Niedermoor verloren, denn ein Niedermoor wird ausschließlich durch Oberflächen- und Grundwasser gespeist. Die Torfschicht ist jedoch noch nicht so weit angewachsen, dass das Moor ausschließlich durch Regenwasser gespeist wird. Dann hätten wir es nämlich schon mit einem Regenmoor zu tun. Hochmoore sind Regenmoore, in denen die Torfschicht so weit angewachsen ist, dass sie sich uhrglasförmig über die Landschaft erhebt. Um diesen Lebensraum soll es dann im nächsten Kapitel gehen. Übergangsmoore finden sich nicht nur im zeitlichen Übergang zum Hochmoor, sondern auch im räumlichen. Am Rande eines Hochmoors finden sich erst Zwischenmoor, dann Niedermoor. Nun wollen wir uns den Lebensraum zwischen Hoch- und Niedermoor mal etwas genauer anschauen.

Schwingrasen

Wer macht sich hier großflächig breit? Natürlich die Torfmoose. Diese Moosfamilie arbeitet kräftig daran mit, dass unser Zwischenmoor es irgendwann einmal schafft, ein Hochmoor zu werden. Aber das kann schon länger dauern als eine Mikrowellenpizza: Gut Ding will Weile haben. In dieser Zeit sterben die Torfmoose tausend Tode und leben doch weiter, denn während der Moosteil über Wasser fleißig gedeiht, photosynthetisiert und philosophiert, stirbt der Teil unter Wasser durch den Luftabschluss einfach ab. Die abgeranzten alten Gliedmaßen sinken auf den Gewässergrund und vertorfen. Dem Torfmoos ist das ganz recht, so bleibt es immer jung und fresh und muss sich nicht mit Altersgebrechen herumquälen. Da die Pflanze im unteren Bereich ständig abstirbt, macht es für das Moos auch keinen Sinn, Wurzeln zu bilden. Deshalb ernährt es sich ausschließlich von den im Regenwasser spärlich enthaltenen Nährstoffen. In seine Umgebung gibt es dafür Wasserstoffionen ab, die das Milieu sauer machen. So kann kaum eine andere Pflanze hier wachsen, und das Torfmoos hat das ganze Zwischenmoor für sich.

Wenn da nicht die Faden-Seggen und die Schlamm-Seggen wären. Diese Sauergräser stehen total auf sauren Boden und gedeihen auch in der ungastlichen Gesellschaft der Torfmoose prächtig. Hier im Zwischenmoor finden wir nämlich das sogenannte Kleinseggenried, in dem sich die Seggen durch ihre im Schlamm umherkriechenden Ausläufer ausbreiten. Gemeinsam mit den Torfmoosen können die Seggen die Oberfläche eines ganzen Gewässers besiedeln, sodass es aussieht, als sei dort einfach nur eine Wiese. Betritt aber ein unwissender Mensch dieses idyllische Plätzchen, wird er es schon bald bereuen. Im besten Fall schwingt der Boden unter den Füßen nur ein bisschen und vermittelt den Eindruck, man habe vielleicht von der falschen Wildpflanze genascht. Wenn aber alles nicht so richtig rund läuft, kann ein auf den Schwingrasen geratener Mensch versinken und ertrinken. Also merke: Spaziere nicht auf schwingendem Rasen, weil hier nur Torfnasen grasen!

Bulten und Schlenken

Doch die Oberfläche des Zwischenmoors schwingt und schwabbelt nicht nur hin und her, nein, hier gibt es auch richtig dicke Hubbel und tiefe Dellen zu sehen. Wer eine naturgetreue Aktmalerei zu schätzen weiß, dem bleibt beim Anblick dieses formvollendeten Reliefs vor Staunen der Mund offen stehen. Die knubbeligen Kuppen sind die sogenannten Bulten, die aus Torfmoosen und Braunmoosen und dem darunter gesammelten Torf gebildet werden. Die Vertiefungen hingegen werden als Schlenken bezeichnet, die im Zwischenmoor mit Grundwasser gefüllt sind.

Und in diesen Schlenken, da lebt ein durchtriebener Scherge: Bremis Wasserschlauch, auch Zierlicher Wasserschlauch genannt. Ähnlich wie die Torfmoose hält diese Pflanze nichts von Wurzeln und heftet sich lediglich mit einem Spross im Boden fest. Im Gegensatz zum Torfmoos lebt der Wasserschlauch jedoch nicht auf dem Wasser, sondern darin. Dort vermehrt sich die Pflanze ausschließlich vegetativ. Die schöne gelbe Blüte mit den rötlichen Streifen, die der Wasserschlauch dann doch oberhalb der Wasseroberfläche erstrahlen lässt, nützt ihm selbst wenig. Sie sieht zwar hübsch aus, doch die darin enthaltenen Pollen sind fast immer missgebildet.[25] Der Nektar schmeckt den Blütenbesuchern wie Brackwespen und Zwergwespen allerdings sehr gut. Warum blüht der Wasserschlauch überhaupt, wenn er keinen Nutzen daraus zieht und offenbar keine Früchte oder Samen bilden kann? Wahrscheinlich geht es ihm dabei um sein Image. Denn was kommt gesellschaftlich besser an, als den Schwachen zu helfen? So speist er die hungrigen Zwergwespen ohne irgendeine Gegenleistung. Doch wie das immer so ist: Wenn jemand freigiebig ohne offenbare Gegenleistung ist, sollte man wachsam sein.

So auch bei Bremis Wasserschlauch. An der Wasseroberfläche blüht die Pflanze in güldener Unschuld und speist die erbärmlich hungernden Brackwespen. Unter der Wasseroberfläche jedoch wird die Schattenseite des Wasserschlauchs offenbar. Auch hier macht die Pflanze zunächst einen freundlichen Eindruck. Kommt nun beispielsweise ein vertrauensseliges Rädertierchen vorbei und nähert sich dem Wasserschlauch, kann jede Bewegung seine letzte sein. Die Pflanze wippt unschuldig im Wasser hin und her. Das Rädertierchen schwimmt und schwappt immer näher an den Wasserschlauch heran. *Es ist eine Falle!*, möchte das Rädertierchen noch denken, doch es ist schon zu spät. Kaum hat es eine der Borsten auf den Fangblasen des Wasserschlauchs berührt, wird es auch schon eingesogen, in der Fangblase gefangen und sogleich verdaut. Das Ganze geht so schnell, dass der Wasserschlauch keine Angst haben muss, dass seine räuberische Lebensweise seinem Ansehen schadet.

In einem privaten Interview konnten wir in Erfahrung bringen, dass die Pflanze auf ihre tödliche Fallensteller-Kunst nicht wenig stolz ist. Hat man den Wasserschlauch erst mal zum Reden gebracht, erzählt er einem immer wieder und ellenlang die Geschichte, wie er seine Beute erledigt: Zunächst wird die Falle vorbereitet, indem er in seinen Fangblasen Unterdruck aufbaut. Dann muss eigentlich nur noch ein naives Beutetier ganz unbedarft eine der Borsten berühren, die öffnet dann die Klappe der Fangblase dank der Hebelwirkung ein kleines bisschen, und – kaum geschehen – schon folgt ein abrupter Druckausgleich, der das umgebende Wasser und die Beute ins Innere der Fangblase reißt. Das kann man sich so vorstellen, als würde man in einem Raumschiff einfach mal die Tür öffnen. Dann schließt sich die Klappe wieder. Die Bewegung, mit der sich die Klappe öffnet und schließt, ist die schnellste im gesamten Pflanzenreich, wird der redselige Wasserschlauch nicht müde zu betonen. Doch in der geschlossenen Fangblase geht das Ganze noch weiter. Der Wasserschlauch verdaut seine Beute so schnell es geht und pumpt überschüssiges Wasser aus der Falle heraus, um möglichst bald wieder den Unterdruck aufzubauen, den es braucht, um neue Opfer zu fangen. Und dann muss nur noch ein naives Beutetier ganz unbedarft eine der Borsten berühren ... Und so weiter. Leider hält der Wasserschlauch seine Klappe nicht gerne und steht auch selten auf dem Schlauch, wenn es um seine Ernährung geht. Es sei ihm gegönnt.

Der Sumpf-Bärlapp lebt ebenfalls in den Zwischenmoor-Schlenken, kann sich aber genauso gut auf dem Schwingrasen ansiedeln. Diese Pflanze könnte ihren Stammbaum noch in eine Zeit lange vor den Dinosauriern zurückverfolgen, wenn sie dazu Lust hätte. Allerdings findet der Sumpf-Bärlapp Ahnenforschung eher langweilig und versumpft lieber in der Gegenwart. Denn im Hier und Jetzt gibt es viel zu tun, um für die Sippe der Sumpf-Bärlappe auch die Zukunft zu sichern. Dazu muss im Laufe des Sommers aus dem kriechenden Stängel ein 4 bis 8 Zentimeter langer Spross gebildet werden. Das klingt nach nicht viel, wenn wir schon mal Hopfen haben wachsen sehen, aber es ist durchaus eine Leistung, wenn wir uns vergegenwärtigen, dass wir Menschen uns nicht mal eben 4 bis 8 Zentimeter lange Auswüchse aus dem Körper wachsen lassen können. Am Ende des Sprosses bilden sich dann die 1 bis 2 Zentimeter langen Sporangienähren mit ihren winzig kleinen Blättchen. Auf der Oberseite dieser Blättchen sitzen kleine kugelige Sporenbehälter, in denen die Sporen des Bärlapps enthalten sind. Vom Wind davongetragen, entwickeln sich die Sporen an einem geeigneten Standort innerhalb von mehreren Jahren zu einem Vorkeim, in dem die geschlechtliche Befruchtung stattfindet. Dabei erhält die kleine Pflanze Hilfe von Symbiose-Pilzen, die dafür sorgen, dass sie diesen langen Weg der Fortpflanzung auch schafft. Nach der Befruchtung kann nun wieder eine sporenbildende Pflanze heranwachsen. Dieser langwierige und komplizierte Prozess der Fortpflanzung macht die Tatsache, dass die Bärlappgewächse bereits im Karbon existierten und bis heute überdauert haben, umso erstaunlicher. Darum ist dies auch nicht der einzige Weg der Vermehrung für den Bärlapp. Er kann sich auch vegetativ vermehren, indem er seine Kriechsprosse verzweigt. Seltener bildet die Pflanze auch Brutknospen, die keimen, wenn die Kriechsprosse abstirbt. Durch diese vielfältigen Formen der Vermehrung ist der Sumpf-Bärlapp jedoch gerüstet, auch noch in Millionen von Jahren über den Schwingrasen und das Torfmoos zu kriechen. Wenn wir diese Habitate bis dahin nicht gänzlich zerstört haben.

Die Drachenwurz würde ihm dabei gerne Gesellschaft leisten. Mit ihrem strengen Geruch nach Aas ist sie hier im Zwischenmoor gerne gesehen. Aasfliegen, Käfer und was immer Flügel und Appetit hat, kommen herbeigeflogen, um sich diese wundervoll duftenden weißen Blüten genauer anzuschauen. Doch kaum angekommen, werden die Insekten bitter enttäuscht: kein Leichnam. Kein Scheißhaufen. Nur eine Blüte, die nicht mal Nektar hat. Einige der Krabbler bestäuben bei ihrem frustrierenden Besuch die Drachenwurz. Damit sind sie allerdings nicht die einzigen. Diese Pflanze ist nämlich eine der wenigen, die darauf abfährt, wenn schleimige Haut über ihre Blüten gleitet. Und so wurde schon beobachtet, dass die Drachenwurz durch Schnecken bestäubt wird.[26] Dabei wird der Pollen der Pflanze im Schneckenschleim zur Bestäubung mitgeführt. Nach der Befruchtung geht es klebrig weiter, denn auch die roten Beeren, welche die Pflanze ausbildet, sind schmierig. Außerdem können sie schwimmen, was im Zwischenmoor von

Vorteil ist. Wenn sie ihres Daseins müde sind, tun sie, was wir Menschen zum Glück nicht können – man bedenke die Sauerei –, und das wäre: Sie platzen auf. Dabei kommen neun braune Samen zutage, die nun im Moor umherschwimmen und darauf warten, sich an einen Wasservogel geheftet auf den Weg an einen Ort zu machen, wo die geeigneten Bedingungen herrschen, um schön nach Leiche zu stinken und sich von Schnecken begatten zu lassen. Die Drachenwurz versteht es halt zu leben.

Auch der Fieberklee ist ein typischer Bewohner des Zwischenmoors. Allerdings ist er, was seine Bestäubung angeht, viel wählerischer als die Drachenwurz. Schneckenbestäubung kommt gar nicht infrage. Im Grunde genommen findet der Fieberklee, der übrigens kein Klee ist und auch kein Fieber hat, diese ganze Fortpflanzungsgeschichte eher lästig. Darum lässt er auch keine ungebetenen Gäste auf seinen Blüten Platz nehmen. Wer weiß, was die sonst als Nächstes wollen? Zur Abwehr des unerwünschten Krabbelgesindels hat diese Pflanze sich haarige Barrikaden auf den Blüten wachsen lassen.[27] So kommen keine kleinen Käfer oder gar Ameisen an ihre Privatteile. Nur Hummeln und Bienen können diesen Abwehrmechanismus umgehen und dürfen sich dann am Nektar bedienen und die Pflanze bestäuben.

Auch das Sumpf-Blutauge hat diese Bestäuberinnen gerne. Als Einladung dienen seine besonders hübschen weinroten Blüten. Insbesondere Steinhummeln und Ackerhummeln lassen sich die Schlemmerei in dieser schön gestalteten Atmosphäre nicht entgehen. Der Nektar dieser Pflanze ist nämlich von besonders hoher Qualität für die Brummer, da er einen hohen Anteil an essenziellen Aminosäuren und Phytosterol aufweist. Außerdem geizt die Pflanze nicht und lässt reichlich konzentrierten Nektar fließen.[28] In so einer blütenreichen Umgebung gibt es wohl kaum etwas Schöneres als ein Hummelleben.

Doch auch für Schmetterlinge ist dieser Lebensraum zwischen Nieder- und Hochmoor ein wahres Paradies. Hier flattert beispielsweise das Große Wiesenvöglein bei schönem Wetter über die Seggen und Moose, Bulten und Blüten. Ihre Eier legen diese Schmetterlinge vor allen Dingen an Wollgräsern und anderen Sauergräsern ab. Nun heißt es geduldig sein, denn die Raupen schlüpfen erst im nächsten Jahr. Noch ein wenig ohne die Verantwortung der Elternschaft durch das Moor flattern! Dass sie tot sein werden, bevor die Brut das Licht der Welt erblickt, wissen die munteren Falter ja nicht. Die geschlüpften Falter haben nämlich eine Lebenserwartung von nur wenigen Tagen. Die Raupen, die im folgenden Jahr aus ihren Eiern kriechen, schauen sich gar nicht erst nach Mama und Papa um. Sie ahnen schon, dass sie in dieser Welt voller hungriger Vogelschnäbel auf sich selbst gestellt sind. Wer den Sommer überlebt, kann im Gras überwintern. Wer den Winter überlebt, kann sich im nächsten Frühsommer verpuppen, um im darauffolgenden Jahr als ausgewachsener Schmetterling zu schlüpfen. Um dann innerhalb weniger Tage das Zeitliche zu segnen. Ein Jahr als Ei, 2 Jahre als Raupe und wenige Tage als Schmetterling … Das Zeitmanagement dieser Art lässt zu wünschen übrig.

Der Moorfrosch steht auf von Seggen und anderen Gräsern durchwachsenes Gewässer. Diesen Lebensraum der Zwischenmoore und Randbereiche der Hochmoore behagt ihm, weil hier das Wasser nicht ganz so sauer ist. In Säure baden mag zwar prickelnd sein, aber der kleine Hüpfer steht ja auch nicht auf Whirlpools. Zwischen den Seggen hat der Moorfrosch jedes Jahr während der Paarungszeit seinen großen Moment, wenn er so richtig loslegt und seinen besten Zaubertrick vorführt: einen Kostümwechsel. Der sonst braune Froschmann verfärbt sich dann himmelblau. Das ganze Schauspiel ist aber schon nach wenigen Tagen wieder vorbei, und die blaue Klamotte bleibt bis nächstes Jahr wieder im inneren Kleiderschrank. Die Weibchen legen einen Laichballen zwischen die Seggen und gehen ihres Weges. Und wenn alles gut geht, gibt es schon bald eine neue Generation Moorfrösche, die jedes Jahr an dieses Gewässer zurückkehren wird, damit das Zwischenmoor auch in Zukunft sein blaues Wunder erlebt.

Wie wir sehen, ist einiges los im Limbo zwischen den Mooren. Dieser Lebensraum im Wandel bietet Bremis Wasserschlauch eine Lounge nach seinem Geschmack, wo er sich Kleinstgetier stilvoll reinsaugt, aber nebenbei wiederum anderen Insekten Nektar umsonst zur Verfügung stellt. Hier lässt sich der Fieberklee eine Haar-Barrikade wachsen, damit bloß keine ungebetenen Insekten angeflogen kommen, und die Drachenwurz lädt mit feinstem Aas-Aroma diverse Bestäuber ein, darunter auch schleimige Schnecken. Die blühende Vielfalt im Zwischenmoor ist nichts Halbes, sondern etwas ganz Vollkommenes.

Hochmoor – Verwunschener Weltenretter

Jahrtausende sind dahingezogen, und nun ist es endlich da: das Hochmoor. Doch wo ist es denn nun? Leider gibt es inzwischen kaum mehr intakte Hochmoore. Die meisten Hochmoore Europas wurden seit dem 15. Jahrhundert durch Entwässerung und Torfabbau zerstört. Der Torf diente als Brennstoff zum Heizen und findet sich heute noch in Blumenerde. Torfhaltige Blumenerde im Garten oder auf dem Balkon zu nutzen, ist so, als würde man der Natur den Mittelfinger zeigen und dann noch auf ihr Grab pissen. Inzwischen haben sich jedoch einige menschliche Wesen eines Besseren besonnen und damit angefangen, die mehr oder minder zerstörten Moorflächen wieder zu renaturieren. So konnten sich einige wenige Hochmoore ihre Artenvielfalt erhalten. Und die ist eine ganz besondere, weil das Hochmoor ein unglaublich heftiger Lebensraum ist. Nicht nur, dass es hier kaum Nährstoffe gibt und das Wasser sauer ist, nein, Hochmoore frieren darüber hinaus im Winter komplett ein. Da liegt dann einfach mal ein riesiger Eisblock in der Landschaft rum. Klingt nicht unbedingt nach einem verlockenden Lebensraum.

Im Frühling tauen dann die oberen Schichten auf. Dadurch kann hier nun Luft zirkulieren, was dazu führt, dass die unteren Schichten langsamer tauen. So können zwischen den oberen und den tieferen Schichten bis zu 60 °C Temperaturdifferenz herrschen.[29] Die Kühlung aus der Tiefe ist für manche Arten aber besonders attraktiv, denn sie haben sich als Eiszeitrelikte in die Hochmoore zurückgezogen, weil sie dort noch die eisigen Lebensbedingungen vorfinden, die sie zum Überleben benötigen. Insgesamt ist das Hochmoor jedoch eher artenarm, weil die hier herrschende Nährstoffarmut für viele Lebewesen nicht zu ertragen ist. Dennoch können intakte Hochmoore eine hohe Biodiversität aufweisen, wenn sie eine hohe Anzahl der Lebewesen beherbergen, die hier überhaupt leben können und diese zusätzlich eine hohe genetische Vielfalt aufweisen. Obwohl die Anzahl der Arten bedeutend geringer ist als in so manchem anderen Lebensraum, finden sich im Hochmoor einzigartige Spezialisten, die die biologische Vielfalt unserer Natur bereichern.

Torfmoose

Wenn wir vom Hochmoor sprechen, müssen wir zunächst noch mal über die Torfmoose sprechen, denn diese Pflanzen sind hier diejenigen, die die Ärmel hochkrempeln und dafür sorgen, dass das Hochmoor wächst. Wie sie das machen, haben wir ja schon im Zwischenmoor besprochen: Sie wachsen bis zu 1 Millimeter pro Jahr nach oben, und was unten zurückbleibt, stirbt ab und vertorft. So bilden sich an der Oberfläche auch die bekannten Bulten und Schlenken. Doch die Torfbildung und die Formgebung sind nicht die einzigen Gründe, warum das Hochmoor nicht ohne die Torfmoose kann. Auch die Saugkraft der kleinen Moose ist entscheidend für diesen Lebensraum. Denn mit seinen Torfmoosen funktioniert das Moor wie ein großer grüner Schwamm, der in der Landschaft umherliegt und sich bei Regen schön vollsaugt. So kann das Hochmoor feucht bleiben, obwohl es oberhalb des Grundwasserspiegels liegt. Und es sind die Torfmoose, die diese Schwammfähigkeit besitzen. Sie können sich nämlich auf ein Zehnfaches ihres Trockengewichtes mit Wasser vollsaugen. Stellen wir uns das im menschlichen Maßstab vor. Das Trockengewicht eines circa 70 Kilo schweren Menschen ist circa 21 Kilo. Unsere Körper nehmen also weniger als das Dreifache unseres Trockengewichts an Wasser auf. Hinzu kommt, dass wir uns nicht einfach so in eine Regenpfütze legen können und dann aufquellen wie ein Torfmoos im Regenmoor. Aber man muss ja auch nicht alles können. Kein Grund, depressiv zu werden.

Der Rundblättrige Sonnentau, der sich hier im Hochmoor zusammen mit den Torfmoosen ansiedelt, ist stets guter Dinge. Vergnügt verbringt er seine Tage damit, auf sein Essen zu warten. Da die Pflanze sich karnivor ernährt, kommen ihre Mahlzeiten zu ihr, und sie muss sich nicht von der Stelle rühren. Die Insekten, die der Sonnentau so gerne nascht, werden nicht etwa mit einem E-Bike-Lieferdienst quer durchs Moor angekarrt, nein, die naiven Insekten kommen ganz freiwillig zum Sonnentau. Nun gut, sie wissen auch nicht, dass der Halunke sie zu verspeisen trachtet. Zunächst sieht er nämlich aus der Sicht einer kleinen Mücke selbst aus wie ein Festbankett. An den Tentakeln seiner Fangblätter finden sich kleine klebrige rötliche Tröpfchen, die für so manches Insekt verdächtig nach Nektar aussehen. Hat sich so ein kleiner Fleischhappen dann auf das Blatt des Sonnentaus gesetzt, ist es zu spät. Der Fangschleim hält die

Mahlzeit von der Flucht ab. Gleichzeitig wird damit begonnen, das noch um sein Leben kämpfende Insekt mit den vermeintlichen »Nektartröpfchen« zu verdauen. Diese enthalten Ameisensäure und Enzyme zur Eiweißspaltung. Nach einer Stunde bewegen sich die Tentakel in Richtung Blattmitte und umschließen die Beute weiter, woraufhin sich das Blatt nach zwei Stunden immer mehr krümmt, sodass mehr Verdauungsdrüsen an der Mahlzeit teilnehmen können. Nach mehreren Tagen des Verdauens hat der Sonnentau seine Mahlzeit fast komplett zersetzt, nur der Chitinpanzer bleibt zurück. Dann öffnet er seine Blätter wieder und lockt mit seinen hübschen Tröpfchen die nächsten hungrigen Insekten an, um sie zu verspeisen.

Allerdings kann es vorkommen, dass der Fallensteller seiner Beute beraubt wird. Die inzwischen leider sehr seltene Schwarzglänzende Moorameise bedient sich überaus gerne an den im Sonnentau gefangenen Insekten. Das ist viel einfacher, als selbst auf die Jagd zu gehen. So stehlen die Ameisen ungefähr drei Viertel aller vom Sonnentau gefangenen Insekten. Neben der Beute des Sonnentaus naschen die Ameisen gerne mal von den Blüten verschiedener Heidekrautgewächse, die sie zu diesem Zwecke kurzerhand aufknabbern. Außerdem halten sie sich Wurzelläuse, mit denen sie ihre Versorgung sichern. Um die Nahrungsbeschaffung muss sich die Schwarzglänzende Moorameise also keine Sorgen machen. Hier ein wenig Fleisch beim Sonnentau stibitzen, da die Läuse melken und dort noch ein wenig geklauten Nektar schlürfen. Auch die Kälte macht der Ameise nichts aus. Als Eiszeitrelikt ist die Art sehr gut an die frostigen Bedingungen im Moor angepasst. Ihre Hämolymphe, also das Ameisenblut, gefriert erst bei minus 27 °C, sodass sie selbst im gefrorenen Torfmoos gut überwintern kann. Alles könnte so schön sein für die Schwarzglänzende Moorameise.

Wäre da nicht die Uralameise. Diese Ameisenart lebt ebenfalls im Hochmoor und ist an diesen feuchten Lebensraum gut angepasst. Wie alle zu den Waldameisen gehörenden Ameisen kann sie unter Wasser gut überleben. Zwei Wochen am Stück tauchen ist für die Uralameise kein Problem. Dabei nimmt sie sich den benötigten Sauerstoff aus dem Wasser. Auch sie verträgt kalte Temperaturen, ohne Schaden zu nehmen, und wird bereits ab 4 °C aktiv. Möchte nun eine Uralameisenkönigin eine neue Kolonie gründen, sucht sie sich dazu nicht etwa gleichgesinnte Uralameisen, nein, sie macht sich auf den Weg zu ihren Verwandten, den unbeschwerten Schwarzglänzenden Moorameisen. Und die Uralameise kommt nicht mit guten Absichten. Ihr Plan ist mehr als gerissen. Zunächst verströmt sie Pheromone, welche die Schwarzglänzenden Moorameisen davon überzeugen, dass sie eine der Ihren ist. So schleicht sich die böse Königin langsam in das Innere der Kolonie, wo sie die Königin der Schwarzglänzenden Moorameisen tötet. Im Anschluss daran legt sie jede Menge Eier, die von den getäuschten Ameisen liebevoll großgezogen werden, weil sie nicht ahnen, dass diese kleinen Wonneproppen ihre Art nach und nach ersetzen und ihnen ihre Hege nicht danken werden.[30] Die Art, wie die Uralameise die Schwarzglänzende Moorameise ausbeutet, nennt sich Sozialparasitismus, weil sie die sozialen Leistungen der anderen Ameisenart für sich ausnutzt. Ganz schön fies, aber auch ziemlich genial.

Die Hochmoor-Mosaikjungfer und die Torf-Mosaikjungfer sind zwei perfekt an das Leben im Moor angepasste Libellenarten, die ohne das Hochmoor nicht leben können. Beide Arten sehen für menschliche Augen sehr ähnlich aus, während aus Libellenaugen die feinen Unterschiede deutlich zu sehen sind.

Deshalb verhalten sich Hochmoor-Mosaikjungfer-Männchen in Gegenwart der Torf-Mosaikjungfer-Männchen auch nicht so aufbrausend wie in der Nähe ihrer Artgenossen. Beide Libellenarten jagen im Flug übers Hochmoor und schlagen bei der Paarung Räder. Die Weibchen beider Arten stechen ihre Eier in die Torfmoose ein, und die Larven beider Arten brauchen richtig lange, bis aus ihnen ausgewachsene Libellen werden. Das liegt am bescheidenen Nahrungsangebot ihrer Kinderstube. Im Hochmoor stehen den Baby-Libellen wenig Nährstoffe zur Verfügung, sodass sie nur sehr langsam wachsen können. Darum lebt die Libellenlarve drei bis fünf karge Jahre im Wasser und häutet sich 15- bis 17-mal, bevor sie endlich losschwirren kann.

Doch nicht nur in der Luft, sondern auch im Untergrund des Moores geht es ganz schön ab. Hier sind nämlich jede Menge Pilze zugange. Tatsächlich gibt es im Hochmoor fünfmal mehr Pilzarten als Blühpflanzen.[31] So können Moorgallertbecher auf Torfmoosen parasitieren und ihre wabbeligen Fruchtkörper ausbilden. Der Heide-Schwefelkopf, der Sumpf-Schwefelkopf und der Teichrand-Schwefelkopf strecken ihre Köpfe aus dem Moos und verdauen abgestorbenes Pflanzenmaterial. Auch der Flämmige Saftling kann sich hier im Torfmoos sehen lassen. Mit seinen Gelb- und Orangetönen ist dieser Pilz ein schöner Farbtupfer im Hochmoor.

Neben diversen Pilzen, Libellenlarven und Sonnentau gedeihen zwischen den Torfmoosen auch verschiedene Beerenpflanzen. Eine von ihnen ist die Gewöhnliche Moosbeere. Die dünnen rötlichen Stämmchen und Zweiglein dieses Heidekrautgewächses kriechen flach über den Torfmoosen und sind so sehr unauffällig, auch wenn sie mit ihren Ausläufern oft dichte Netze auf den Bulten bilden. Dabei nutzt die Pflanze das Höhenwachstum ihres Untergrunds aus. Während die Torfmoose immer dem Tod davonwachsen, der ihnen von unten auf den Fersen ist, lümmelt die Moosbeere gemütlich auf den Moosen herum und lässt sich von diesen perfekt getarnt in die Höhe tragen. Einzig durch ihre Früchte fällt die Moosbeere ins Auge. Die sehen aus wie im Moor verteilte leuchtend rote Perlen und bleiben den Winter über an den Zweigen. Erst durch den Frost werden die Früchte süß und schmecken den Vögeln, die im Hochmoor auf Futtersuche unterwegs sind, dann wahrscheinlich besonders gut. Damit nützt die Pflanze nicht nur der Vogelwelt, sondern auch sich selbst, denn so werden ihre Samen verbreitet und können von einem schönen Häufchen Vogelkot ausgehend das Hochmoor erobern.

Während die Moosbeere mit den Vögeln eine Liebe, die durch den Magen geht, gefunden hat, möchte der Moortaumelkäfer das tunlichst vermeiden. Darum taucht er, wenn er einen gefiederten Fressfeind wahrnimmt, so schnell es geht im Wasser der Schlenken unter. Diese Käferart ist perfekt an das Leben im Moorgewässer angepasst und taumelt gerne mit Hunderten Artgenossen an der Wasseroberfläche umher. Wobei Taumeln jetzt danach klingt, als schaukelten die Käfer wie Rentner in Schaukelstühlen übers Wasser. Dieser Vergleich hinkt aber, es sei denn, man würde dem Schaukelstuhl einen Motor einbauen, denn die Käfer flitzen mit 50 Zentimetern in der Sekunde übers Wasser. Diese Spitzengeschwindigkeit erreichen sie, indem sie allein mit dem hinteren Beinpaar in dieser Zeit 50- bis 60-mal rudern. Die mittleren beiden Beine paddeln dabei etwa halb so schnell. Diese unglaublich sportlichen Bewegungen kann der Käfer allerdings nie synchron auf beiden Seiten ausführen. Mal ist das linke Hinterbein schneller als das rechte, mal das mittlere rechte Bein etwas flotter als das linke. Darum sehen die Bewegungen des Käfers aus der Ferne betrachtet etwas tollpatschig und taumelig aus.

Doch hier täuscht unser Blick von oben. Aus Moortaumelkäferperspektive ist nämlich alles perfekt unter Kontrolle. Dieses Insekt weiß genau, wo es hinwill und wie es genau dort hinkommt. Dazu nutzt der Käfer die Bugwelle, die er durch seine Schwimmbewegung vor sich aufbaut. Prallt diese nun auf ein Hindernis im Wasser, wie etwa einen anderen Moortaumelkäfer oder ein Beutetier, wird die Welle reflektiert. Mit einem speziellen Ortungsorgan in seinen Antennen kann der Käfer nun genau wahrnehmen, wo sich was in seiner Umgebung befindet. Treibt im Wasser ein verunglücktes Insekt, wird der Taumelkäfer es finden, mit seinen Vorderbeinen packen und schließlich verspeisen. Die Vorderbeine des Moortaumelkäfers eignen sich jedoch nicht nur zur Nahrungsaufnahme, auch im Liebesleben der Käfer spielt die Anatomie dieser Beinchen eine entscheidende Rolle. Die Käfermännchen haben nämlich verbreiterte Vorderbeinchen mit zahlreichen kleinen Saugnäpfen, mit denen sie sich an ihrer Herzenskäferdame während der Kopulation festpfropfen können. Aus menschlicher Sicht so anregend wie ein Pömpel im Schlafzimmer, aber wahrscheinlich sehen die Käfer das ganz anders.

Scheiden-Wollgras

Neben den Torfmoos-Bulten türmen sich auch die Bulten des Scheiden-Wollgrases im Hochmoor auf. Der Fruchtstand dieses torfbildenden Grases erinnert mit ein wenig Fantasie an ein Katzenspielzeug. Neben dem Großen Wiesenvöglein, das wir ja schon aus dem letzten Kapitel kennen, nutzt auch das vom Aussterben bedrohte Stromtal-Wiesenvögelchen das Scheiden-Wollgras für die Eiablage. Es leben jedoch nicht nur Schmetterlinge von diesem Sauergras. Auch die Moorkäferzikade ist von dieser Pflanze völlig abhängig. Dieses kleine Insekt mit den schicken orangeroten Streifen auf den Flügeln kann sich sehen lassen. Allerdings ist es so eng an den Lebensraum Hochmoor gebunden, dass es kaum noch irgendwo zu sehen ist. Schließlich sind echte Hochmoore inzwischen so selten geworden wie erträgliche Musik in den Charts. Die Moorkäferzikade liebt das Scheiden-Wollgras von ganzem Herzen, oder man sollte wohl besser sagen, von ganzem Magen, denn das kleine Insekt hat sich dazu entschlossen, ausschließlich von den Pflanzensäften des Scheiden-Wollgrases zu trinken. Der Albtraum für jeden Barkeeper, denn bei solchen Kunden, die ihr Lieblingsgetränk statt mit einem Strohhalm direkt mit ihren Mundwerkzeugen aus der immer gleichen Pflanze saugen, ist kein Trinkgeld zu holen. Darum sind die Moorkäferzikaden in Clubs und Bars auch nicht gerne gesehen.

Ein anderer Grund könnte sein, dass es ihnen schwer anzusehen ist, ob sie schon volljährig sind, da die jungen Zikaden den erwachsenen bereits sehr ähneln. Mit jeder Häutung sehen sie den ausgewachsenen Insekten noch ähnlicher, bis irgendwann nur noch anhand der voll ausgebildeten Geschlechtsteile feststellbar ist, ob eine Moorkäferzikade nun alt genug für den Club ist oder nicht. Und weil niemand den Moorkäferzikaden in die Unterhose schauen möchte, haben sie zumeist einfach komplett Hausverbot. Das macht den Zikaden aber nicht so viel aus, denn sie halten die Clubkultur ohnehin für überbewertet und sind glücklich, wenn sie den ganzen Tag zuckrigen Wollgras-Saft schlürfen können. Die Hochmoor-Spornzikade und die Hochmoorzirpe sind derselben Meinung, und so findet sich auf dem Scheiden-Wollgras eine von Zikaden geprägte alternative Subkultur.

Das Scheiden-Wollgras bietet aber nicht nur den Schmetterlingen und Zikaden den perfekten Raum, um ihr bestes Selbst zu werden, sondern sorgt als starker Torfbildner auch für das Wachstum des Hochmoores. So schafft es ebenso wie das Torfmoos erhabene Bulten. Wenn genug Wasser zur Verfügung steht, ist wiederum das Torfmoos ganz scharf darauf, diese Bulten für sich einzunehmen, weshalb dem Wollgras nichts übrigbleibt, als immer weiter nach oben zu wachsen. Steigt der Wasserspiegel jedoch schneller, als sich das Wollgras anpassen kann, wird es von den Torfmoosen verdrängt. Wäre das Hochmoor ein Kindergarten, müsste nun eine Autoritätsperson einschreiten und dem Torfmoos sagen, dass es das Wollgras auch mal auf der Bulte wachsen lassen soll. Aber auf dem Hochmoor gelten nicht die Regeln der Vorschule, sondern die Regeln des Stärkeren. Und hier ist das kleine unscheinbare Torfmoos meistens der Stärkere. Zumindest wenn es genug Wasser zur Verfügung hat, um sich richtig aufzupumpen.

Weil hier im Hochmoor solche Raubeine unterwegs sind, braucht so manches Gewächs, das hier zu gedeihen gedenkt, jemanden, der ein schützendes Blatt über es hält. Die Moor-Birke sehnt sich nach einem Patron, der ihre kleinen Keimlinge davor bewahrt, zertreten zu werden oder auszutrocknen. Dem die Unversehrtheit der kleinen Birken ein wahres Anliegen ist und nicht nur ein Job. Der sie vor Hagel und reißenden Winden bewahrt. Und wer übernimmt diesen Job? Natürlich unser Scheiden-Wollgras. Zumindest wenn es sich erfolgreich gegen die Torfmoose behauptet. Das gelingt ihm besonders gut an Orten, die durch menschliche Eingriffe in großen Teilen zerstört wurden und die nun im Zuge von Renaturierungsmaßnahmen wieder feuchtgelegt werden. Auch Orte im Hochmoor, wo es vergleichsweise trocken ist, wie etwa am Randgehänge, eignen sich für das Scheiden-Wollgras. Dann kann es endlich seiner Bestimmung folgen und kleine Moor-Birken zu aufrechten Bäumen heranziehen. Dafür holt es seine Schützlinge mit einer geschickten Methode ab. Es filtert sie einfach aus der Luft. Die Samen der Moor-Birke verfangen sich nämlich besonders gut in den Blättern des Scheiden-Wollgrases und können dann behütet von den Blättern im nächsten Jahr gut keimen. Und das Scheiden-Wollgras betreibt eine wirklich effektive Kindertagesstätte, denn auf einer Wollgras-Bulte wurden schon mehr als 500 Jungpflanzen und Keimlinge der Moor-Birke gezählt. So kann an geeigneten Orten mit der Zeit ein Moor-Birkenwald entstehen.

Moorwälder

Im Unterholz der Moorwälder finden sich verschiedene Heidegewächse, darunter auch viele Beerensträucher. Der Genuss ihrer Früchte ist den hier lebenden Birkhühnern und ihresgleichen vorbehalten. Die Birkhühner feiern aber nicht nur leckere Beeren, sondern sie zelebrieren auch jedes Jahr im Frühsommer ihre großen Balzrituale. Würden wir Menschen uns jemals so aufführen, kämen wir wohl auf direktem Wege in die Irrenanstalt. Es gibt Tänze und Schaukämpfe, wobei die Bewegungsabläufe eine Art satanistisches Yoga sein könnten. »Herabschauender Höllenfürst« statt »Herabschauender Hund« steht beim Balzen an der Tagesordnung. Musik gibt es auch, selbst gesungen natürlich. Die gurrenden Laute klingen wie von einem fernen Planeten. Verzaubernd, doch im Kontext der Tänze auch etwas beängstigend. In dieser infernalischen

Raserei passiert es auch schon mal, dass Birkhühner mit Auerhühnern Küken machen. Vielleicht kommt es zu dieser Verwechslung aufgrund der verzehrten Rausch- und Krähenbeeren, denen bisweilen leicht bewusstseinsverändernde Wirkungen nachgesagt werden. Die Nachkommen von Birkhühnern mit Auerhühnern sind sogenannte Rackelhühner, im Grunde genommen so etwas wie die Maultiere des Moores. Wer mal eins sieht, kann sich unendlich glücklich schätzen, denn sie sind wirklich selten.

Die Rackelhühner halten die Beeren, die sie so gerne verputzen, womöglich für introvertiert, denn von ihnen haben sie bisher weder ein Gurren gehört noch einen wilden Tanz gesehen. Aber weit gefehlt: Die Beerenpflanzen haben ein äußerst reges Sozialleben. Ihre Crew? Pilze! Die Moore zeichnen sich durch überaus nährstoffarme Böden aus, hier ist das ganze Jahr über Fastenzeit angesagt. Doch dank des Zusammenspiels mit der Ericoiden Mykorrhiza, einem Pilz, der sich auf besonders extreme Standorte und Heidekrautgewächse spezialisiert hat, können die Pflanzen hier leben und fröhlich bunte Beeren produzieren. Nicht nur die Beeren der Heidekrautgewächse, sondern auch ihre Blätter sind eine willkommene Kost im Moor.

Gerade die Raupen des Hochmoorgelblings lassen sich nicht zweimal bitten, wenn sie die Blätter der Rauschbeeren sehen. Wären die Raupen Menschen, müssten wir bei ihrer zwanghaften Fixierung auf die Rauschbeeren wohl von einer Essstörung sprechen. Stellt man ihnen Vanilleeis mit heißen Himbeeren hin, verziehen die kleinen Diät-Extremisten nur das Mäulchen. Und lieber verhungern sie, als Suppe zu essen. Nichts als ihre Leibspeise soll ihren Magen füllen. Darum binden sie sich kaum geschlüpft auch gleich an ihrem Futter fest, indem sie sich mit Haltefäden an ihr Blatt spinnen. Dann kann es auch schon losgehen mit der ersten Mahlzeit: Fensterfraß. Dabei nagt die

Raupe nur die Epidermis des Rauschbeer-Blattes ab. Nach der Überwinterung gönnen sich die Raupen dann die volle Völlerei und futtern auch ganze Blätter und Blattknospen. Rauschbeer-Grünfutter über alles! Sind sie dann aber Schmetterlinge, verändern sich ihre Speisevorlieben radikal, und sie wollen nun feinsten Blütennektar schlürfen. Deshalb ist es für diese Falter wichtig, dass neben den Rauschbeeren am Hochmoor auch blühende Wiesen nicht fern sind. So kommt es, dass diese Art – neben vielen anderen Arten des Hochmoors – inzwischen sehr gefährdet ist.

Die Raupen der Hochmoor-Bläulinge kommen ebenfalls gerne ans Rauschbeeren-Buffet. Auch sie ernähren sich fast ausschließlich von den Blättern von Heidekrautgewächsen, wie der Rauschbeere, der Moosbeere, der Preiselbeere und der Heidelbeere. Ob diese Kost für die Raupen eine berauschende Erfahrung ist? Fakt ist, die Raupen werden eines Tages ganz schön blaue Schmetterlinge. Und wie ein anderer blauer Falter, den wir bereits kennen, saugt auch der Hochmoor-Bläuling gerne mal genüsslich an einem Kothaufen.

Doch nicht nur der Geschmack von Exkrementen sagt den hübschen Flatterwesen zu, sondern auch der süße Nektar der Glocken-Heide. Sie wächst ebenfalls im Moorwald und lässt ihre fünf bis fünfzehn rosa Blütenköpfchen hängen. Dabei ist sie gar nicht traurig, dass die Hochmoor-Bläulinge nicht viel für ihre Bestäubung tun, sondern ist nur etwas bekümmert, dass die Menschheit ihr und der Bestäubung ihrer Blüten so wenig Aufmerksamkeit schenkt. Dabei weiß sie ganz sicher, dass sie das Interesse unserer Spezies verdient. Die Pflanze ist nämlich nicht so langweilig unterwegs, sich von gewöhnlichen Honigbienen bestäuben zu lassen. Die haben zu kurze Rüssel und sollen es woanders versuchen. Dass die Glocken-Heide sich auch mal selbst befruchtet oder vom Wind bestäubt wird, ist auch nicht so besonders, könnte aber schon hin und wieder mal zur Sprache kommen, wenn es nach ihr ginge. Doch was wirklich mal erwähnt werden sollte, ist ihre Bestäubung durch die Blasenfüße. Das sind keine Wandersleute mit scheuernden Stiefeln, sondern circa 1 Millimeter kleine Insekten, die in den Blüten der Glocken-Heide leben. Dort werden sie vom Nektar der Pflanze so gut versorgt, dass ihre Libido angekurbelt wird. Die ralligen Blasenfuß-Weibchen fliegen dann von Blüte zu Blüte auf der Suche nach einem der seltenen Männchen. Ist ein solches gefunden, wird kopuliert und dabei ganz nebenbei bestäubt. So kann auch eine neue Generation von Blasenfüßen sich quer durch die Glocken-Heiden-Blütenwelt pimpern.

Das Hochmoor, der Ort, an dem Kohlenstoff gebunden und Wasser gespeichert wird, hat eine riesige Bedeutung für das Leben auf diesem Planeten. Nicht nur für uns Menschen, die wir der hausgemachten Klimaerhitzung etwas entgegensetzen wollen, auch für die faszinierenden Lebewesen, die sich diesem sauren, nährstoffarmen Lebensraum angepasst haben. Wir Menschen müssen entscheiden, worauf wir Wert legen. Was bereichert uns denn wirklich? Was macht eine lebenswerte Welt aus? Wollen wir in einer Welt leben, in der der Moor-Taumelkäfer nicht mehr übers Moor flitzen kann, weil wir nicht darauf verzichten wollten, Torf für unsere Pflanzen zu nutzen? Können wir unseren Kampf der Selbstoptimierung und spirituellen Erleuchtung wirklich gewinnen, wenn wir uns zugleich eingestehen müssen, dass wir zugelassen haben, dass uns das Überleben des Hochmoor-Bläulings und anderer seltener Schmetterlinge des Moors weniger interessiert hat als unsere eigene selbstverliebte Routine? Was macht unser sinnentleertes Dasein mit TikTok, Insta und Co wichtiger als das umtriebige Dasein der

Schwarzglänzenden Moorameise? Jede Art, die unsere Erde verliert, macht das Leben ein wenig ärmer und eintöniger. Und durch die Zerstörung der Moore sind wir im Begriff, viele Arten zu verlieren.

Bergwald –
Ein Paradies in den Wolken

Es ist noch gar nicht so lange her, zumindest wenn man die Sonne fragt, die mit ihren 4,5 Milliarden Jahren Strahlkraft aber auch nicht gerade die Jüngste ist, da geschah etwas, das noch heute Einfluss auf lustige Wandersleute vielerorts hat. Vor 325 Millionen Jahren knallten die irdischen Großkontinente Laurussia und Gondwana in sagenhafter geologischer Geschwindigkeit aufeinander und erschufen dabei den Urkontinent Pangaea, der zu seiner Zeit alle Landmassen der Erde umfasste. Dabei knautschten und falteten sich die Gesteinsschichten zu einem gewaltigen Gebirge auf: dem variszischen Gebirge. Die Jahrmillionen zogen dahin, und das Gebirge zerbrach in viele kleine Krümelchen. Auch Pangaea riss es auseinander, und nach und nach bildeten sich die Kontinente, die wir heute kennen. In dem ganzen Durcheinander prallte die Afrikanische auf die Europäische Erdplatte und statt »Kawumm« machte es Alpen. Und während die uralten Brösel des einstigen variszischen Gebirges heute als rüstige Mittelgebirge mit verwitterten, abgerundeten Bergkuppen unsere Landschaften zieren, können die jugendlichen Alpen ihre spitzen Gipfel sehen lassen.

Doch egal ob spitz- oder flachbegipfelt, die Gebirge haben etwas gemeinsam: ihr Klima. Denn je höher wir steigen, desto kühler wird es. Wenn wir Wolken sind, ist das besonders fatal, denn kalte Luft kann weniger Wasser halten als warme Luft. Darum regnet es in den Höhenlagen mehr als im Flachland. Und dieses raue Klima bringt ganz besondere Lebensbedingungen hervor, die wiederum eine Vielfalt an faszinierenden Lebewesen gedeihen lassen. In diesem Kapitel wollen wir uns den Bergwald genauer anschauen, um dann im nächsten Kapitel die Gipfel zu erklimmen.

»Bei 650 Metern, da fängt das Leben an …«, so singen hier in den Bergen die alten Fichten, die mit diesem Lied ihren natürlichen Lebensraum lobpreisen. Die jüngere Generation lauscht diesem alten Schlager mehr als skeptisch. Sicher, 650 Meter waren früher einmal gar nicht schlecht, aber das richtig gute Leben, das spielt sich erst viel höher ab. Bei 650 Metern lässt es sich gerade noch so aushalten, aber man muss sich eben auch damit abfinden, dass Rotbuchen oder Weißtannen mit von der Partie sind. Progressive Jungbäume fordern deshalb eine Änderung des Textes zu »Unter 4,5 °C, da fängt das Leben an«, denn bei dieser Durchschnittstemperatur ist es dem ganzen Warmduscher-Gebäum zu kalt und für Fichten gerade kühl genug. Die Erhöhung der Durchschnittstemperatur, durch die Klimaerhitzung unvermeidlich, ist für viele natürliche reine Fichtenwälder in Mittelgebirgen der Anfang vom Ende, und schon bald wird es diese Lebensräume nur noch in den Alpen geben.

Wer meint, einen Fichtenwald im Flachland zu kennen, der täuscht sich. Es handelt sich dabei nicht um einen Wald, sondern um einen Forst, also eine Anpflanzung von Bäumen zum Zwecke der Holzgewinnung. Dort ist die Artenvielfalt begrenzt und die Stimmung gedrückt. Darum lieber ein wenig frische Luft im Bergwald schnappen. Und wie köstlich rein die Luft hier ist! Wann immer wir mal wieder in einer smogverpesteten

Stadt vor uns hin hüsteln, können wir uns sicher sein, irgendwo, uns weit überlegen, lachen Fichten, Weißtannen und Buchen dem Himmel entgegen. Denn in den Bergen finden sich deutlich weniger Abgase, Feinstaub und Pollen in der Luft als im Flachland. Stattdessen gibt es hier allerlei Baumgeschwätz in Form von ätherischen Ölen einzuatmen.

Im Brutraum

Denken wir an die luftigen Höhen der Bergwälder, so meinen wir vielleicht, dass es hier ruhig und gesittet zugeht, doch falsch gedacht: Hier sind wahre Metalheads am Start, die sich nicht scheuen, ihre Umgebung mit ihrem durchdringenden Getrommel zu behelligen. Diese Headbanger in Federkutte sind Spechte und statt eines klassischen Drumkits sind sie vor allem während der Balz ab Mittwinter stets auf der Suche nach einem passenden Resonanzkörper, um ihrem rhythmischen Klopfen den richtigen Sound zu geben. Der Rhythmus, den nun beispielsweise ein Buntspecht auf das Holz hämmert, unterscheidet sich von dem anderer Spechtarten. Deshalb verstehen andere Buntspechte den Heavy Morsecode sofort und wissen Bescheid, dass hier ein Artgenosse seine Bruthöhle fertiggezimmert hat. Das Trommeln und Headbangen, bei dem der Vogel durch eine Art Stoßdämpfer im Kopf geschützt ist, hat nämlich in diesem Fall weder mit dem Höhlenbau zu tun, noch dient es dem Aufstöbern von Nahrung unter der Rinde. Spechte trommeln auf hohles Holz, um mit ihresgleichen zu kommunizieren. Und knallhart, wie sie sind, geht Gesang, wie ihn etwa die albernen Rotkehlchen von sich geben, gar nicht, und nur Schnabel gegen Holz ballert richtig.

Im Bergwald leben und hämmern insbesondere der Dreizehenspecht, der Buntspecht und der Schwarzspecht. Wie sein Name schon verrät, hat der Dreizehenspecht eine Zehe weniger als seine Artgenossen und erhält darum einen Spartarif bei der Pediküre. Der Dreizehenspecht-Kerl macht sich jedes Jahr aufs Neue ans Werk und zimmert eine frische Bruthöhle in morsche, alte oder tote Bäume. Dabei bevorzugt er ganz klar die Fichte. Der Schwarzspecht wiederum sagt sich »Buchen über alles« und legt seine Bruthöhle am liebsten in dicken Buchen an. Einmal eingezogen, nutzt der Schwarzspecht die Bruthöhle gerne über viele Jahre und unternimmt dabei nur gelegentlich mal Umbauarbeiten, um die Folgen der Abnutzung auszubessern. Im Gegensatz zu den anderen Spechten scheinen Buntspechte nicht so genau zu wissen, was sie wollen. Etwas konfus beginnen sie, viele verschiedene Bruthöhlen auszuarbeiten. Eventuell ist dabei ein unbändiger Perfektionismus am Werk, denn am Ende wird nur eine Bruthöhle vollendet und genutzt. Die vielen ungenutzten oder verwaisten Spechthöhlen kommen jedoch diversen anderen Lebewesen des Waldes zugute.

Ein Nutznießer dieser Lost Places des Gebirgs-Nadelwaldes ist der Sperlingskauz. Insbesondere die verlassenen Höhlen des Dreizehenspechts und des Buntspechts nutzt diese Eule gerne für die Aufzucht der eigenen Brut. Natürlich wird die Inneneinrichtung noch ein wenig angepasst, indem der Höhlenboden mit weichen Daunen ausgelegt wird. Ein paar poppige Poster von Owlton John, Billie Eulish und Kautzy Perry dürfen auch nicht fehlen. Dazu noch eine Lavalampe: Perfekt! Dann können das Eierlegen und die Aufzucht der Jungen beginnen. Nach circa 30 Tagen Brutzeit schlüpfen die kleinen Käuze aus ihren Eiern und sind hungrig. Zum Stopfen der gierigen Schnäbel ist jedes Mittel recht, wobei jede zweite Schnabelfüllung eine Wühlmaus ist. Aber auch andere Mäuse, Fledermäuse, Insekten und

Eidechsen lassen sich die Eulen schmecken. Eine weitere sehr beliebte Speise, die mehr als 44 Prozent der Diät einer gutbürgerlichen Sperlingskauzfamilie ausmacht, sind andere Vögel.[32] Sperlingskäuze suchen sich ihre Beute dabei je nach Gelegenheit unter 50 verschiedenen Vogelarten. Dabei ist die kleinste Eule Europas, mit ihren maximal 19 Zentimetern Größe, auch nicht zimperlich. In der Dämmerung, wenn die anderen Eulen sich noch bedeckt halten, wartet sie auf einem Ansitzpunkt in der Krone eines Baumes und hält die Augen offen. Wenn nun beispielsweise ein Buntspecht so blöd ist, ohne sich umzuschauen vergnügt über den Boden zu hüpfen, schlägt der Sperlingskauz zu und erlegt den mit 23 Zentimetern deutlich größeren Vogel, um ihn dann zu rupfen, häppchenweise zu verzehren und an die Nachkommen zu verfüttern. Ob dabei schon mal ein Sperlingskauz seinen eigenen Häuslebauer-Specht erlegt hat, ist nicht bekannt, aber durchaus möglich. Wenn man ein Buntspecht oder ein kleinerer Vogel ist, kann es immer sein, dass man von gelben hungrigen Augen beobachtet wird, während man sorglos in der Nadelstreu scharrt.

Nadelstreu-Zersetzer

Denn was die Nadelbäume des Bergwaldes zuhauf zu bieten haben, sind Nadeln. Fichtennadeln, Tannennadeln, Kiefernnadeln, Nadelnnadeln. Hier gibt es mehr Nadeln als am Bahnhof Zoo in den 1970er-Jahren. Den Boden macht dieser Überfluss an Nadeln ganz schön sauer, denn das Nadelzeugs will sich einfach nicht richtig zersetzen. Das liegt daran, dass die Streu relativ gerbsäurereich und stickstoffarm ist und zudem schwer zersetzbare Substanzen wie Harze und Lignin enthält. Das sorgt für einen niedrigen Boden-pH-Wert, der für viele Lebensformen eher ungemütlich ist. Hornmilben lassen sich davon jedoch den Appetit nicht vermiesen. Hier, im sauren Milieu, gehören sie zu den wichtigsten Zersetzern und treten mit einem entsprechenden Selbstbewusstsein auf. 20 000 bis 50 000 von ihnen sind in jedem Quadratmeter Waldboden unterwegs und fressen sich munter in die Nadelstreu. Wir können anhand von kleinen schwarzen Punkten auf den Nadeln erkennen, dass die Fresssäcke am Werk sind. Durch diese Gänge gelangen sie ins Innere der Nadeln, wo die weichsten und schmackhaftesten Happen zu finden sind. Ganz ohne Kanüle beimpfen sie nebenbei noch die schwer zersetzbaren Gewebsschichten mit Mikropilzen und helfen so bei der weiteren Zersetzung der Nadelstreu. Hornmilben machen dabei einen echt guten Job, denn die kleinen Vielfraße sind für die Zersetzung von 10 bis 20 Prozent des jährlichen Bestandabfalls verantwortlich. Unterstützung erhalten die Winzlinge dabei von den Mikroorganismen in ihrem Darm, die ihnen bei der Verdauung von Zellulose und Lignin helfen.[33]

Neben den Hornmilben beteiligen sich auch etliche Pilzarten an der Zersetzung der Nadelstreu. Eine besonders hübsche, wenn auch auf den ersten Blick unscheinbare Art, die sich am Nadelstreu-Festschmaus beteiligt, ist das Käsepilzchen. Dieser Pilz hat sehr weit auseinanderstehende Lamellen, die ein wenig an die Stückchen eines Käserades erinnern. Leider gibt es bisher wenige Menschen, die ihr Leben der Erforschung dieses kleinen Saprobionten gewidmet haben, darum gibt es auch nicht viel mehr über das Käsepilzchen zu sagen, außer dass es eben gerne Nadeln frisst. Damit ist es nicht allein. Auch der Echte Knoblauchschwindling tut sich am Abfall der Nadelbäume gütlich. Dieser Pilz wiederum hat aufgrund seines würzigen Geschmacks bereits das Interesse des einen oder anderen Gourmets geweckt. Der Pilz schmeckt, wie sein Name schon verrät, angenehm nach Knoblauch, hat dabei aber auch eine blumige Note. Inzwischen konnte von menschlichen Koblauchschwindling-Fans durch Fermentation von Grüntee mithilfe dieses Pilzes ein Schokoladenaroma erzeugt werden.[34] Unerwartet, aber sehr appetitlich!

Weniger appetitlich ist hingegen ein weiterer Nadelstreu-Zersetzer: der Nadel-Blasssporrübling. Denn dieser Pilz, der in Bergnadelwäldern oft zahlreich anzutreffen ist, verströmt den wenig einladenden Duft von faulem Kohl. Darum reden wir nicht weiter über diesen Stinker und gönnen unseren Nasen einen Sniff an zwei anderen Pilzen, die den Wald davor bewahren, in der eigenen Nadelstreu zu ertrinken. Zwei Pilze, die sich äußerlich überhaupt nicht gleichen, aber dafür ähnlich duften und ähnlich vespern: der Schiefknollige Anis-Egerling und der Anis-Trichterling. Tolle Arten für den Pilzkorb, wenn man sie zu bestimmen weiß, aber auch wunderbare Saprobionten, die dem Endgegner Nadelstreu gerne die Stirn bieten.

Aber nicht jede Nadel wird direkt verdaut. Manche Nadeln werden von visionären Architektinnen zu gewaltigen Metropolen verbaut: den Ameisen. Die Kahlrückige Waldameise erschafft wahrhaft beeindruckende Kuppelbauten, bei deren genauerer Betrachtung so manch menschengebautem Dom die Schamesröte in die Bleiglasfenster steigen würde. Zunächst einmal ist da die Größe: Die Körperlänge dieser kleinen Baumeisterinnen beträgt so ungefähr 8,5 Millimeter, aber ihre Wohnstätten können bis zu 2 Meter in die Höhe reichen. Stellen wir uns dieses Verhältnis menschengehirngerecht 200-mal größer vor. In dem Falle blicken wir aus der Perspektive einer 1,70 Meter großen Person zu einem 400 Meter hohen Gebäudekomplex hinauf, der gänzlich aus nachhaltigen, kompostierbaren Bestandteilen erbaut ist. Dagegen sieht der Kölner Dom mit seinen 157 Metern recht klein und unbedeutend aus. Natürlich bauen Ameisen ihre wundervollen Bauten nicht aus Größen- oder Glaubenswahn. Die Größe der Ameisenbauten dient vor allen Dingen der Speicherung von Wärme. Das Gebilde wird um einen alten Baumstumpf errichtet, und die Kolonie selbst lebt unterirdisch. Die hohe Kuppel, die ständig umgebaut und verändert, repariert und an die aktuellen Temperaturen angepasst wird, kann mit einer größeren Oberfläche mehr Wärme von der Sonne aufnehmen, wenn sie auf den Bau scheint. Diese Sonnenterrassen der Ameisenhaufen werden vor allen Dingen im frühen Frühjahr genutzt, wenn die aus der Winterruhe erwachten Ameisen so langsam wieder aktiv werden. Dabei gibt es eine Arbeitsteilung, denn Beobachtungen haben gezeigt, dass manche Ameisen sich in dieser Zeit eher genüsslich in der Sonne räkeln, während andere zur selben Zeit für die Nahrungssuche zuständig sind.

Das Leben erwacht

Jetzt im Frühjahr ist es auch an der Zeit, nach dem Nutzvieh zu sehen, denn nun schlüpfen die ersten Blattläuse aus ihren Eiern. Diese Stammmütter der Blattläuse bringen tagtäglich 5 neue Blattläuse zur Welt, die ebenfalls weiblich und ohne Befruchtung gebärfähig sind. Frische Pflanzensäfte aus den Nadeln von Tannen und Fichten sind bei ihnen so beliebt, dass sie dafür jeden Power-Smoothie stehen lassen. Und wenn es ausreichend zu trinken gibt, kann die Blattlauspopulation in kürzester Zeit enorm anwachsen. Was die Blattläuse an ihrem Lieblingsgetränk besonders feiern, sind die Eiweiße. Wie richtige Pumperinnen können sie gar nicht genug Protein bekommen. Allerdings enthalten die Pflanzensäfte, die sie sich durch ihre

Saugrüssel reinziehen, nur wenig Eiweiß. Tatsächlich sind in der Flüssigkeit aber viele Kohlenhydrate enthalten, die für die Läuse unverdaulich sind. Bevor es darum zum Bauchgrummeln kommt, werden die Pflanzensäfte wieder ausgeschieden. Die Ausscheidung der Blattläuse, der Honigtau, enthält einen Botenstoff, der die Kahlrückigen Waldameisen herbeiruft. Sie saugen den Honigtau kurzerhand vom Hintern der Blattläuse und befreien diese so von dem klebrigen Zeugs. Außerdem tippen die Ameisen den Läusen auch gerne mal mit ihren Antennen auf den Po, um sie zur Ausscheidung weiterer Honigtau-Tröpfchen zu bewegen. Diese werden dann würdevoll geschlürft und entweder selbst weiterverdaut oder aber im Kropf gespeichert, zum Nest gebracht und heraufgewürgt den Jungameisen gefüttert. Die Haltung von Blattläusen ist also für die Waldameisen ein einträgliches Geschäft.

Allerdings geht Tierhaltung auch immer mit Verpflichtungen einher, und so müssen sich die Kahlrückigen Waldameisen gut um ihre Schützlinge kümmern. Nicht nur, dass die kleinen Honigtau-Scheißerchen regelmäßig hintenrum gesäubert werden wollen. Nein, die Läuse können von ihren Hirten auch erwarten, sie vor Fressfeinden zu schützen. Wer für die Waldameisen Schutzgeld in Form von Honigtau scheißt, braucht sich keine Sorgen um Spinnen, Marienkäfer- oder Florfliegenlarven zu machen. Aber manche Ameisenarten tun noch mehr für ihre Schützlinge. Wenn sie nämlich merken, dass ein Weidegrund nicht mehr gut ist, also die Pflanzen keinen leckeren nahrhaften Saft für die Läuse mehr bieten, dann bringen sie ihre kleinen Honigtauspenderinnen zu neuen saftigeren Pflanzen.[35] Andere Arten bedienen sich am Honigtau der Blattläuse ohne Gegenleistung, zum Beispiel Wildbienen, Wespen, Fliegen, Schmetterlinge und Zikaden. Damit nützen sie allerdings den befallenen Pflanzen, die sich nun ganz auf die Abwehr der Blattläuse konzentrieren können und sich nicht über ihre mit Honigtau verklebten Poren ärgern müssen, die die Photosynthese so schwierig machen.

Die Fichten haben jedoch nicht nur mit Läusen in ihren Nadeln zu kämpfen. Wo der Albtraum einer Fichte beginnt, beginnt für den Buchdrucker ein erotisches Abenteuer. Denn der Borkenkäfer beginnt seinen Befall einer schwächelnden Fichte damit, sich in die Rinde einzubohren, um eine Rammelkammer unter der Rinde einzurichten. Dafür besorgt er alles, was nötig ist: Plüschhandschellen, Leder-Harness und Analplug – nichts darf fehlen in der Kammer des ungezügelten Begattens. Die Fichte findet das alles gar nicht so prickelnd und versucht, mit klebrigem und giftigem Harzfluss dem wilden Treiben Einhalt zu gebieten. Wenn sie fit genug ist, erledigt sie so die Pioniermännchen und übersteht den Befall. Kann sie jedoch nicht genug Harz produzieren, beispielsweise weil ihr einer Dürre wegen wenig Wasser zur Verfügung steht, sieht es schlecht für die Fichte aus. Die Buchdrucker, die es gar nicht erwarten können, ihre Rammelkammern einzuweihen, wandeln in diesem Fall die kläglichen Harztröpfchen, die von der Fichte zur Abwehr gedacht waren, in Duftstoffe um. Duftstoffe, die weitere Borkenkäfer anziehen. So viele, dass die Fichte keine Chance mehr hat, und der großen Orgie unter der Rinde nichts mehr im Wege steht.

Dafür lockt sich das Männchen zwei bis drei Weibchen in seine Rammelkammer, wo es dann zu einem schamlosen Käferakt kommt. Nach der Begattung schaffen die Weibchen Muttergänge, in denen sie abwechselnd links und rechts Eier ablegen. Die Larven wiederum fressen vom Muttergang seitlich wegführende Larvengänge, an deren Enden sie sich verpuppen. Und diese Larvengänge machen der Fichte noch viel mehr zu schaffen als die unaussprechlichen Vorgänge in der Rammelkammer. Denn diese Gänge liegen quer zu den sogenannten Phloemgefäßen und unterbrechen dadurch den Saftstrom von der Krone des Baumes zu seinen Wurzeln. Zusätzlich schleppen die Käfer auch noch Pilzsporen von einem Bläuepilz ein. Dieser Pilz verstopft wiederum die Gefäße, die den Wassertransport von den Wurzeln in die Krone betreiben. Für die Fichte ist die Unterbrechung ihrer Lebenssäfte das Ende, und sie stirbt an Ort und Stelle, wobei ihr die Rinde vom Leib fällt. Die auf diesen Fetzen deutlich sichtbaren Buchdruckergänge tun kund von ihrem frühen Dahinscheiden. Wenn sich durch Dürren oder vorangegangene Stürme viele Fichten nicht mehr gegen die Buchdrucker zur Wehr setzen können, kann es zum Massenbefall kommen, bei dem die Buchdrucker es allein aufgrund ihrer Anzahl schaffen, auch gesunde Bäume zu töten. Dann sterben große Areale des Waldes auf einmal ab. Sieht zwar auf den ersten Blick mehr als hässlich aus, doch damit schaffen die Buchdrucker neue Lebensräume für viele verschiedene Lebewesen.

Spechte nutzen die abgestorbenen Fichten gerne als Brutraum. Außerdem lässt sich besonders unser Freund, der Dreizehenspecht, die Larven des Borkenkäfers schmecken. Eine Untersuchung in der Schweiz ergab, dass ein einzelner Dreizehenspecht im Jahr sage und schreibe 670 000 Borkenkäfern den Garaus macht. Wenn ein Dreizehenspecht zum Abendessen lädt, kann man sich also schon denken, was auf den Teller kommt: Borkenkäfer und ihre Larven. Zu einem solchen Bankett mit so einem auserwählten Menü würde auch der Ameisenbuntkäfer gerne kommen, wenn er nicht so scheu wäre. Die Tischmanieren dieses kleinen Borkenkäfertariers sind aber auch nicht überall gerne gesehen. Wenn er einen Borkenkäfer erwischen kann, ergreift er ihn mit seinen Kauwerkzeugen und hält ihn mit seinen Vorderbeinen fest. Bei lebendigem Leib trennt er seinem Opfer den Schild und die Deckflügel ab und schnabuliert sodann genüsslich dessen Weichteile. Der Ameisenbuntkäfer, der übrigens gar nichts mit Ameisen zu tun hat, frisst mehrmals am Tag, und schon seiner rosafarbenen Brut schmeckt nichts besser als Borkenkäfereier und -larven.

Doch egal wie gefräßig die Ameisenbuntkäfer und Dreizehenspechte auch sind, früher oder später werden die Borkenkäfer wieder zuschlagen. Weil wir keine Fichten sind, können wir das ja auch positiv sehen. Denn in dem Bergwald, in dem es sonst recht düster zugeht, trifft nun Licht auf die zuvor beschatteten Böden. Unter diesen vorübergehend neuen Bedingungen können verschiedenste Kräuter und Sträucher gedeihen. Walderdbeeren, Himbeeren und Brombeeren locken mit ihren Blättern, Blüten und Früchten Schmetterlinge, Wildbienen, Hummeln und Fliegen herbei. Schmalblättrige Weidenröschen lassen die lichten Stellen in hinreißendem Rosa und Violett erstrahlen und festigen mit ihren verzweigten Rhizomen den Boden. Auch der Rote Fingerhut bietet bald schon Hummeln seinen Nektar zur Verkostung an. Dabei hat er eine spezielle Taktik für die Bestäubung entwickelt, die verhindert, dass er sich selbst fickt. Die Blüten wechseln ihr Geschlecht und das, ganz ohne dass sich andere Pflanzen davon verunsichert fühlen. Zunächst sind die Blüten des Fingerhutes männlich, um dann nach und nach weiblich zu werden. Da sich die Blüten von unten nach oben öffnen, sind die unteren Blüten also weiblich und die oberen männlich. Weil Hummeln die Fingerhüte immer von unten nach oben anfliegen, stellt der Fingerhut so sicher, dass die unteren weiblichen Blüten nicht mit den Pollen der eigenen Pflanze in Kontakt kommen.

Nach und nach verdichtet sich die Vegetation in den einst

vom Käfer zerstörten Gebieten. Junge Buchen, Fichten, Weißtannen, Kiefern und Ebereschen wachsen der Sonne entgegen, und der Waldboden verdunkelt sich langsam wieder. Doch das heißt nicht, dass es hier langweilig wird. Gerade im Herbst ist der Waldboden der Bergwälder mehr als bunt. Jetzt bilden viele Pilze ihre Fruchtkörper. Einige Zersetzer des Nadelstreus haben wir ja schon kennengelernt. Doch die Pilzwelt der Berge hat viele weitere spannende Arten zu bieten.

Pilze und Moose

Eine Art, die wir in den Tälern vermutlich vergeblich suchen würden, ist der Schwarzkopfmilchling. Dieser Pilz steht auf ein friedliches Geben und Nehmen. Toxische Beziehungen sind nichts für ihn. Darum müssen er und seine Symbiose-Partnerin, die Fichte, auch nie zur Paartherapie. Ein Schlüssel für das gemeinsame Glück ist, dass der Schwarzkopfmilchling sich erst ab einer gewissen Höhenlage ansiedelt. Und wie wir bereits wissen: je höher und kälter, desto glücklicher die Fichten. Und wenn die glücklich sind, bekommen ihre pilzigen Partner schon mal einen Milcheinschuss. Der Schwarzkopfmilchling ist nämlich, wie sein Name verrät, ein Milchling. Wird sein Fruchtkörper verletzt, tritt eine weiße Milch aus, die sich nach einiger Zeit rosabraun verfärbt. Warum genau Milchlinge, wie der Schwarzkopfmilchling, laktieren, ist nicht klar. Sicher ist, dass sie keinesfalls einen nagenden Kinderwunsch verspüren und einen solchen auch von niemandem eingeredet bekommen. Ein rotbäckiges Menschenkind, das jammernd an ihren Lamellen saugt, ist für sie eine wenig glückverheißende Vorstellung. Ja, so sieht es leider aus: Diesen Pilzen sind wir Menschen und unsere drollige Brut ziemlich egal. Vermutlich dient die Milch eher der Abwehr von unliebsamem Getier, zum Beispiel von Insekten, die dem Schwarzkopfmilchling gerne mal mit ihren Kauwerkzeugen auf die Pelle rücken würden. Die Flüssigkeit, die beim Anknabbern des Pilzes austritt, wird nämlich nach kurzer Zeit sehr klebrig und macht sich damit gar nicht gut im Gaumen einer Ameise oder eines Käfers.

Die Warzige Hirschtrüffel, die im Bergwald gerne mal mit einer Fichte symbiotische Bande knüpft, findet es hingegen gar nicht so schlecht, wenn jemand ihre Fruchtkörper anknabbert oder ganz verschlingt. Mit ihrem rauchig-erdigen Geruch, der an das Maul eines paffenden Maulwurfs erinnert, und ihrem unangenehm bitteren Geschmack lässt die Hirschtrüffel so einigen Waldbewohnern das Wasser im Munde zusammenlaufen. Hinzu kommt noch die harte Außenhülle, die wie eine Walnuss kaum zu knacken ist, und dann erst die spinnwebartige, mit Sporenpulver bepuderte Füllung. Einer solchen Praline kann kaum ein Wildschwein, Hirsch oder Reh widerstehen. Diese verführerischen Merkmale hat der Pilz genau aus diesem Grunde ausgebildet. Denn etwas Schöneres als den Gang durch eine tierische Magen-Darm-Passage mit dem Höhepunkt, an einem neuen Wohnort ausgeschissen zu werden, können sich die Sporen der Warzigen Hirschtrüffel gar nicht vorstellen. Auf diese Weise bekommen Wildschwein und Co eine Speise genau nach ihrem Geschmack, und der Pilz kann seine Sporen an andere geeignete Standorte bringen lassen, wo er sich mit neuen Symbiose-Partnerinnen zusammentun kann. Und so lebten sie glücklich und zufrieden ... Bis die Zungenkernkeule kam. Dieser Pilz parasitiert mit seinem gelben Myzel auf den armen Hirschtrüffeln. Die Opfer können sich dann nicht bis zur Sporenreife entwickeln und schmollen unreif und uncool unter der Erde vor sich hin, während die parasitierenden Zungenkernkeulen ihre Zungen aus der Erde hervorschieben und ihre Sporen auf eine Reise mit dem Wind schicken, um irgendwo weiteren Hirschtrüffeln das Leben schwer zu machen.

Auf Augenhöhe mit den Fruchtkörpern der Zungenkernkeulen wachsen auch jede Menge Moose, die den Boden des Bergwaldes begrünen. Das Etagenmoos bildet oft bodendeckende Bestände und ist echt gut gebaut. Es bildet allerdings statt Muckis Stockwerke aus. Jedes Jahr sprießt auf dem Rücken des Vorjahrestriebs ein neuer Spross in frischem Gelbgrün. Trotz dieser architektonisch wertvollen Anatomie wird dieses Moos wie viele seiner Mooskollegen gerne mal ignoriert, weil es zumeist unauffällig grün am Waldboden herumlungert. Dabei übersehen wir Menschen, blind für die wichtigen Dinge des Lebens, welch großen Dienste die Moose vollbringen. So können die kleinen grünen Gewächse sehr viel Wasser speichern. Wenn es regnet, pumpen sie sich zu einem Mehrfachen ihres Eigengewichtes auf. Dieses Wasser geben sie dann gemächlich an ihre Umgebung ab und tragen so dazu bei, dass dem Wald idealerweise bis zum nächsten Regenguss genug Feuchtigkeit zur Verfügung steht. Das ist zumindest der Plan, aber na ja, was soll man sagen. Bei den Dürren, die die Klimaerhitzung mit sich bringt, reicht der Moosschwamm auch nicht aus, um den Waldboden feucht zu halten. Wenn die Trockenheit zu lange währt, verfallen die Moose in so eine Art Scheintod. Von außen betrachtet sehen sie dann aus, als hätten sie ins Gras gebissen, aber in Wahrheit haben sie lediglich ihren Stoffwechsel heruntergefahren, um auf den nächsten Regen zu warten.

Doch nicht nur in der Wasserwirtschaft sind die Moose tätig. Auch um die Stickstoffbindung kümmern sich die kleinen Workaholics. Mithilfe von Cyanobakterien arbeiten sie unablässig daran, Stickstoff aus der Luft und dem Regen zu binden. So können Bäume und andere Pflanzen von diesem Nährstoff profitieren. Allerdings wissen wir ja, dass es inzwischen mehr als genug reaktive Stickstoffverbindungen in der Umwelt gibt. Durch den Verkehr und andere Verbrennungsprozesse sowie durch die Landwirtschaft und die Überdüngung. Diese Stickstoffverbindungen sind ein echtes Problem, das die Artenvielfalt auf unserem Planeten bedroht. Unser gut gebautes Etagenmoos ist beispielsweise kein Freund der menschengemachten Stickstoffverpestung. Auch wenn es an sich gerne Stickstoff für andere bindet, ist irgendwann auch Schluss. Bei erhöhter Exposition mit Stickstoffverbindungen, wie beispielsweise dem Dünger Ammoniumnitrat, wuchs das Etagenmoos im Versuch weit weniger gut.[36]

Erhöhte Stickstoffeinträge wirken sich auch auf Bäume, Flechten und Pilze aus. Ab gewissen Kipppunkten verlangsamt sich das Baumwachstum, und die Biodiversität nimmt ab.[37] Der Stickstoffausstoß der Menschheit ist eines der großen Probleme unserer Zivilisation und sollte an jedem Frühstückstisch zur Sprache kommen. Unterhaltungen über den tollen neuen elektrischen Ceranfeldreinigungsroboter, der nebenbei Sauerteigbrot backen kann, sollte man genauso hintanstellen wie die üblichen Gespräche über Benzinpreise und Schaumküsse.

Der Fenchelporling, der sowohl zum Frühstück als auch zum Abendbrot Fichtentotholz und andere Hölzer zersetzt, drückt sich um dieses heikle Thema und lenkt mit seinem leckeren Duft von dem Dreck in der Luft ab. Während dieser Holzzersetzer lediglich vom Totholz nascht, lässt sich der Rotrandige Baumschwamm auch lebendige Bäume, insbesondere Fichten, schmecken. Durch Stammwunden oder Astabbrüche finden seine Sporen den Weg ins Innere der Bäume, die er dann nach und nach verdaut. Stirbt sein Opfer und liegt darnieder, schnabuliert der Pilz einfach weiter, bis es nichts mehr zu mampfen gibt. Seine Fruchtkörper sind Geotropisten, das heißt, sie passen ihre

Wuchsrichtung immer so an, dass die Porenschicht nach unten ausgerichtet ist. Die mehrjährigen Fruchtkörper, die sich am stehenden Baum gebildet haben, verschließen ihre Poren, wenn der Baum umgefallen ist, und ändern ihre Wuchsrichtung so, dass die neu gebildeten Poren wieder nach unten zeigen. Die knubbeligen Gebilde mit ihren schönen glänzenden Rottönen, die so entstehen, kann man im Bergwald vielerorts bestaunen.

Der Rotrandige Flachkäfer freut sich über die vielen Rotrandigen Baumschwämme sehr. Nicht nur, dass die Namensverwandtschaft dem kleinen Krabbler ein wohliges Zuhausegefühl gibt. Darüber hinaus erinnert ihn der Pilz an die Larvenzeit, denn das mit dem Myzel eines Baumschwamms durchwachsene Holz ist für diesen Käfer, was warme Muttermilch für uns ist. Und weil der Rotrandige Flachkäfer sich mit seiner inneren Larve nach wie vor wunderbar verbunden fühlt, snackt er auch als erwachsener Käfer ganz schamlos die Nahrung seiner Kindheit, knabbert jedoch nach Lust und Laune auch mal in den ausgewachsenen Fruchtkörpern. Wer diesen Käfer einmal zu Gesicht bekommt, hat großes Glück. Denn der Rotrandige Flachkäfer ist ein sogenanntes Urwaldrelikt. Das heißt, seine Vorkommen beschränken sich auf Wälder, die seit langer Zeit in einem naturnahen Zustand belassen worden sind. Urwälder im eigentlichen Sinne gibt es in Deutschland leider nicht mehr.

Geweihträger und Kreuzschnäbel

Apropos Urwald: Da wir Menschen die größten einheimischen Waldbewohner wie den Braunbären und das Wisent schon lange ausgerottet haben, steht heutzutage der Rothirsch auf dem Siegertreppchen und trägt stolz seine imaginierte Medaille für das größte einheimische Wildtier. Mit einer Schulterhöhe von bis zu 1,5 Metern und dem über der Schulter elegant emporgeschwungenen Hals samt Kopf und Geweih wirkt der Stirnwaffenträger äußerst imposant. Ein ausgewachsener Rothirsch bringt auch ein paar Kilo auf die Waage, und zwar bis zu 250, das ist schon mal so viel wie fünf Toplader-Waschmaschinen zusammen. Wer mal eine solche Waschmaschine bei einem Umzug in den ersten Stock geschleppt hat, kann sich vorstellen, welche Kraft in einem ausgewachsenen Rothirsch steckt, der mit einem derart hohen Gewicht voller Grazie über Stock und Stein springt. Allein das Geweih eines Rothirsches kann bis zu 15 Kilogramm wiegen. Vergleichsweise wäre das, als würde unsereins permanent einen Sprudelkasten auf dem Kopf tragen. Und das alles ohne Physiotherapie. Diese Last lässt Herr Hirsch gerne hinter sich, wenn sein Testosteron im Keller ist. Der König des Waldes, wie er hinter seinem Rücken genannt wird, wirft jedes Jahr sein Geweih ab, um sich ein neues wachsen zu lassen. Das Geweih vom vergangenen Jahr weitertragen – auf keinen Fall! Ab in die Altgeweihsammlung. Und das, obwohl sich ein neues Geweih wachsen zu lassen nicht gerade ressourcenschonend ist.

Immerhin schlingt der Hirsch bis zu 20 Kilo Grünfutter pro Tag in seinen Magen hinein. Gut, dass der ein Fassungsvermögen von 25 Litern hat. Und was da alles im Pansen landet: Eicheln, Bucheckern, Gräser, Moose, Flechten, Pilze, Rinden, Wurzeln und Kräuter aller Art. Die Hirsche ernähren sich vielseitig und probieren auch die ungewöhnlichsten Geschmäcker mal aus. Einige Giftpflanzen, wie etwa der Fingerhut, und kratziges Zeugs, wie zum Beispiel die Kratzdisteln, werden von den Rothirschen gemieden, sodass diese auch in Gebieten, in denen viel Rotwild lebt, Farbe in den Wald bringen. Teilweise kann man anhand des Pflanzenvorkommens im Wald auch ablesen, dass in einem Gebiet viel Rotwild unterwegs ist. Das liegt daran, dass die stattlichen Leckermäulchen manche Lebensmittel anderen vorziehen. In hochfrequentierten Rotwildrevieren kann es dazu kommen, dass Baumarten wie Esche oder Feldahorn und Kräuter wie die Wald-Sternmiere und die Vogelwicke ganz verschwinden. Auch hier nicht sehr nachhaltig gedacht von den Hirschen. Wir Menschen können ihnen da aber wohl kaum mit Moralpredigten kommen, richten wir unseren Lebensraum doch noch viel drastischer zugrunde.

Der Fichtenkreuzschnabel meidet den Boden dieser erschreckenden Tatsachen und sucht zumeist Schutz in den Baumwipfeln der Fichten. Dort oben kann man insbesondere das Männchen gut anhand seines orangeroten Gefieders erkennen. Das Weibchen ist nicht weniger farbenfroh gekleidet, es trägt grüne und gelbe Federn. Dieser Vogel hat einen Biss, bei dem jede Kieferorthopädie zu spät kommt. Eine Zahnspange, oder besser gesagt eine Schnabelspange, wäre bei diesem kleinen Finken aber auch nicht zielführend, denn gerade dass sich sein Ober- und Unterkieferschnabel kreuzen, statt sauber zu schließen, erweist sich für den Fichtenkreuzschnabel als sehr nützlich. Dieser außergewöhnliche Biss ermöglicht es ihm, Fichtensamen geschickt zwischen den Schuppen der Fichtenzapfen hervorzuziehen. Dass das gelingt, ist essenziell für die Aufzucht der Küken. Denn auch Fichtenkreuzschnabeljunge haben Hunger. Berechnungen zufolge verbraucht eine Brut bis zum Ausfliegen rund 85 000 Samen. Die müssen erst mal gesammelt und verfüttert werden. Alle Achtung, Fichtenkreuzschnäbel, ihr seid echt fleißige Eltern!

Dass ihr zur Nahrungsbeschaffung eure Küken auch bei Minusgraden etwas länger allein lasst, ist schon okay. Die Kleinen fallen dann halt vorübergehend in eine Kältestarre ... Das müssen die schon mal aushalten können. Januar ist eben einfach die schönste Zeit zum Brüten in den verschneiten Bergwäldern. Während die Jungen sich teils nicht anders zu helfen wissen, als die Kälte in einer Art Schlafzustand zu überstehen, mögen es die erwachsenen Vögel mollig warm. Ihr gut isolierendes Gefieder, ihre ausgeprägte Betriebsamkeit und ihre hochkalorische Nahrung in Form der Nadelbaumsamen ermöglichen es den Vögeln, eine höhere Körpertemperatur zu halten als die meisten anderen kleinen Vogelarten. Während sie sich nachts mit gut 40 °C Schlummertemperatur begnügen, heizen sie sich tagsüber richtig auf – auf 43 °C. Wenn die Kreuzschnäbel sehr gestresst sind, können sie bis zu 46 °C Körpertemperatur erreichen. Dass die Vögel so heißlaufen können, erscheint besonders paradox, da sie in einer Umgebung leben, die besonders kalt ist. So kann die Differenz zwischen Umgebungstemperatur und Vogeltemperatur bis zu extremen 70 °C betragen.[38]

Wir sehen also, dass die Bergwälder trotz ihres widrigen Klimas förmlich vor Leben pulsieren. Wer hätte damals im Erdaltertum gedacht, was aus den gerade entstandenen Gebirgen einmal werden würde. Wer hätte ahnen können, dass hier in ferner Zukunft einmal Hornmilben Fichtennadeln und Sperlingskäuze Buntspechte verdauen würden. Dass Ameisenbuntkäfer auf die Jagd nach Borkenkäfern gehen würden, die ihrerseits den Fichten auf die Rinde rücken. Dass Pilze in allen Farben hier gedeihen würden. Die Sonne hat es nicht geahnt, obwohl sie doch schon so viel gesehen hat. Und uns bleibt nur, gespannt zu sein, was diese Welt noch alles an Leben hervorbringt.

Auf dem Weg zum Gipfel – Leben über der Waldgrenze

Zeit, einen Doppelknoten in die Schnürsenkel zu machen und den Aufstieg zu wagen. Verlassen wir den dunklen Bergwald und steigen hinauf in Richtung Gipfel. Eine entgrenzende Erfahrung. Wir lassen die Waldgrenze des dichten Fichtenwaldes hinter uns und wandern der Baumindividuengrenze entgegen. Hoffentlich haben wir uns gutes Wetter ausgesucht, denn hier oben kann ein ziemlich rauer Wind wehen. Die Bäume, die das noch aushalten, sind sehr zäh und widerstandsfähig. Nicht umsonst nennt man den Bereich zwischen der Waldgrenze, wo der dichte Baumbestand endet, der Baumgrenze, bis zu der immerhin noch kleine Baumgrüppchen bis 3 Meter in die Höhe wachsen, und der Baumindividuengrenze, oberhalb derer keine Bäume mehr wachsen, Krummholzzone oder auch Kampfzone. Die Fichten, Zirben und Lärchen, die hier ums Überleben kämpfen, sind härter drauf als jeder Pathologe und sehen auch dementsprechend aus. Krumm und knorrig blicken sie entschlossen Jahr für Jahr dem kommenden Winter entgegen und zeigen keinerlei Schwäche. Dem ungastlichen Klima dieser Höhenlage, in der es nur 3 Monate im Jahr überhaupt warm genug ist für die Bäume zu wachsen, müssen sie trotzen oder eben sterben. Es überleben nur die, die sich, im Schnee vergraben, über die Frostschutzwirkung dieser kleinen Eiskristalle freuen können.

Krummholzzone

Die Zirbe ist als frosthärteste Baumart perfekt an die Bedingungen der Kampfzone angepasst. Im Winter kann sie Temperaturen bis zu – 40 °C aushalten. Dazu bildet sie Eiskristalle außerhalb ihrer Zellen, die diese austrocknen und dafür sorgen, dass kein Wasser in die Zellen eindringt und sie somit nicht gefrieren. Auch Blitzschlag, Stürmen und Schnee trotzt die Zirbe, indem sie auf ihre starken Selbstheilungskräfte zurückgreift. Das Holz dieses Baumes enthält nämlich sehr viel Harz, das dabei hilft, Wunden zu verschließen. Das soll ihr erst mal einer nachmachen. Während die meisten Menschen nach einem Blitzschlag reif für den Sarg sind, nimmt die Zirbe solche Schicksalsschläge gelassen hin und lebt zwar durchaus gezeichnet, aber dennoch standhaft ein langes widerständiges Leben. Durchschnittlich werden diese Bäume 200 bis 400 Jahre alt, doch die wirklich hartgesottenen unter ihnen leben mehr als 1000 Jahre in ständigem Kampf mit allem, was das Gebirge ihnen abverlangt. Mal Lawinen und Steinschlag, mal Trockenheit und starke Sonnenstrahlung, dann wieder wilde Winde und Blitzschlag: Sie können für uns menschliche Jammerlappen eine echte Inspiration sein. Bei diesem Lebensstil steht Fortpflanzung nicht an oberster Stelle auf der To-do-Liste. Zunächst gilt es, sich gut im Boden zu verwurzeln und dem Tod die Mittelnadel zu zeigen. Nach ungefähr 40 Jahren kann es mit dem Bilden von Zapfen losgehen. Und gut Ding will Weile haben, denn ein Zapfen braucht dann auch 3 Jahre zur Reifung.

Der Tannenhäher wartet schon auf die große Bescherung, denn die Samen der Zirbe sind eine lohnenswerte Speise. 30- bis 40-mal größer als Fichtensamen – und mit 5,6 Kalorien pro Gramm sind sie auch sehr nahrhaft. Alle 5 bis 7 Jahre gibt es ein Zirben-Mastjahr, dann produzieren die Zirben besonders viele

Samen. Für den Tannenhäher sind dies die schönsten Jahre seines Lebens. Jetzt kann er sich die Zapfen schnappen und zu seiner geheimen Zirbenschmiede bringen, wo er die Samen aus den Zapfen herauspickt und in seinem Kehlsack zwischenlagert. Dann werden die knusprigen Snacks versteckt. Dazu hackt der Tannenhäher seinen Schnabel in den Boden und vergrößert das Loch, indem er den Schnabel im Boden aufreißt. Nachdem der Vogel ein paar Nüsschen in sein Versteck gelegt hat, deckt er es wieder mit Erde zu. Dabei ist der Tannenhäher sehr fleißig. So kann ein motivierter Vogel in einem guten Jahr etwa 109 000 Zirbensamen in 6000 Depots verstecken.[39] Noch beeindruckender als diese vorsorgliche Vorratshaltung ist die Tatsache, dass der Tannenhäher sich etwa 80 Prozent seiner Verstecke merkt und diese auch unter der Schneedecke wiederfindet. Wie er das macht? Ob mithilfe eines Gedächtnis-Palastes, mit Merksprüchen, der Alphabet-Methode oder schlicht Magie? Wir wissen es nicht, und der Tannenhäher schweigt sich über sein Geheimnis aus. Doch die Zirbe freut sich, dass selbst ein Gedächtniskünstler wie der Tannenhäher auch mal ein paar Samen vergisst, denn so können viele Zirbenkinder ein schönes hartes Zirbenleben führen.

Weil die Zirbe ein sehr sozialer Baum ist, arbeitet sie nicht nur mit dem Tannenhäher zusammen, sondern lebt auch mit Mykorrhiza-Pilzen in Symbiose. Untersuchungen verschiedener Zirben unterschiedlichen Alters, sowohl an Nord- als auch an Südhängen, ergaben, dass sie alle eine Beziehung mit Ektomykorrhiza-Pilzen eingingen. Außerdem zeigte sich, dass junge Zirben mit weniger Pilzarten in Symbiose lebten als ältere Zirben. Es scheint also, dass der Baum auch im höheren Alter immer noch offen für neue Freundschaften und Erfahrungen ist.[40]

Während die Zirbe gerne viele Sozialkontakte knüpft und

so über ein gutes Pilznetzwerk verfügt, das ihr dabei hilft, die ganzen verdrießlichen Krisen ihres Alltags zu bewältigen, ist der Zirben-Röhrling mehr so der Typ, der nur eine beste Freundin braucht, um glücklich zu sein. Andere Bäume schaut dieser Pilz nicht mit einer Hyphe an. Der frische Fruchtkörper des Zirben-Röhrlings könnte bei einem flüchtigen Blick als stinknormaler Standardpilz durchgehen. Brauner Hut und brauner Stiel. Bei näherem Hinsehen bemerken wir aber doch einige Besonderheiten: Der Hut ist schmierig und faserig punktiert, der Geruch nussig-obstartig, und die Röhren des Pilzes sind mit milchigen Guttationstropfen besetzt. Diese milchigen Tropfen sind so was wie der Schweiß des Pilzes und verfärben sich beim Trocknen bräunlich. Da hilft dem Fungus auch kein Deo, seine Schweißtropfen haften an ihm wie Kaugummi an Schuhsohlen.

Auch die Weiße Silberwurz steht auf gute Bodenhaftung und bildet darum eine große Pfahlwurzel mit einem weit verzweigten Wurzelsystem aus. Hier, oberhalb der Baumgrenze, wo es viele Schuttflächen gibt und der Boden einem leicht unter den Füßen wegrutscht, ist das auch wirklich wichtig. So kann die Weiße Silberwurz als Pionierpflanze ganz neue Standorte erobern, um dort ihre kleinen Stämme über den Boden kriechen zu lassen. An sich ist die Pflanze ein Rosengewächs, doch das sieht man dem 5 bis 15 Zentimeter hohen Pflänzchen auf den ersten Blick kaum an. Zudem ist die Weiße Silberwurz eine echte Do-it-yourself-Anhängerin und kümmert sich darum, dass ihre Bestäuber bei ihr ein angenehmes Plätzchen finden. Ihre großen weißen Blüten drehen sich immer in Richtung Sonne. Die acht Blütenblätter bündeln dann wie Parabolspiegel das Sonnenlicht so, dass es in der Blütenmitte bis zu 10 °C wärmer wird als in der Umgebung.

Mittendrin im Blütensolarium bestäubt es sich doch gleich viel besser. Diese Wärmeproduktion macht sie besonders attraktiv, weil ihre Umgebungstemperatur bis auf wenige Monate im Jahr ziemlich kalt ist. Darum kam die Weiße Silberwurz auch mit der letzten Eiszeit aus den Polarregionen in die Alpen. Als die Gletscher schmolzen, verbreitete sie sich weitflächig in ganz Deutschland, und aus dieser Zeit gibt es unzählige Fossilien der Silberwurz. Darum wird diese geologische Epoche von vor 12 000 bis 10 000 Jahren auch der Dryas oder die Silberwurz-Zeit genannt.

Doch nicht alle Pflanzen oberhalb der Baumgrenze setzen auf weiße Blüten. Hier oben kann es auch mal ziemlich bunt zugehen. Auf der Alm, genauer gesagt auf der bodensauren Borstgrasweide, die zu den Magerweiden gehört, auf die wir später noch zu sprechen kommen, leben viele wundervolle Blütenpflanzen. Das eher unscheinbare Borstgras wirkt trotz »Punkerschopf« hier eher unauffällig und gesittet. Die Bärtige Glockenblume hat es nicht so mit dezent und findet gedeckte Farben langweilig. Darum bringt sie mit ihren großen violetten Glockenblüten Farbe auf die Alm. Außerdem trägt die Blume, wie ihr Name schon verrät, einen Bart. Diese Behaarung dient der Glockenblume zur Abwehr von Insekten, die nur zum Nektarklauen kommen, ohne Bestäubung als Gegenleistung anzubieten, wie beispielsweise Ameisen oder Ohrwürmer. Für die Fortpflanzung setzt die Pflanze auf Hummeln.

Auch der Kochsche Enzian zieht mit seinen azurblauen Blüten alle Blicke auf der Borstgrasweide auf sich. Seine fünf Blütenblätter sind glockig verwachsen und für Hummeln äußerst attraktiv. Mit seinen Zugwurzeln hält sich der Kochsche Enzian gut an seinem Untergrund fest, und zwar durch die Kontraktion alter Wurzelteile, die dadurch kürzer, aber auch runzeliger und quergeringelt werden. Die Echte Arnika, die Berg-Nelkenwurz und der Zottige Klappertopf bringen ebenfalls Farbe in die Berge, und zwar sattes Gelb. Da die Tiere auf der Alm selektiv fressen und nur das zu sich nehmen, was ihnen schmeckt und guttut, kann es dazu kommen, dass manche Arten mit der Zeit auf den Almen immer weniger werden, während andere Arten, die von den Weidetieren verschmäht werden, wie beispielsweise die Arnika, in großer Zahl vorkommen.

Auch das Alpenmurmeltier lebt und – das heißt bei diesem zu den Eichhörnchen gehörenden Nagetier vor allem – frisst oberhalb der Baumgrenze im Orbit der Almen. Wir werden auf diese Tiere dadurch aufmerksam, dass sie auf uns aufmerksam geworden sind. Erspäht ein Murmeltier Wandersleute wie uns, die sich hier in Richtung Gipfel hochquälen, lässt es eine Serie von Pfiffen verlauten. Ein einzelner Pfiff warnt hingegen vor einem unmittelbaren Angriff, wie vor dem Herabstürzen eines Steinadlers. Schön blöd, bei nahender Gefahr auch noch laut herumzupfeifen. Auffälliger kann man ja gar nicht sein. Doch jedes Murmeltier weiß, dass alle Murmeltierkollegen das gleiche Risiko eingehen würden, um die Gruppe zu warnen, damit möglichst alle rechtzeitig Schutz in den Höhlen finden können.

Das ganze Pfeifen und Verstecken hält die Murmeltiere jedoch von ihrer eigentlichen Aufgabe ab, und zwar zu fressen. Denn wer im Sommer nicht genug Nahrung zu sich nimmt, der wird aus dem Winterschlaf nicht mehr aufwachen. Um 6 bis 7 Monate zu schlafen, muss man in der wachen Zeit mampfen, was das Zeug hält. Dafür lässt sich das Murmeltier auch den entsprechenden Verdauungsapparat wachsen, denn in den Sommermonaten vergrößert sich dieser deutlich. Ein Sommermurmeltiermagen ist dann um 105 Prozent größer als ein Wintermurmeltiermagen und der Sommerdünndarm sogar um 259 Prozent größer als der Winterdünndarm.[41] Aber was wandert denn so durch die Murmeltierdarmpassage? Nach dem Winterschlaf erst mal alles, was an frischen Trieben zu finden ist. Rein damit! Später im Jahr, wenn das Nahrungsangebot größer ist, wählt das Murmeltier insbesondere Pflanzen zum Futtern aus, die besonders reich an mehrfach ungesättigten Fettsäuren sind und die dem Murmeltier helfen, seinen Winterschlaf zu überleben. Zu diesen Pflanzen gehören Labkräuter, Mutterwurz, Tragantarten, Wegeriche und der Alpen-Klee.

Oberhalb der Baumindividuengrenze

Der Alpen-Klee kann zusammen mit anderen Blumenarten eine Pionierbesiedelung alpiner Schuttflächen vornehmen. Hier befinden wir uns über der Baumindividuengrenze. Statt Krummholz umgibt uns auf dieser Höhe ein niedriger Bewuchs aus Gräsern, Zwergsträuchern und Polsterpflanzen. Auch der Alpen-Klee lebt mit anderen Pflanzen in einem Blumenpolster zusammen. Mit seiner durchaus mal 1 Meter langen Pfahlwurzel und den dazugehörigen Wurzel-Knöllchenbakterien versorgt er sich selbst und, beim Zerfall von Wurzeln, Knöllchen und Sprossen, auch die anderen Pflanzen in seiner WG mit Stickstoffverbindungen. Zusätzlich holt die Alpen-Klee-Wurzel Nährstoffe wie Calcium, Kalium und Phosphat aus der Tiefe. Nun müssen die Polster-Genossen wie Alpen-Leinkraut, Alpen-Mauerpfeffer und Co nur darauf warten, dass ein Stück Alpen-Klee abstirbt, von Kleintieren, Bodenpilzen und Bakterien abgebaut wird und schließlich Nährstoffe freisetzt. Die anderen Pflanzen im Blumenpolster wurzeln nämlich nur circa 25 Zentimeter tief und kommen deshalb nicht so gut an die Nährstoffe heran, die sie gerne hätten. Darum bedienen sie sich nur allzu bereitwillig des Nährstofflifts.

Das Blumenpolster in der rauen Fels- und Schuttlandschaft sieht nicht nur für Murmeltiere einladend aus. Auch herumfliegende Samen, die sich in den Blütenbüscheln verfangen, finden es gar nicht so schlecht, genau hier gelandet zu sein. Bessere Nährstoffversorgung, gute Wasserversorgung und ein angenehmeres Mikroklima: Da kann sich so manche Alpenpflanze Schlechteres vorstellen, als im Blumenpolster zu gedeihen. Das Polster übernimmt in dieser Beziehung die Ammenpflanzen-Funktion, weil es den kleinen Samen hilft, in der Welt Wurzel zu fassen. Läuft für die Pflanzen auch ganz nebenher, kein Vergleich mit der Plackerei, die menschliche Ammen auf sich nehmen, um unsereins in die Welt zu helfen.

Nicht nur das Murmeltier knabbert gerne vom Alpen-Klee und seinen Polsterfreunden, auch Gämsen naschen gerne vom Blumenpolster. Und die ähnlichen Lieblingsspeisen sind nicht das Einzige, was die Gams mit dem Murmeltier gemein hat, denn auch die Gams pfeift bei Gefahr. Gämsen halten allerdings keinen Winterschlaf, sondern ziehen sich mit dem Wintereinbruch in die Bergwälder zurück, wo sie noch genug Nahrung finden können. Wirklich angepasst sind sie an das Leben in der Höhe. Erst im Hochgebirge können die Gämsen zeigen, was sie draufhaben. Im Hochsprung brillieren die Gämsen mit Sprüngen von bis zu 2 Metern Höhe, um dann elegant auf allen vieren zu landen. Im Weitsprung sind 6 Meter für die flinken Wiederkäuer kein Problem. Den Bergab-Sprint, eine Sportart, den die Gämsen liebend gern betreiben, macht eine Gams schon mal mit 50 Kilometer pro Stunde. Diese sportlichen Hochleistungen sind nur mit dem richtigen Schuhwerk möglich. Spreizbare, saugnapfartige Hufe mit hartgummiartigen Sohlen sind der Schlüssel zur Gämsengymnastik. Aber auch viele rote Blutkörperchen sind ein Vorteil für die Fitness. Bisher wurde keine Gams beim Erythropoetin-Spritzen beobachtet, also können wir wohl annehmen, dass die hohe Anzahl von roten Blutkörperchen im Blut der Gämsen nicht auf Doping, sondern auf ihre natürliche Physiologie zurückgeht. Ein Gams-Leben ist alles in allem sehr leichtfüßig und unbeschwert. Ihre natürlichen Fressfeinde, den Luchs, den Wolf und den Bären, haben wir Menschen beinahe ausgerottet, und sie kehren erst langsam in die Alpen zurück. Den Gämsen könnte dies zum Nachteil gereichen, doch da Wölfe vor allem Individuen schlagen, die an der Gämsblindheit erkrankt sind, könnte es wiederum von Vorteil für die ganze Gruppe sein, die sich dann nicht mehr bei dem kranken Tier anstecken kann

Doch der Tod blickt mit scharfem Blick auf die Gämsen, und zwar aus den Augen eines Steinadlers. Dieser lässt sich bei Gelegenheit gerne mal ein Gams-Kitz schmecken. Auch Murmeltiere, Schneehasen, Mäuse, Füchse oder Schneehühner greift der geschickte Jäger gerne. Er setzt dabei ganz auf das Überraschungsmoment, indem er sich in der Deckung von Felswänden seinem Opfer nähert, um dann blitzschnell herabzustürzen und seine Krallen in den Kopf der Beute zu schlagen. Doch auch im Flug ist der Steinadler ein gefährlicher Zeitgenosse. Trotz seiner Größe ist er erstaunlich wendig, und es wurde schon beobachtet, wie Steinadler sich plötzlich in der Luft auf den Rücken drehten, um einen verfolgenden Kolkraben zu erbeuten. Die Kraft des Adlers ist ebenfalls beeindruckend, so kann er mit seinen Krallen Beutetiere durch die Lüfte tragen, die schwerer sind als sein eigenes Körpergewicht. Hat er keinen Bock auf Gewichtheben, zerteilt er seine Beute und deponiert sie in appetitgerechten Portiönchen. Außerdem bringt der Adler dem Weibchen, mit dem er monogam zusammenlebt, genug Fleisch, um sie und die Jungen damit zu versorgen. Die Knochen verschmäht der große Beutegreifer wie alle Vögel.

Fast alle Vögel. Der Bartgeier, der mit einer Flügelspannweite von 2,9 Metern einer der größten flugfähigen Vögel der Welt ist, hat sich auf diese besondere Nahrungsnische spezialisiert. Da weiß der Geier, dass er sich mit niemandem um sein Mittagessen streiten muss. Er kann ganz geduldig abwarten, bis andere Tiere das Fleisch von den Knochen genagt haben, um sich dann seine Leibspeise zu holen. Kleinere Knochen von bis zu 18 Zentimetern Länge und 3 Zentimetern Durchmesser verschlingt der Bartgeier im Stück. Größere Knochen lässt er aus 60 bis 80 Metern Höhe auf große Felsplatten herabfallen, damit diese zersplittern. Diese erlesenen Happen verschlingt er genussvoll. Seine Magensäure, die einen pH-Wert von 0,7 hat und damit die stärkste im gesamten Tierreich ist, erledigt den Rest und löst die Knochen beinahe vollständig auf. Wer mal eine Leiche entsorgen muss, hätte mit dem Geier einen guten Komplizen. Und Chancen sollte man nutzen. Der Bartgeier lässt sich die Knochen schmecken und stellt keine unangenehmen Fragen. Die Nährstoffe seiner ungewöhnlichen Nahrung sind dabei gar nicht schlecht. Knochen enthalten nämlich 12 Prozent Protein, 16 Prozent Fett und 23 Prozent Mineralien. Auch mit lediglich 300 bis 400 Gramm Knochen pro Tag fühlt sich der große Vogel angenehm satt und zufrieden. Außerdem sind Knochen sehr lange haltbar. So kann ein hungriger Bartgeier noch monatealtes Gebein verwerten. Weil Knochen aber eher trockenes Futter sind und Bartgeier auch keine braune Soße dazu schlürfen, ist es für die Geier sehr wichtig, in der Nähe von Quellen zu leben, um regelmäßig trinken zu können.

Abgesehen von Quellwasser ist Wasser im Hochgebirge rar. Obwohl es auf den Gipfeln ziemlich viel regnet, können die humusarmen Böden das Wasser nicht speichern. Zusätzlich kann der starke Wind hier oben die Verdunstung beschleunigen. Die Berg-Hauswurz stellt sich diesem Problem ganz gelassen: »Wenn meine Umgebung kein Wasser für mich speichert, dann mach ich das halt selbst!« Darum verbietet sich die Hauswurz die Bezeichnung Dickblattgewächs. »Meine Blätter sind nicht dick, sondern gut hydriert!«

Auch der immergrüne Fetthennen-Steinbrech setzt auf vollschlanke Blätter, in denen er kostbares Wasser für Dürrezeiten speichert. Allerdings geht er lieber auf Nummer sicher und siedelt sich gleich dort an, wo es viel Wasser gibt. So können seine schwimmfähigen Samen mit Fließgewässern weitergetragen werden. Gämsen schätzen die Pflanze als leckeren saftigen Snack, und mancherorts wird er darum auch »Gamswurz« genannt.

Die Raupen des Alpenapollos lassen sich ebenfalls feinste Blätter des Fetthennen-Steinbrechs schmecken. Die Menükarte der kleinen Raupen umfasst aber auch andere Steinbreche und Hauswurzen. Wer es versteht, so gut zu speisen, weiß natürlich auch, dass es besser ist, selbst nicht verspeist zu werden. Die Raupen des Alpenapollos haben sich dafür etwas Besonderes ausgedacht. Sie verkleiden sich einfach als jemand anderes, jemand giftiges. Also ab in den genetischen Kostümladen und schnell reingeschlüpft in die schwarz-gelbe Warnfärbung. Nun gut, als Doppelgänger des Jakobskrautbärs werden die kleinen Alpenapollo-Raupen wohl nicht durchgehen können, denn der zeigt wirklich unmissverständlich, wer hier bitter drauf ist. Aber indem sie dieselben Farben wie die alkaloid- und blausäurefressende Verwandtschaft tragen, können sie relativ unbesorgt vor sich hinleben.[42] Hilft die Verkleidung nichts mehr, und es besteht die Gefahr, gefressen zu werden, verströmen die Raupen übelriechende Substanzen und täuschen so vor, wirklich keine gute Mahlzeit abzugeben.

Irgendwann kommt für jede Raupe die Zeit, sich vom Raupendasein zu verabschieden, um als Schmetterling zurückzukehren. Auch die Imagines, die ausgewachsenen Falter, setzen auf Mimikry. Wenn sie durch die Lüfte fliegen, sehen sie zunächst aus wie ganz gewöhnliche weiße Schmetterlinge. Und an wen denken wir, wenn wir an weiße Schmetterlinge denken? Genau, an die Weißlinge. Der Große Kohlweißling, der Raps-Weißling, der Berg-Weißling und einige andere werden als Senföl-Weißlinge zusammengefasst, weil sie die Senföle aus ihrer Raupennahrung speichern. Darum denken vermutlich nicht nur wir Menschen bei weißen Schmetterlingen an diese Arten, sondern auch Vögel, denen sich beim Gedanken an die senföligen Flatterer der Magen umdreht. Besser hungrig als derart ungenießbare Schmetterlinge im Bauch. Der Apollofalter triumphiert ein weiteres Mal dank seiner gut gewählten Tarnung.

Etwas, bei dem die männlichen Apollofalter oft nicht triumphieren, ist – wie könnte es anders sein – ihr Sexleben. Weil die Apollofalter in nur einer Generation fliegen, sieht man gegen Ende der Flugzeit viele verzweifelte Alpenapollo-Männchen rastlos umherziehen, bis sie – offenbar noch mal Glück gehabt – eines der wenigen verbleibenden Weibchen erspähen und sich darauf niederstürzen. Doch hier kommt für die Lüstlinge die letzte bittere Enttäuschung: Die Alpenapollo-Maid wehrt sich nicht nur mit heftigen Flügelschlägen gegen den herannahenden Stecher, sondern trägt zusätzlich einen Keuschheitsgürtel, der jeglichen Kopulationsversuchen Einhalt gebietet. Dieses bis zu mehrere Millimeter lange hornige Gebilde aus Chitin am Hinterleib der Alpenapollo-Dame nennt man Sphragis. Es wird aus einem Sekret des Erstbegatters nach dem Schmetterlingsstündchen gebildet und versiegelt das Weibchen gegen etwaige Nebenbuhler. Beim Alpenapollo gilt also wirklich die abgedroschene Floskel: Wer zu spät kommt, den bestraft das Leben.

Einige Zylinder-Felsenschnecken sparen sich die Strapazen der Partnersuche komplett. Zwittrig, wie sie sind, setzen sie auf Selbstbefruchtung, anstatt anderen Artgenossen schöne Augen zu machen. Interessanterweise gilt dies nur für die Schnecken, die östlich der Veitsch-Alm leben, während diejenigen, die ihr Kriechtierleben westlich davon zubringen, gerne mal einen Geschlechtsakt vollziehen. Neben ihrer variablen Sexualpräferenz haben die Zylinder-Felsenschnecken noch andere ungewöhnliche Vorlieben. So leben sie besonders gerne da, wo andere Lebewesen es eher ungemütlich finden. Ein wohliges Raumgefühl verbreiten für diese Schnecken feuchte, kalte Felsspalten und -ritzen. Bitte ohne Fenster! Denn diese Schnecke ist heliophob, das heißt, sie meidet Sonnenschein. Der frühe Morgen ist für diese Schneckenart immer wieder eine Heimsuchung, vor der sie sich möglichst frühzeitig zurückzieht. Alles in allem legt die Schnecke nur wenige Zentimeter pro Tag zurück. Darum ist sie bei ihrer Nahrung auch nicht wählerisch und ernährt sich von Flechten, Algen und Moosen.

Diese Lebensformen können ebenfalls an den offenbar unmöglichsten Orten gedeihen. Eine der mehr als 3000 Flechten des Alpenraums, die furchtlos auf kargem Stein siedelt, ist die Zierliche Gelbflechte, wie alle Flechten eine Symbiose zwischen Pilz und Grünalge oder Cyanobakterien. Diese Zusammenarbeit macht das Gewächs sehr widerstandsfähig. Der prallen

Sonne lacht sie von ihrem Felsen in herrlich gesättigtem Gelb-Orange entgegen. Doch auch über sich selbst kann die Zierliche Gelbflechte lachen, denn sie macht kein Geheimnis daraus, dass sie gerne bei Vogel-Aussichtswarten gedeiht. Und warum gerade da? Wir ahnen es schon, diese Symbiose ist auf den Geschmack von Kot gekommen. »Eine gute Ladung Nährstoffe, gratis dargereicht, das lassen wir uns nicht entgehen!«, sagen Alge und Pilz im Chor und siedeln glücklich auf den Hinterlassenschaften einer Schneesperlingsversammlung.

Der Schneesperling ist nämlich kein Einzelgänger, sondern fühlt sich als Teil einer Truppe am wohlsten. Diese Vögel schätzen karge Felslandschaften und verlassen ihren Lebensraum, der zwischen 1900 und 5000 Höhenmetern liegt, auch im Winter nur selten. Schneesperlinge machen sich dafür auch uns Menschen zunutze. Während viele Tiere der Berge nämlich gar nicht begeistert vom Bergtourismus sind, hat sich diese Vogelart entschlossen, das Beste daraus zu machen. Sprich: gratis Futter einheimsen und in Skianlagen und Liften brüten. Neben den von Menschen angeschleppten Lebensmitteln gönnt sich ein Schneesperling auch gerne mal einen Schnabel voll Spinnen, Insekten und Samen.

Die Hainschwebfliege muss sich in Acht nehmen, dass sie bei ihrer Abenteuerreise über die Alpen nicht zum Schneesperlingshäppchen wird. Während manche der Hainschwebfliegen-Kolleginnen in Deutschland bleiben, insbesondere die, die befruchtet worden sind, zieht ein Teil dieser Art im Spätsommer über die Alpen Richtung Süden, um daheim nicht dem Kältetod anheimzufallen. Auch diese Insekten setzen als Vorsichtsmaßnahme für ihre weite Reise auf Mimikry. Sie geben mit ihren gelb-schwarzen Körpern ganz einfach vor, ein Schwarm bitterböser Wespen zu sein. Keine schlechte Idee, wenn man vorhat, die Alpen und das Mittelmeer zu überqueren, um sich in

Nordafrika zu vermehren und zu sterben. Die nachfolgende Generation fliegt dann im Frühling wieder den ganzen weiten Weg zurück, nur um unsere Doldenblütler in Deutschland zu bestäuben. Und die Strecke von mehr als 2200 Kilometern ist für das circa 10 Millimeter große Insekt wirklich gewaltig. Stellen wir uns vor, wir Menschen würden jeden Herbst zu Millionen aus eigener Körperkraft zum Mond fliegen. Denn so weit können wir uns etwa die Reisestrecke der Hainschwebfliege vorstellen – auf unsere Körpergröße übertragen. Natürlich ist das Nonsens, denn wir Menschen können ja überhaupt nicht fliegen. Als die evolutionär unterprivilegierten Fleischhaufen, die wir sind, bleibt uns also nichts weiter übrig, als den zierlichen und elegant fliegenden Schwebfliegen im Herbst zuzuwinken, wenn sie mit einer Durchschnittsgeschwindigkeit von 25–30 Kilometer pro Stunde in Richtung Süden davonzischen.

Schneegrenze

Von der Schwerkraft gebeutelt, haben wir bei unserem Aufstieg Richtung Gipfel die Schneegrenze erreicht und blicken auf den Gletscher vor uns. Wollen wir da wirklich noch rauf? Lohnt sich das denn überhaupt? Hier im ewigen Schnee kann doch gar nichts überleben. Und dort, ist das nicht Blut? Vielleicht ist es an der Zeit umzukehren. Nein, das ist kein Blut ... Der sogenannte Blutschnee ist hier oben zumindest kein Zeichen für ein Massaker mit vielen Toten, sondern zeigt uns das Leben an, das sich hier im Schnee angesiedelt hat. Schneealgen sind am Werk, die im Sommer in den langsam abtauenden Schneefeldern leben. Während blutroter Schnee sich besonders gut als Kulisse für ein Murder Mystery Dinner machen würde, schafft gelber Schnee nicht unbedingt die gleiche schaurige Atmosphäre. Aber die Schneealgen, die färben sich so, wie es ihnen passt, und scheren sich nicht um die menschlichen Präferenzen. Darum können sie auch grünen oder orangefarbenen Schnee verursachen.

Hier in frostklirrender Kälte lebt auch der Gletscherfloh, der 1,5 bis 2,5 Millimeter groß ist und gerne vergnügt umherhüpft. Damit fällt der kleine, schwarze Springschwanz gut ins Auge. Doch wie ernähren sich die hopsenden Winzlinge auf dem Gletscher? Mit absoluter innerer Gelassenheit, denn obwohl die Gletscherflöhe dem Augenschein nach eine wilde Rasselbande sind, ist ihr Wesen absolut Zen. Sie trotzen der schneidenden Kälte, ohne eine Miene zu verziehen, und ernähren sich von dem, was die Brise ihnen zuträgt. Und die Winde, die aus den Tälern durch die Bergwälder hier hinauf wehen, bringen leckere Pollen und andere Pflanzenreste mit – direkt auf die Tellerchen der Gletscherflöhe. Ein paar Schneealgen hier und da dürfen es auch mal sein.

Unsere Beobachtungen auf dem Weg zum Gipfel haben uns gezeigt, dass die Lebewesen der Berge an die haarsträubenden Bedingungen in der Höhe perfekt angepasst sind. Ob Lawinen, Ozonbelastung, Stürme oder Blitzschlag, ob Regenguss, Steinschlag oder gewaltige UVB-Strahlung, ob Dürre, Nährstoffmangel oder ewiges Eis: Alle Lebewesen hier machen das Beste aus ihrem Lebensraum. Man könnte meinen, die Pflanzen, Tiere, Pilze, Moose und Flechten, die hier leben, kann nichts aus der Ruhe bringen. Was sollte schon der Zirbe zusetzen, die sich mit stoischer Ruhe von Blitz- und Steinschlag formen lässt? Was sollte eine Zylinder-Felsenschnecke zum Zittern bringen, die es doch am liebsten kalt und feucht mag? Was könnte den Bartgeier erschrecken, dem beim Anblick von Skeletten das

Wasser im Schnabel zusammenläuft? Ihr ahnt es schon. Das sind selbstverständlich wir. Wir Menschen gefährden die vielfältigen wunderbaren Lebewesen, die die Berge so bunt und zauberhaft machen. Indem wir ihre Lebensräume zur Erfüllung unserer Bedürfnisse so verändern, dass diese zähen Bergbewohner alles einfach nur noch unterirdisch finden. Indem wir uns Märchen vom bösen Wolf, bösen Bären und bösen Geier erzählen und diese Tiere dann gnadenlos niedermetzeln. Indem wir unser Klima so sehr erhitzen, dass für manche Arten kein weiteres Ausweichen in Richtung Gipfel mehr möglich ist. Denn wo soll der Gletscherfloh noch umherspringen, wenn der Gletscher abschmilzt?

TEIL 3

In Weiten und Städten

Salzwiese – Bitte nicht nachwürzen!

Der Mond ist eine lustige verkraterte Kugel, die sich um die Erde dreht. Seine Oberfläche wirkt von unserem blauen Planeten aus betrachtet, als hätte er ein Gesicht, das berühmte »Mondgesicht«. Wer hätte gedacht, dass ausgerechnet diese 384 400 Kilometer von der Erde entfernte Murmel, die so dreinschaut, als sei ihr etwas auf den Fuß gefallen, aktiv Lebensräume erschafft? Ja tatsächlich, der Mond ist nicht nur ein stiller Beobachter des amüsanten Treibens auf der Erde, sondern auch ein Schöpfer von Artenvielfalt. Wie macht er das? Dazu verwendet er seine Leibspeise: Salz.

Planet Erde ist voller Ozeane mit Salzwasser. Der Mond wirkt mit seiner Gravitation auf das Wasser wie ein Magnet. Dadurch entsteht sowohl auf der mondzugewandten Seite der Erde ein sogenannter Flutberg als auch auf der mondabgewandten Seite – hier allerdings durch Fliehkraft. Wenn irgendwo Flut ist, muss auch irgendwo Ebbe sein. Darum gibt es an den anderen Seiten Ebbtäler. Flut und Ebbe gibt es dem Mond sei Dank. Trifft nun eine Flut aufs Land, werden Teile davon mit Salzwasser überschwemmt. Auf diesem Land, das regelmäßig nachgesalzen wird, entstehen nun Salzwiesen – artenreiche Lebensräume, die es ohne unseren Mond so nicht gäbe. Na gut, nicht ganz, denn hin und wieder gibt es auch im Binnenland Salzwiesen. Diese entstehen, wenn Grundwasser Salze löst und diese an die Erdoberfläche befördert, oder auch beim Tagebau.

Der hohe Salzgehalt im Boden stellt für die Pflanzen der Salzwiese eine echte Herausforderung dar. Denn Salz zieht Wasser an, Wasser, das Pflanzen wiederum zum Leben brauchen. Und das ist noch nicht alles. Gerade auf küstennahen Salzwiesen muss man Überflutungen wegstecken können, ebenso wie Sandstürme und Sauerstoffmangel. Durch regelmäßig herangewehten Dünensand besteht die Gefahr der Erstickung. Doch die Evolution hat an all diese Widerstände perfekt angepasste Pflanzen hervorgebracht.

Überlebensstrategien der Pflanzen

Der Queller ist eine der extremsten Pflanzen auf der Wiese, denn er praktiziert den Lebensstil eines suizidalen Salzstreuers. Seine Wurzeln schlägt er in nächster Nähe zum Wasser, in der sogenannten Pionierzone. Um hier überleben zu können, reichert der Queller gezielt Salz in seinem Gewebe an, sodass er salziger ist als seine Umgebung. Dadurch wird seine wasseranziehende Wirkung stärker als die des Bodens. Dieser Effekt ermöglicht ihm sein Dasein, allerdings kann er mit dieser Physiologie nicht gerade auf ein langes Leben hoffen. Die Salzkonzentration in der Pflanze steigt nämlich immer mehr an, bis sie so hoch ist, dass die Pflanze stirbt. Darum lebt der Queller nur circa 6 Monate lang. In dieser kurzen Zeit produziert ein kleines Pflänzchen sagenhafte 10 000 Samen, die dann mit dem Wasser der Fluten verteilt werden. Viele Vögel profitieren davon, denn für sie sind die

Quellersamen ein ausgezeichneter Wintersnack. Die Samen, die nicht gefuttert werden, sind ganze 50 Jahre lang keimfähig.

Im Gegensatz zum Queller möchte das Löffelkraut seinen Löffel lieber nicht so schnell abgeben. Seine Sicht auf die Welt ist etwas positiver. Um dem Salztod zu entgehen, reichert es gezielt Salz in seinen Blättern an. Ist der Salzgehalt sehr hoch, vertrocknen die einzelnen Blätter einfach und werden abgeworfen. Die Pflanze trauert den verlorenen Blättern so sehr nach wie einem benutzten Papiertaschentuch. Nämlich gar nicht. So lebt sie unbekümmert und zufrieden.

Noch geschickter geht der Gewöhnliche Strandflieder mit der versalzenen Gesamtsituation um. Weder der Salzselbstmord noch absterbende Körperteile sind für ihn attraktive Lebensmodelle. Im ersten Schritt macht es der Strandflieder genauso wie das Löffelkraut, er reichert Salz in seinen Blättern an. Allerdings geht er damit nicht so weit, dass die Blätter absterben. Stattdessen hat er in seinen Blättern Salzdrüsen, die permanent eine Salzlösung an die Umgebung abgeben und so die Würze der Blätter in Balance halten. Gut, dass der Strandflieder so geschickt mit der Lage umgeht, ist er doch die einzige Nahrungsquelle für den Halligflieder-Spitzmaus-Rüsselkäfer.

Der Halligflieder-Spitzmaus-Rüsselkäfer kann nicht nur stolz auf seinen Namen sein, sondern auch auf sein Äußeres. Er glänzt in verschiedenen Farben, einem Ölfilm ähnlich. Der nur 2 bis 4 Millimeter lange Käfer ernährt sich ausschließlich vom Strandflieder. Sogar seine Larven werden wohlbehütet von dieser Pflanze aufgezogen. Dazu knabbert der kleine Rüsselkäfer eine Aushöhlung in die Wurzel des Strandflieders und legt dort seine Eier ab. Die Herberge wird dann sorgfältig mit einem Sekret verschlossen. Für die Larven ist diese Heimstatt einfach himmlisch. Kaum geschlüpft, futtern sie sich gemächlich durch die Wurzel der Wirtspflanze.

Auch die Blüten des Strandflieders sind äußerst attraktiv für verschiedene Insekten. Besonders gerne schaut die Gammaeule vorbei. Die Gammaeule ist keineswegs ein Vogel, der sich durch die bei einem Zerfall von Atomkernen entstehenden Gammastrahlen manifestiert und uns alle töten wird. Vielmehr ist die Gammaeule ein Nachtfalter aus ganz gewöhnlichen Nachtfalter-Atomen, mit einer Flügelzeichnung, die an den griechischen Buchstaben »Gamma« erinnert. Sie ist nicht auf die Salzwiese spezialisiert, tatsächlich finden wir sie in vielen verschiedenen Lebensräumen. Dennoch ist sie auf Salzwiesen besonders häufig anzutreffen. Zur Nektaraufnahme setzt sich die Gammaeule nicht etwa ruhig und entspannt auf die Blüte, sondern macht einen auf Kolibri: Im Schwirrflug, also an einer Stelle fliegend, wird der Nektar gesaugt. Ein Bild, das vielen von uns gar nicht so fremd sein sollte, denn in einer von permanentem Zeitdruck geplagten Gesellschaft ist das Essen beim Gehen mittlerweile ein artspezifisches Feature des Homo sapiens geworden. Während unsereins – kaum heruntergeschluckt – schon weiterstresst, legt die Gammaeule zumindest nach der Mahlzeit in aller Ruhe irgendwo ein Verdauungspäuschen ein. Vom mitteleuropäischen Winter hält sie nicht viel, deshalb fliegt sie jedes Jahr in den Süden. Dazu nutzt sie ihre Flügel und nicht etwa eine Billig-Airline. Als Wanderfalter ist das auch kein Problem für sie, denn in einer Nacht kann sie mit Rückenwind bis zu 300 Kilometer weit kommen.

Nun zurück zu den Pflanzen der Salzwiese. Denn an dieser Stelle sollten wir noch mal zu den Überlebensstrategien bei hohem Salzgehalt des Bodens zurückkehren. Drei verschiedene Lebensmodelle haben wir nun schon kennengelernt, doch das vom Salzwiesen-Rot-Schwingel sollte nicht fehlen. Dieses Gewächs zählt zu den Süßgräsern und legt sehr großen Wert darauf, auch als ein solches angesprochen zu werden. Wehe, jemand käme auf die Idee, es als Salzgras zu bezeichnen, nur weil es auf einer Salzwiese wächst! Immer wieder hört man von Leuten, die in irgendeinen kultigen Szenebezirk voller Clubs und Bars ziehen und sich dann beschweren, dass es nachts immer so laut ist. Ganz ähnlich macht es der Salzwiesen-Rot-Schwingel. Er hasst Salz und zieht doch auf die Salzwiese. Nur dass er von Jammerei nichts hält. Er lernt stattdessen, mit der Situation zu leben, und lässt mithilfe seiner Wurzelmembranen das allgegenwärtige Salz gar nicht erst in sich hinein. Stattdessen gibt es in der Wurzel eine fette Ladung Süßes und Saures – und das nicht nur an Halloween. Denn mit Zucker- und Säure-Ionen wird ein osmotischer Druck erzeugt, um dem osmotischen Druck des Bodens ordentlich Paroli zu bieten. So entzieht die Wurzel dem Boden erfolgreich Wasser.

Gekrabbel und Geflatter

Und jetzt wird's prächtig. Denn unter den Pflanzen der Salzwiese krabbelt der Prächtige Salzkäfer umher. Vor allen Dingen hält er sich ganz in Wassernähe auf, in der Nachbarschaft des Quellers. Dort lebt er in unterirdischen Röhren, die durch eine Luftblase gegen Flutwasser »verschlossen« werden, und ernährt sich hauptsächlich von Algen. Am liebsten mag der Käfer Regenwetter, denn die vom Regenwasser abgespülten Algen sind nicht so salzig und damit besser bekömmlich. Natürlich legen die Salzkäfer auch Eier. Dazu werden extra Eikammern gegraben, in die dann ordentlich reingeschissen wird. Jedes Ei wird fein säuberlich an einem eigens »errichteten« Kotball befestigt. Der Kot soll die Eier vor Wasser und Pilzen schützen. »Lieber eine Kotgeburt als eine Totgeburt« ist das Motto der Salzkäfer.

Die große Pflanzenvielfalt der Salzwiese ist auch eine wahre

Freude für das Mäuseöhrchen. Bei diesem Geschöpf haben wir es mit einer Schnecke zu tun, die wir ausschließlich in diesem Lebensraum antreffen. Man kann es sich schon denken, das Weichtier ist sehr salztolerant, ein Salzgehalt bis zu 9,9 Prozent geht völlig klar. Wenn es dort drin nicht so langweilig wäre, könnte die Schnecke auch in einer Tüte Kartoffelchips leben. Doch die Salzwiese ist wesentlich spannender. Hier gibt es frische Kieselalgen zum Futtern sowie allerlei Schalen und Panzer von Meeresgetier, die mit der Raspelzunge in mundgerechte Stücke zerkleinert werden. Alle Mäuseöhrchen bekommen nach anderthalb Jahren erst einmal männliche Geschlechtsorgane, nach 2 Jahren dann aber auch noch weibliche. Als Zwitter können sie sich aussuchen, welche Rolle sie bei der Paarung übernehmen wollen.[43]

Säugetiere sieht man auf einer natürlichen Salzwiese nur selten. Perfekte Nachrichten für die unzähligen Vögel, die hier leben. Insbesondere Bodenbrüter profitieren von der Salzwiese. Viele Vögel zeichnen sich in diesem Lebensraum durch besonders lange Schnäbel aus. Was so aussieht wie der Pinocchio-Fanclub, ist vor allem praktisch. Denn mit einem langen Schnabel kann man wunderbar in den schlammigen Bereichen der Küste herumstochern, um zum Beispiel Muscheln oder Krebse zu verspeisen. Der Schnabel vom Austernfischer ist nicht nur besonders lang, sondern auch intensiv orange-rot gefärbt. Die Futtersuche findet unmittelbar am Wasser statt, gerne auch in großen Gruppen, denn wir haben es hier mit einem außerordentlich sozialen Vogel zu tun. Die Salzwiese sucht er vor allen Dingen zum Brüten auf. In dieser Zeit platzt ihm dann jedoch die soziale Ader. Austernfischer verteidigen ihren Brutplatz gegen andere Vögel äußerst aggressiv, im Zweifelsfall wird der Eindringling auch mal zu Tode gehackt. Das kann wirklich kein Vergnügen sein, denn der Schnabel wird sonst zum Aufhämmern von Muscheln verwendet. Auch bisweilen vorbeischauende Weidetiere wie Schafe werden attackiert, wenn sie dem Brutplatz zu nahe kommen.

Die Salzwiese ist auch die Winterheimat der Ringelgänse, den Sommer verbringen sie an der Eismeerküste. Im Gegensatz zum Austernfischer haben sie einen viel kürzeren Schnabel, denn sie ernähren sich rein pflanzlich. Sowohl Algen als auch die Pflanzen der Salzwiese stehen auf ihrem Ernährungsplan. Eine ziemlich salzige Angelegenheit, die nicht gesund sein kann. Darum haben Ringelgänse über den Augen spezielle Drüsen, mit denen sie das überschüssige Salz wieder ausscheiden können. Diese erweisen sich auch beim Trinken als nützlich, denn die Gänse können sogar Salzwasser schlürfen. Der jährliche Flug zum Eismeer ist für sie in höchstem Maße kräftezehrend, weshalb die Vögel auch äußerst verfressen sind. Allerdings können sie nur ein Drittel der aufgenommenen Nahrung verwerten. Deshalb müssen sie alle paar Minuten aufs Gänseklo und düngen dergestalt fleißig den Boden. Weil die Ringelgänse hierzulande nicht brüten, rätselte man im geistreichen Mittelalter, wo die Gänse denn eigentlich herkommen. Die Erklärung, die man fand, war überraschend naheliegend und logisch. Man nahm an, es würde Gänsebäume geben, die Muscheln als Früchte tragen. Fallen diese Muscheln dann ins Wasser, werden daraus Ringelgänse. Darum galten die Gänse lange nicht als Tiere, sondern als Pflanzen. In der Fastenzeit vor Ostern konnte man so guten Gewissens einen Gänsebraten vertilgen, da er doch eine Pflanze war.[44]

Salzwiesen sind eine Oase für Vögel und seltene Pflanzenarten. Viele dieser Biotope sind jedoch zum Beispiel aufgrund von intensiver Beweidung und Düngung in keinem guten Zustand.

Zudem ist die Trockenlegung durch Deichbau ein großes Problem für diese wilden Wiesen. Gerade Massentourismus erweist sich als pures Gift für die Salzwiesen. Dabei sollten die einzigen Touristenscharen hier nur die unzähligen Zugvögel sein. Lasst uns diese wertvollen Lebensräume besser schützen, als sie zu übernutzen, denn die steigenden Meeresspiegel werden ihnen in den nächsten Jahren noch genug zu schaffen machen. Es lebe das Salz!

Dünen – Leben im Tod

Egal ob Küste, Binnenland oder Poritze – das Wandern ist des Sandes Lust. Und wenn Sandkörner eine Gruppenwanderung starten und sich an einem dieser Orte niederlassen, entsteht eine Düne. So eine Düne ist weder richtig fest, noch kann sie Wasser oder gar Nährstoffe speichern. Ideale Voraussetzungen gegen das Leben! Doch das Leben, wie es eben so ist, macht auch aus einer lebensfeindlichen Ansammlung von Sandkörnern ein lebendiges Paradies.

In diesem Kapitel wollen wir uns einmal zwei dieser drei Dünenarten näher anschauen, und zwar die Küsten- und die Binnendüne. Die Podüne ist aufgrund ihrer Lokalisation zu Recht noch sehr unerforscht.

Küstendünen

Die Küstendüne ist infolge der wütenden Fluten und Stürme besonders dynamisch. Insbesondere die Primärdünen, also sozusagen die Baby-Dünen, verändern sich noch stark. Hier bringt der Wind beständig frischen Sand heran, der sich langsam anhäuft. Da diese Dünen gerade in ihrer ersten Zeit noch recht niedrig sind, werden sie auch noch vom Salzwasser des

Meeres beeinflusst. Als wäre Sand nicht schon herausfordernd genug, ist da jetzt also auch noch Salz. Doch zwei besonders hartgesottene Gräser bewohnen genau solche Orte: der Strandroggen und die Binsenquecke. Die beiden sind wahre Heldeninnen, denn sie sind die Avantgarde des vielfältigen Lebens, das ihnen einmal in ferner Zukunft folgen wird. Sie tolerieren Sand und Salz ganz wunderbar, beinahe so gut wie unsereins geistlosen Smalltalk als unvermeidliches Übel hinnimmt. Derart wacker vermehren sie sich auf den noch jungen Dünen mithilfe von Rhizomen zu dichten Beständen. Diese Sprossachsen befestigen den losen Sand gleich etwas mit. Während die Binsenquecke circa einen halben Meter in die Höhe wächst, erreicht der Strandroggen sogar eine Höhe von weit über 1 Meter. Die dichten und hohen Ansammlungen dieser beiden Gräser sind die perfekten Sandfänger. Ihre Blätter filtern den Sand aus dem Wind, der sich nun unter ihnen ansammelt. Die Düne türmt sich immer mehr auf und lässt so langsam die salzige Zone unter sich. Um vom steigenden Sandpegel nicht lebendig begraben zu werden, wachsen unsere Gräser im wahrsten Sinne des Wortes über sich selbst hinaus und werden dabei noch nicht mal zu großkotzigen Motivationscoaches, sondern halten einfach höchst bescheiden die Klappe.

Die Weißdüne ist entstanden. Und mit ihr auch schon ein Lebensraum für neue Arten. So macht sich hier nun die Stranddistel breit. Ihre Blätter sind äußerst hart und spitz. Spitz, damit sie nicht gefressen werden, und hart, um bei Sandstürmen nicht zerstückelt zu werden! Ja, auch das Leben auf der Weißdüne ist kein Zuckerschlecken, trotz Meerblick. Die Stranddistel hat die Farbe Blau für sich auserkoren. Ihre Blätter sind nämlich mit einer bläulichen Wachsschicht überzogen, um sich vor der bisweilen starken Sommersonne zu schützen. Auch ihre Blüten sind blau und wirken absolut magnetisch auf Schmetterlinge. Leider sieht die Stranddistel für Menschen so gut aus, dass sie für viele zum beliebten Dekorationsobjekt geworden ist. Durch übermäßiges Pflücken wurde sie bereits beinahe ausgerottet. Schlecht für die Insekten, aber auch unschön für die anderen Pflanzen der Weißdüne. Denn die Stranddistel hat bis zu 2 Meter lange Pfahlwurzeln, mit denen sie die wenigen Nährstoffe und Tröpfchen Wasser, die es hier im Sand gibt, an die Oberfläche ziehen kann. Davon profitieren dann auch andere Pflanzen wie die Strandwinde und die Sand-Nachtkerze.

Die Pflanzenvielfalt auf der Weißdüne lässt allmählich eine dünne Humusschicht entstehen. Die Düne ist darum nun nicht mehr so schön weiß wie einst, sondern eher grau – wir Menschen nennen sie nun Graudüne. Sie ist auch schon etwas fester und stabiler als ihre weiße Vorfahrin. Perfekte Bedingungen für einen ganzen Schwung neuer Pflanzenarten. Und so ist die Graudüne meist von einer durchgehenden Pflanzenschicht bedeckt. Mit dabei sind nach wie vor verschiedenste Gräser, aber auch kleine, wunderschön blühende Kräuter.

Der Reiherschnabel ist eines dieser Kräuter. Wüsste man es nicht besser, könnte man meinen, diese Pflanze hätte ein Gehirn. Wenn ihre Früchte reif sind, platzen sie auf und die Samen werden weggeschleudert. An jedem einzelnen Samen befindet sich eine Art langer und harter »Faden«, der auch als Granne bezeichnet wird. Die meisten kennen solche Grannen zum Beispiel vom Getreide, wo sie von der Ähre nach oben stehen. Doch die Grannen an den Reiherschnabelsamen sind sehr speziell. Bei Trockenheit rollen sie sich ein und sehen dann in etwa aus wie ein Korkenzieher. Bei Feuchtigkeit hingegen strecken sie sich gerade. Durch dieses Einrollen und Ausstrecken werden die Samen regelrecht in den Boden gebohrt. Ein genialer Mechanismus! Aber auch an Tierfell können sich die Samen über längere Zeit festhalten. Wildkaninchen, die in den Dünen ihre Behausungen bauen, helfen dem Reiherschnabel mit ihrem flauschigen Fell, sich zu verbreiten.

Das Berg-Sandglöckchen ist auf der Graudüne wohl der größte Insektenmagnet. Die kleinen blauen Blüten dieser Pflanze haben gerade einmal einen Durchmesser von 2 Zentimetern und sind für so gut wie alles, was Flügel hat, die Topadresse. Mehr als 50 Bienen-, 30 Falter- und 30 Fliegenarten besuchen diese Blüten! Was verschafft dem kleinen Kraut eine solche Anziehungskraft? Neue Sneaker? Neues Parfum? Neue Hautcreme? Nein, nein, nein! Der Trick ist so einfach wie genial: Die Blüten reflektieren das UV-Licht der Sonne außerordentlich stark. Für unsere Menschenaugen ändert das nichts, doch für Insektenaugen wird die Blüte so zum verheißungsvollsten Ort auf Erden.

Auf der etwas betagteren Graudüne machen sich dann so langsam die ersten Sträucher breit. Berühmt und berüchtigt ist wohl vor allem der Sanddorn. Dieser Strauch gibt der Düne noch mal den Extraschub in Sachen Befestigung, denn sein Wurzelsystem kann bis zu 3 Meter in die Tiefe und 12 Meter in die Breite reichen. An den Wurzeln tummeln sich Bakterien, die Stickstoff aus der Luft binden. Mit diesen lebt der Sanddorn auf der nährstoffarmen Düne in Symbiose. Der von den Bakterien gelieferte Stickstoff ermöglicht ihm erst seinen kräftigen Wuchs. Indirekt profitieren sogar Vögel von diesen Bakterien, denn dank ihnen haben die gefiederten Flattertierchen hier einen Strauch, der sie sogar im Winter mit köstlichen Früchten versorgt und zugleich einen sicheren Unterschlupf bietet. Der Sanddorn wiederum profitiert von den Vögeln, die über ihre Ausscheidungen seine Samen verteilen. Die gekeimten Samen profitieren dann wiederum von den Bakterien, und der Kreis schließt sich. Bei der Bestäubung setzt der Sanddorn dann aber nicht auf die Mithilfe anderer Lebewesen, sondern auf den Wind. Denn Wind gibt es hier in Küstennähe mehr als genug.

Die offene Dünenlandschaft mit Sanddornbewuchs ist auch der perfekte Ort für den Goldafter. Klingt wie etwas, das man in einer proktologischen Praxis auf Sylt vermutet, ist aber ein Falter. An und für sich ist er weitestgehend weiß, doch am Hinterleib trägt er stolz einen orange-gelben Busch. Die Weibchen verwenden diese Afterwolle, um die Eier zu schützen, die sie im Herbst gerne am Sanddorn ablegen. Dazu reißen sie sich die Haare vom Hintern und legen sie auf die Brut. Durch den Haarhaufen sieht man nun keine Eier mehr, sondern eher etwas, das an einen Baumpilz erinnert. So hat das Gelege größere Chancen, nicht gefressen zu werden. Die frisch geschlüpften Raupen spinnen sich dann Gespinste, in denen sie in einer fröhlichen Gemeinschaft leben. Doch Vorsicht! Nur weil sie untereinander sozial drauf sind, heißt das nicht, dass auch andere Lebewesen in ihrer Community willkommen sind. Die Raupen tragen nämlich Brennhaare mit sich herum, die abbrechen und mit einer ordentlichen Ladung Histamin für allergische Reaktionen sorgen können.

»Gollum« tönt es aus der Düne. Wenn wir das hören, wissen wir, die Kriechweide versucht ihr Glück. Eigentlich ist sie ja, wie ihr Name schon vermuten lässt, ein Weidenbaum. Doch mit ihren gigantischen Verwandten wie den Silber-Weiden hat sie nicht viel zu tun. Vielmehr strauchelt sie im wahrsten Sinne des Wortes vor sich hin. Die Graudüne ist so nährstoffarm und rau, hier kann man einfach kein richtiger Baum werden. Der Stamm der Kriechweide ist darum klein und wächst zudem unterirdisch, sodass man ihn gar nicht sieht. Von ihm gehen Zweige ab, die 20 bis 100 Zentimeter in die Höhe ragen. So sieht sie eher nach Strauch als nach Baum aus. Sollten sich die Zeiten doch mal ändern und eine frische Ladung Sand angeflogen kommen, kann die Weide auch kriechende statt in die Höhe stehende Zweige ausbilden. Zugegebenermaßen ist der Vergleich mit Gollum trotz ihrer kriechenden Gestalt nicht ganz fair. Denn hässlich ist die Kriechweide keineswegs. Im Frühjahr trumpft sie mit gelb blühenden Weidenkätzchen auf und macht aus der Düne ein gelbes Meer. Im Sommer produziert sie dann massig Samen, die an einer weißen Wolle hängen, damit sie gut fliegen können. Dieser Flaum erfreut sich bei verschiedensten Vögeln größter Beliebtheit beim Nestbau. Die Wolle ist als besonders erlesenes Material bei wahren Kennern unter den Vögeln sehr geschätzt. Anders als die meisten anderen Weidenarten lebt die Kriechweide auch mit einer ganzen Handvoll Symbiose-Pilzen zusammen. Wulstlinge, Risspilze, Schleierlinge, Milchlinge, Täublinge und viele weitere Pilzgattungen wurden schon unter der Kriechweide gefunden.[45]

Die gelbe Blütenpracht der Kriechweide ist ein wahres Paradies für die Frühlings-Seidenbiene. Diese Bienenart lebt perfekt angepasst an den Lebensraum Düne. Ihre Hauptnahrung sind Pollen und Nektar der Kriechweide. Die Behausung graben die Weibchen einfach in den Dünensand. In den Bauten werden dann mehrere Brutzellen für die Eiablage angelegt. Doch zuvor werden die kleinen Kammern noch mit Vorräten an Nektar und Pollen ausgestattet, damit die schlüpfenden Larven in einer reichhaltigen süßen Höhle zur Welt kommen. Außerdem werden die Wände mit einem Sekret benetzt, das eindringender Feuchtigkeit und Pilzbefall vorbeugt. Alles scheint so perfekt, so harmonisch, doch die liebevoll gestaltete Brutzelle ist vor Eindringlingen keineswegs sicher! Aber wer sollte hier eindringen? Das ist doch nicht etwa Beelzebub, der alte Schlawiner?

Nicht ganz, aber fast, denn es ist die Große Blutbiene. Die schwarz-rote Biene ist gekommen, um die Eier der Frühlings-Seidenbiene zu fressen und statt ihrer nun ihre eigenen Eier in die perfekt ausgebauten Brutzellen zu legen. Das Leben auf der finsteren Seite ist einfach nur geil. Nestbau? Macht die Seidenbiene. Futter für den Nachwuchs sammeln? Macht die Seidenbiene. Chillen und den Teufel anbeten? Macht die Blutbiene.

Binnendünen

Zeit, die Küsten zu verlassen, denn auch im Binnenland gibt es Dünen! Die Binnendünen sind schon richtige Greise, denn die meisten von ihnen sind vor 10 000 Jahren am Ende der letzten Eiszeit entstanden. Das Eis taute gerade erst langsam ab, und Bäume suchte man noch vergeblich. Stattdessen rauschten Winde mit voller Wucht über die Lande und brachten die eine oder andere Düne mit.

An und für sich können Dünen wandern. Gerade junge Dünen tun das auch für ihr Leben gern. Die durchschnittliche Binnendüne der Gegenwart wandert allerdings nicht mehr. Jemand hat ihr mal vor geraumer Zeit die Beine gebrochen. Es war das Silbergras! Das Silbergras ist dermaßen hart drauf, dass es selbst wandernde Dünen besiedeln kann. Seine Wurzeln sind mit ihren 15 Zentimetern lang genug, um der Wanderdüne Einhalt zu gebieten. Nach und nach siedelt sich immer mehr von diesem Gras an und bremst die Düne aus. Vorbei ist's mit heute hier, morgen dort. Da es auf der Binnendüne so gut wie kein Wasser gibt, hat sich das Silbergras so erschaffen, dass es Tautropfen an den Halmen sammelt und diese dann auf direktem Wege in Richtung Wurzel leitet. Dergestalt mit Flüssigkeit versorgt, legt das Silbergras den Grundstein dafür, dass sich andere Arten ansiedeln können. Wir könnten dem Silbergras ruhig mal etwas dankbarer dafür sein, dass dank seines Wirkens keine eiszeitlichen Dünen mehr durch die Lande wandern und unsere schönen Einfamilienhäuser und Autos unter sich begraben. Das wäre doch wirklich zu schade.

Eine der wohl markantesten Pflanzen auf der nicht mehr wandernden Binnendüne ist die Besenheide, auch bekannt als Heidekraut. Allerdings sind natürliche Heiden auf Dünen, die man als Zwergstrauchheiden bezeichnet, weit seltener als man denkt. Die allermeisten Heiden, wie zum Beispiel die Lüneburger Heide, sind nicht natürlich durch Binnendünen entstanden, sondern durch menschliche Nutzung. Hier wurden so viele Bäume gefällt und andere Eingriffe getätigt, dass extrem nährstoffarme Heiden entstanden sind. Auf Binnendünen hat die Besenheide allerdings einen ihrer natürlichen Lebensräume. Fleißig tauscht sie Zucker gegen Nährstoffe mit Pilzen. Denn auch die Binnendüne ist besonders nährstoffarm. Um die Bestäubung muss sich die Besenheide eigentlich keine Sorgen machen. Sie blüht nämlich erst im Spätsommer und Frühherbst. Zu dieser Zeit blüht sonst nicht mehr viel, und nektarhungrige Insekten stürzen sich aufs Heidekraut. Sollten die Blüten aus irgendwelchen Gründen doch nicht von Insekten bestäubt werden, können die Staubfäden einfach verlängert werden, damit eine Windbestäubung stattfinden kann.

Manchmal, spät am Abend, bewegt sich plötzlich der Sand. Ist das ein Maulwurf? Nein, die Knoblauchkröte verlässt nun ihren Unterschlupf. Dass ein Froschlurch ausgerechnet in einer trockenen Düne lebt, ist schon sehr speziell. Darum verbringt er den Tag auch lieber einen halben Meter tief im Sand vergraben. Erst in der kühlen Nacht gräbt sich die Knoblauchkröte an die Oberfläche. In der Düne auch noch tagaktiv durch die Gegend gurken, das wäre dann wirklich ein allzu trockener Lifestyle. Glücklicherweise hat das Dünen-All-you-can-eat-Buffet mit Käfern und Würmern auch in der Nacht geöffnet. Wo wir schon beim Thema Essen sind – als Knoblauchersatz lässt sich die Knoblauchkröte nicht verwenden. Sie duftet nämlich nur dann nach Knoblauch, wenn sie in Gefahr ist und ihr Abwehrsekret abgibt. Neben einer Duftwolke kann sie zur Verteidigung auch schreien und beißen. Also Finger weg von der Knoblauchkröte, ansonsten gibt es eine Maniküre der etwas anderen Art! Darüber hinaus verbietet es sich sowieso, da sie zu den gefährdeten Arten gehört.

Zur Paarung suchen die Froschlurche Gewässer auf. Zu sehen bekommt man sie aber auch dort nur selten, denn selbst im Wasser machen sie einen auf Unterwasser-Maulwurf und veranstalten die Festspiele der Liebe geschützt vor neugierigen Blicken. Die Quappen, die einige Zeit nach der Paarung durch das Gewässer schwimmen, sind wahre Giganten. Meist haben sie eine Länge von 10 Zentimetern, aber auch 20 Zentimeter sind möglich. Damit sind sie größer als so mancher Fisch. Darum bedeutet Metamorphose bei ihnen Schrumpfung. Aus einer fischgroßen Quappe wird ein nur 2 Zentimeter langer Froschlurch. Interessiert man sich für den beruflichen Werdegang einer Knoblauchkröten-Quappe, sollte man sie darum fragen: »Was willst du mal werden, wenn du klein bist?«

Nicht hinter jeder Bodenbewegung steckt immer eine Knoblauchkröte. Des Öfteren haben wir es auch mit einem der hinterlistigsten Fallensteller überhaupt zu tun, dem Ameisenlöwen. Der Ameisenlöwe ist eigentlich nur eine Larve, und zwar die Larve der Ameisenjungfer, einem libellenähnlichen Netzflügler. Doch ausgerechnet die Larve, also das kleine unschuldige Baby namens Ameisenlöwe, ist auf einer permanenten

Tötungsmission. Ameisenlöwen lieben Sand über alles, denn in diesem können sie ihre Fallen bauen. Die Fallen sind trichterförmige Krater im Boden. Am Grund dieses Trichters vergräbt sich der Ameisenlöwe nun für Stunden, Tage, Wochen oder sogar Monate, bis irgendein Opfer in die Falle tappt. Meistens ist so ein Opfer eine Ameise. Ist sie in die Falle geraten, wird sie zunächst mit Sand beworfen und an der Flucht gehindert. Jetzt schnappen die unerbittlichen Kieferzangen des Ameisenlöwen zu und injizieren der Ameise ein lähmendes Gift. Das Toxin wird freundlicherweise von in den Speicheldrüsen mit dem Ameisenlöwen in Symbiose lebenden Bakterien produziert. Ein erfolgreich gelähmtes Opfer bekommt nun die nächste Injektion, und zwar in Form von Verdauungsenzymen. Diese lösen das Innere des Insekts zu einem leckeren Smoothie auf. Nun muss das Opfer nur noch genüsslich ausgesaugt werden. Frischer Organ-Smoothie, einfach köstlich!

Der Smoothie schlürfende Ameisenlöwe ist, wenn es um gnadenlos ausgelebte Brutalität geht, nicht der einzige Vollstrecker der Düne. Denn hier im Sand lebt eine ganze Reihe von Insekten, die sich gegenseitig fertigmacht. Zunächst haben wir da die Sandbienen. Sie sind der Anfang allen Übels, dabei sind sie ganz unschuldige Bienchen, die nichts Böses im Schilde führen. Sie wollen einfach nur Nahrung sammeln und Nachwuchs aufziehen, ganz normales Bienen-Business eben. Ihre Nester bauen sie, das ist bei dem Namen keine Überraschung mehr, im Sand. Doch wie das immer so ist mit dem Nestbau, die Nachbarn kann man sich nicht aussuchen. Und nicht alle Nachbarn grüßen freundlich, nein, manche Nachbarn töten.

Die Bienenjagende Knotenwespe ist eine solche Nachbarin. Sie lebt direkt neben den Sandbienen. Die ahnungslosen Brummer lähmt sie mit Leidenschaft und verfüttert sie liebevoll an ihre Larven. Doch nicht zu früh freuen, Bienenjagende Knotenwespe, denn auch du bist ein Opfer! In der Nachbarschaft treibt sich nämlich noch jemand anderes herum: die Sand-Goldwespe. Dieses wunderschöne Wesen trägt rot, grün und blau. Alles andere als ein guter Tarnanzug. Trotzdem schafft sie es immer wieder, sich in das Nest der Bienenjagenden Knotenwespe zu schleichen. Dort platziert die Goldwespe ihre Eier neben denen der Knotenwespe. Die Goldwespenlarven können sich dann sowohl von den Knotenwespenlarven als auch von den Sandbienenvorräten ernähren. Dank dieses Parasitismus muss sich die Sand-Goldwespe nicht mehr um die Aufzucht ihrer eigenen Kinder kümmern und kann das Leben genießen.

Während die Goldwespe sich das Aufziehen ihrer Brut ganz einfach macht, opfern sich andere Tiere komplett selbst auf. Rote Röhrenspinnen gehören zu diesen Tieren. Die Weibchen dieser Spinnenart sind durchweg schwarz, die Männchen haben einen knallroten Hinterkörper mit schwarzen Flecken. Sie sehen damit ein bisschen aus wie gruselige Marienkäfer. Rote Röhrenspinnen bauen sich gemütliche Wohnröhren in den trockenen und warmen Sand der Düne. Im Eingangsbereich befindet sich ein Gespinst, das mit Moosen und Flechten getarnt wird. So landet das Essen immer direkt vor der eigenen Haustür, der Lieferservice der Spinnenwelt. Kleine Spinnenbabys werden von der Mutter mit vorverdautem Brei gefüttert. Und dann kommt die grenzenlose Mutterliebe ins Spiel. Mama Spinne produziert dabei nämlich so viele Verdauungsenzyme, dass sie irgendwann anfängt, sich selbst zu verdauen. Zum makabren Finale frisst der Nachwuchs dann die eigene Mutter auf. Das Leben kann beginnen!

Dünenwald

Alle Dünenarten, die wir uns bisher angeschaut haben, sowohl an der Küste als auch im Binnenland, sind nur mit Gräsern, Kräutern oder Sträuchern bewachsen. Doch hin und wieder kann auch mal ein Wald auf einer Düne wachsen. Für fast alle Baumarten ist der trockene und nährstoffarme Sand zu lebensfeindlich. Die Waldkiefer hingegen hat hier ihre Nische gefunden. Gegenwärtig bekommt man diesen Baum jedoch sehr häufig zu sehen, weil er in den vergangenen Jahrzehnten vielerorts in Forsten angepflanzt worden ist. Normalerweise wäre die Waldkiefer ein besonders seltener Baum, der unter anderem natürlicherweise auf Dünen wächst. Wenn die Kiefern auf der Düne einen ganzen Waldbestand bilden, entsteht ein Kiefern-Flechten-Wald.

Die Waldkiefern hier sehen ganz anders aus als die langen ausdruckslosen Stangen, die man so aus den Forsten kennt. In ihrem natürlichen Habitat fangen die Bäume an zu tanzen. Ihre Stämme sind nicht immer kerzengrade, wie in den Boden gesteckte Streichhölzer, sondern auch mal gewunden und geschwungen. Selbst im unteren Bereich des Stammes finden sich Äste. Auch die Kronen werden viel größer als bei den traurigen Exemplaren im Forst. Man hat einfach das Gefühl, so eine natürliche Kiefer ist ein ganz anderer Baum als ihre in Reihe gepflanzte Verwandtschaft. Die anmutige Eleganz, die diese Bäume ausstrahlen, kommt nicht von irgendwo her. Um sich so formschön zu entwickeln, braucht es genügend Wasser und Nahrung. Perfekt, denn das sind ja genau die zwei Voraussetzungen, die die Düne nicht bieten kann. Doch dank einer bis zu 6 Meter langen Pfahlwurzel, an der sich die Myzelien unzähliger Pilzarten anschließen, ist die Kiefer dann doch gut versorgt. Das Netzwerk der weißen Pilzfäden reicht zu den tiefsten und entferntesten Stellen der Düne und liefert der Kiefer Wasser und Nährstoffe. Die Kiefer lässt den Pilzen dafür Zucker aus der Photosynthese zukommen. Eine klassische Pilz-Baum-Symbiose, ohne die Kiefern hier komplett aufgeschmissen wären. Von Sandröhrlingen über Edelreizker bis hin zu Fliegenpilzen: Eine einzelne Kiefer arbeitet meist gleich mit einem ganzen Dutzend Pilzarten auf einmal zusammen. In einer Untersuchung hat sich gezeigt, dass bis zu 93 Prozent aller vitalen Wurzelspitzen einer Kiefer mit Mykorrhiza-Pilzen in Symbiose stehen.[46] Man sieht schon: Die Kiefer und die Symbiose-Pilze verstehen sich echt gut, eine Freundschaft fürs Leben, die schon seit Jahrtausenden existiert.

Aber wie das so ist, man kann sich nicht mit jedem verstehen. Und genau darum hat natürlich auch die Kiefer Feinde, die sie lieber tot oder gefoltert sehen wollen. Einer dieser Feinde ist die Gemeine Kiefernbuschhornblattwespe, denn sie knabbert Kiefernnadeln an, um ihre Eier hineinzulegen. Die geschlüpften Larven fressen dann die Nadeln weiter auf und setzen der Kiefer ganz schön zu. Doch die Kiefer weiß sich geschickt zu wehren, denn wenn die Nadeln angeknabbert werden, setzt der Baum Duftstoffe frei. Duftstoffe, die Erzwespen anlocken. Diese Erzwespen legen dann wiederum ihre Eier in die Eier der Kiefernbuschhornblattwespe. Die Erzwespenlarven können dann die Blattwespeneier von innen auffressen. Zusätzlich locken die Duftstoffe auch noch Kohlmeisen an, deren Lieblingsspeise passenderweise Insekten sind.

Wo wir schon mal beim Thema »Kiefern und Vögel« sind ... Sowohl beim Zilpzalp als auch bei einer ganzen Handvoll Grasmücken-Arten wurden schon Kiefernpollen im Federkleid gefunden. Eigentlich ist die Kiefer ja ein Windbestäuber, aber es wird vermutet, dass auch Vögel eine Rolle bei der Fortpflanzung der Kiefer spielen könnten. Generell ist das Thema Bestäubung durch Vögel in Europa noch recht unerforscht. Es scheint aber so zu sein, dass verschiedene Vögel diverse Pflanzenarten bestäuben.[47] Eines steht auf jeden Fall fest: Ganz allein könnte die Kiefer auf der Düne nicht existieren, geschweige denn ganze Wälder bilden. Doch dank unzähliger Kooperationen kann sie hier leben. Und durch das Entstehen von Kiefernwäldern wiederum wird erst das Dasein für viele andere Arten auf der Düne ermöglicht.

Insbesondere sind da die Flechten zu nennen. Denn wie schon eingangs erwähnt, haben wir es ja mit einem Kiefern-Flechten-Wald zu tun. Der Boden ist hier nicht Lava, sondern der Boden ist Flechten. Unter den Kiefern bilden sich riesige Flechtenteppiche. Die Vielfalt, die es hier zu sehen gibt, ist einfach nur atemberaubend. Flechten sind immer symbiotische Lebewesen, die aus mindestens einer Pilzart sowie einer Algen- oder Cyanobakterienart bestehen. Der Pilz ist dabei der sogenannte Mycobiont, er sorgt für Haftung auf dem Untergrund und für ausreichend Feuchtigkeit. Die Grünalge oder das Cyanobakterium ist der Photobiont und betreibt Photosynthese. Eine Flechte ist also eine Lebensgemeinschaft aus mehreren Arten, die ihrer Kooperation wegen an Orten leben kann, an denen andere Lebensformen eingehen würden.

Besonders zahlreich finden sich hier im Dünenwald verschiedene Flechten aus der Gattung Cladonia. Optisch erinnern sie an winzige Bäumchen. Es wirkt so, als würden hier auf dem Waldboden Wälder im Wald wachsen. Zur Gattung Cladonia gehört eine ganze Armada an Rentierflechten. Alle von ihnen stehen auf dem Speiseplan von Rentieren, die rund 2 Kilo der Flechten pro Tag verzehren. Rentiere gibt es hierzulande keine, aber auch andere Tiere wie Hirsche ernähren sich, vor allem im Winter, von den Rentierflechten. Allerdings machen diese nicht ansatzweise einen so großen Anteil ihrer

Ernährung aus. Zu den Rentierflechten gesellen sich auch allerlei andere formschöne Flechten der Gattung Cladonia. Besonders ansprechend ist die Trompetenflechte. Sie sieht so aus, als hätte jemand Hunderte grüne Miniatur-Trompeten in den Sandboden gesteckt. Jetzt fehlen nur noch ein paar Käfer, die sich endlich mal trauen, darauf zu spielen. Auch die Scharlachflechte ist säulenförmig, doch auf ihrer Säule sitzen knallrote Sporenlager. Viele würden nicht mal im Traum daran denken, sie zu fressen, aber manche, wie eben die Rentiere, lieben sie. Neben den Rentieren gehören auch zwei Falterraupen zu den Liebhaberinnen der Flechten. Zum einen die Raupen vom Elfenbein-Flechtenbärchen, zum anderen die Raupen von *Chionodes continuella*. Letztgenannter ist dermaßen unbekannt, dass ihm bisher niemand einen Trivialnamen gegeben hat. Da Trivialnamen vor allen Dingen eines sind, nämlich trivial, tun wir das jetzt. Denn wer, wenn nicht wir, hat die Autorität, einer Art einen deutschen Namen zu geben? Also dann, sagt hallo zu *Chionodes continuella*, auch bekannt als »Alter Verfalter«.

Sowohl die lichten Kiefernwälder als auch die offenen Dünenflächen sind der perfekte Lebensraum für den Wiedehopf. Der Bodenbewuchs ist hier nicht zu stark, und es gibt dennoch viele köstliche Insekten für den gefiederten Bodenjäger. »Der Wiedehopf, der Wiedehopf, der bringt der Braut 'nen Blumentopf«, so wird im Lied »Alle Vögel sind schon da« gesungen. Leider enthält dieses Lied damit eine stümperhafte Romantisierung der Wirklichkeit. Eigentlich müsste man singen: »Der Wiedehopf, der Wiedehopf, der bringt der Braut 'nen Echsenkopf«. Denn die Wiedehopfbalz gestaltet sich ganz besonders. Sieht ein Männchen ein für ihn attraktives Weibchen, stellt er zunächst sein bestes Stück auf ... und zwar die prachtvolle Federhaube auf seinem Kopf! Nun hat der frisch verliebte Vogel plötzlich einen Irokesen auf dem Haupte und ist einfach nur schick. Zusätzlich lässt er ein lautes »Woop-woop!« ertönen. Den Rest des Liedes, was er da eigentlich singen will, nämlich »That's the sound of da police«, vergisst er vor lauter Schmetterlingen im Bauch. Die Weibchen sind von der ganzen Nummer erst mal nur so halb angetan, und darum übergibt das Männchen der Traumfrau anschließend Futter, wie zum Beispiel eine zerfledderte Eidechse, um sie zu beeindrucken. Außerdem wird der Dame ein potenzieller Brutplatz angeboten. Das könnte eine alte Spechthöhle in einer der Kiefern sein.

Ist das Wiedehopf-Weibchen mit dem Kerl und seinen Gaben zufrieden, kommt es schon bald zur Paarung. Sind die Eier erst mal draußen, beginnt Frau Wiedehopf mit dem Brüten. Der Herr ist nun allein für ihre Versorgung mit Futter zuständig. Dabei geht er sehr unemotional vor: Je nachdem, welche Farbe die Eier haben, entscheidet er, wie viel seine Angetraute es wert ist, gefüttert zu werden. Je blasser die Eier sind, umso mehr Futter gibt es auch. Denn blasse Eier deuten darauf hin, dass die werdende Mutter ordentlich antimikrobielle Wirkstoffe aus der Bürzeldrüse auf die Eier abgibt, die eine ausbleichende Wirkung haben. Je mehr antimikrobielle Wirkstoffe, umso wahrscheinlicher ist es, dass aus den Eiern tatsächlich mal Stammhalter werden, denkt sich der leicht soziopathische Vater, und bringt nur entsprechende Futtermengen zum Brutplatz.[48] Den Wiedehopfen ihre Eier oder auch Jungen zum Zwecke der Verköstigung zu stehlen, ist übrigens eine ziemlich beschissene Idee. Denn die Mutter und auch die Jungen geben permanent ein nach Aas stinkendes Sekret ab, um möglichst abschreckend unappetitlich zu riechen. Wagt dennoch jemand einen Snack-Versuch, wird er dermaßen mit Kot bespritzt, dass er für immer traumatisiert von dannen zieht.

Dünen beherbergen mehr Leben, als man bei den sandigen Gegebenheiten denken mag. Leben, das sich permanent verändert. Ja, man könnte sagen, es ist ganz und gar dünamisch. Viele Lebewesen gibt es sogar nur auf der Düne. Und eines haben sie alle gemeinsam: Sie brauchen diesen extrem nährstoffarmen Lebensraum. Denn wenn zu viele Nährstoffe in den Kreislauf der Düne gelangen, siedeln sich auch andere Arten an, welche die ursprünglichen Arten verdrängen. Darum ist die Überdüngung des Planeten einer der Hauptfeinde der Dünenlandschaft. Egal ob durch Gülle auf dem Feld oder Stickoxide in der Luft. Auch ein Hotel mit Meerblick, ein Golfplatz mit Meerblick oder ein Parkplatz mit Meerblick helfen Dünen wenig, wenn sie ihnen weichen müssen. Wenn wir diese Lebensräume in Ruhe lassen und endlich das »g« beim Düngen tilgen, wird das auch wieder was mit mehr Wiedehopfen, Flechten und natürlich den gepflegten Ameisenlöwenmassakern.

Magerwiese – Magie gibt's wirklich

Bock auf eine gepfefferte Dosis Fatalismus? Okay, dann los: *Der Mensch steht der Natur mit seinem Schaffen eigentlich immer nur im Weg. Ohne Menschen wäre die Natur echt besser dran.* Zugegebenermaßen, diese finsteren Worte treffen für viele Lebensräume zu. Aber eben nicht auf alle. Der Mensch kann nämlich auch Artenvielfalt amplifizieren und zu einer noch bunteren und diverseren Natur beitragen. Eines der besten Beispiele dafür ist die Magerwiese.

Eigentlich würde es in Mitteleuropa fast keine natürlichen Wiesen geben. Auf Dünen, Salzböden oder auch Mooren könnten hier und da mal Wiesen wachsen. Aber sonst wäre überall Wald, Wald und natürlich Wald. Mitteleuropa hat einfach das perfekte Klima und die optimalen Böden für Wälder. Diese wachsen ganz von allein, wenn wir nicht gegensteuern. Darum ist Aufforstung in Mitteleuropa ein umstrittenes Thema, denn wenn die Natur hier eines macht, dann ist das permanent Wälder pflanzen. Möglicherweise war das vor Hunderttausenden Jahren noch anders. Damals lebten in Europa noch Mammute, Wisente, Wildpferde, Waldnashörner, Waldelefanten und viele weitere Tiere, die entweder schon längst komplett ausgestorben sind oder zumindest in Europa nicht mehr vorkommen. Es wird angenommen, dass diese gewaltigen Pflanzenfresser dafür sorgten, dass in Europa nicht überall Wald wuchs, sondern es auch damals schon Wiesen gab, auf denen diese Tiere weideten. So verhinderten sie, dass sich dort Bäume und Büsche ansiedeln konnten. Doch diese Tiere gibt es hier nicht mehr.

Darum würde es heutzutage so gut wie keine waldfreien Flächen mehr geben, käme da nicht unsere Spezies ins Spiel. Denn dank uns Menschen gibt es immer noch Wiesen voller Orchideen und Abertausender anderer Blühpflanzen. Dazu greifen wir auf ein jahrtausendealtes Prinzip zurück: die Kooperation mit Weidetieren wie etwa Schafen. Denn wenn diese mählingualen Wollköpfe auf ungedüngtem Land grasen, entstehen Magerrasen. Klingt langweilig, oder? Um diesem Lebensraum gerecht zu werden, sollten wir am Namen eine kleine Änderung vornehmen und das »er« durch ein »ie« ersetzen. Denn Orte, an denen Trollblumen, Schwarze Teufelskrallen und Pyramidenwurzen wachsen, sind wahre Magierasen (Schafsprache: Mähgierasen).

Es sind aber nicht immer Weidetiere vonnöten, um einen Magerrasen zu erschaffen – Mensch kann auch selbst Hand anlegen. Die gute Nachricht: Dazu muss er nicht mal auf allen vieren weidend über das Land ziehen. Unsere Skills, Werkzeuge zu bauen und zu benutzen, befähigen uns Menschen dazu zu mähen.

Es gibt also zwei Wege, das Wachsen eines Waldes zu verhindern und zugleich die Entstehung einer Wiese zu begünstigen. Entweder wird die Fläche durch Tiere beweidet oder vom Menschen gemäht. Damit nun aber wirklich eine artenreiche Wiese voller Orchideen und anderer Naturschätze entstehen kann, bedarf es weiterer Schritte. Idealerweise sollte so eine Herde aus Weidetieren nicht durchgehend auf ein und derselben Wiese stehen, sondern in regelmäßigen Intervallen von Wiese zu Wiese geschickt werden. Außerdem darf die Herde nicht zu groß sein. Das funktioniert zum Beispiel mit der Wanderschafhaltung, bei der Schafe von Weide zu Weide geführt werden. Eine andere Möglichkeit ist die sogenannte Almwirtschaft, bei der wenige Kühe viel Fläche beweiden. Diese beiden Arten, mit Weidetieren zu wirtschaften, bezeichnet man mit dem Begriff der extensiven Tierhaltung. Diese Haltungsform war bis zum apokalyptischen Hahnenschrei der intensiven industriellen Landwirtschaft viele Jahrhunderte lang der Standard. Auch wenn der Mensch selbst mit anpackt, sollte er sich eher extensiv als intensiv verhalten. Wird der Mäher eingesetzt, dann bestenfalls nur ein- bis zweimal im Jahr. Das Mähgut darf dann noch ein paar Tage liegen bleiben, damit sich die Samen lösen können. Danach wird es eingebracht und als feines Heu an Tiere verfüttert.

Außerdem lautet die oberste Regel für Magerrasen: Dünger ist Gift! Alle Arten, die wir uns gleich anschauen werden, brauchen unbedingt nährstoffarme Böden, um zu überleben. Wird gedüngt, ist es bald vorbei mit der Magie. Denn dann siedeln sich nährstoffliebende Arten an und verdrängen nach und nach die Lebewesen der Magerwiese. So verwandelt sich eine orchideenreiche Magerwiese mit der Zeit in eine langweilige Löwenzahnwiese. Generell lässt sich sagen: je weniger Dünger, desto mehr Artenvielfalt. Nehmen wir mal eine Fläche von 150 m². Auf einem ungedüngten Magerrasen wachsen hier 40–60 Pflanzenarten, während auf einer Düngewiese lediglich 20–40 Arten gedeihen können.

Frühblüher

Schon Ende Februar beginnt es auf so manchem Magerrasen zu blühen. Wenn der Boden kalkhaltig ist, besteht die Chance, dass sich die Gewöhnliche Kuhschelle ansiedelt. Ihre noch geschlossenen violetten Blüten haben die Form von Kuhglocken. Erreicht die Außentemperatur 12 °C, öffnet sie diese weit. Diese Temperatur ist nicht zufällig gewählt, denn ab 12 °C werden all ihre unzähligen Bestäuberinnen aktiv. Die Kuhschelle bietet ihnen Unmengen an Nektar. Das freut die Bienen und Hummeln sehr, schließlich ist die Kuhschelle eine der ersten Nektarquellen nach dem Winter. Auch Ameisen bedienen sich am süßen Blütensaft, allerdings sind sie für die Bestäubung wenig hilfreich. Erfolgreich bestäubte Blüten bilden dann Samen aus, die jeweils mit einem Federschweif ausgestattet sind. Das ist sehr nützlich, denn über eine Magerwiese kann der Wind ungehindert hinwegpfeifen und die Samen können dann schön weit fliegen. Der Federschweif erfüllt aber noch einen weiteren Zweck. Er kann sich gut an das Fell von Tieren anheften. Auch das macht hier sehr viel Sinn, wo doch stets die Möglichkeit besteht, dass ein wolliges Schaf vorbeistreift.

Im frühen Frühjahr beginnt auch die Echte Schlüsselblume zu blühen. Ihre gelben Blüten stehen in einem schönen Kontrast zum Lila der Blüten der Kuhschelle. Auch sie werden von Insekten besucht, denn sie bieten Nektar ohne Ende. Die Schlüsselblumen haben es auf dem Magerrasen besonders gut, weil an Orten, an denen viele Kräutlein wachsen, auch die Feldmaus ihr Unwesen treibt. Und die Feldmaus ist so etwas wie die Architektin des Magerrasens. Sie frisst viele der Pflanzen, die hier so wachsen. Aber eben nicht alle. Und die Schlüsselblume gehört zu den von ihr verschonten Gewächsen. So profitiert sie indirekt vom Ernährungsplan der Feldmaus, denn zum einen wird sie selbst nicht gefressen, zum anderen werden aber andere Pflanzen gefuttert, an deren Stelle sich dann Schlüsselblumennachwuchs breitmachen kann. Die Schlüsselblume ist natürlich nur eine von vielen Arten, die nichts gegen Mäuse einzuwenden haben. In ihren unterirdischen Vorratskammern lagern die kleinen Nager verschiedene Wurzelsprossen und Sämereien ein. Werden diese dort vergessen, können die Pflanzen keimen. Auch Maushügel sind für manche Arten willkommene Störstellen auf der Wiese, denn auf so einem Hügel, da wächst erst mal nichts. Und wer zuerst kommt, kann dort ungestört ohne Konkurrenz gedeihen.[49]

Orchideen und andere gewitzte Blüten

Wenn die Schlüsselblumen verblüht sind und ihre Samen sich mit dem Wind verteilen, ist es endlich so weit: Die Orchideen kommen. Der Magerrasen ist hier in Europa die Top-Adresse für wilde Orchideen. Allein in Deutschland wachsen an die 90 Orchideenarten, die meisten davon auf der Magerwiese. Hin und wieder gibt es zwar auch mal welche in anderen Lebensräumen, aber hier geht so richtig die Post ab. Orchideen sind sehr speziell. In der Welt der Wildpflanzen sind von allein entstandene Kreuzungen eine ziemliche Seltenheit. Ein Löwenzahn und eine Schafgarbe vermischen sich zum Beispiel nicht, obwohl sie beide zu der Familie der Korbblütler gehören. Orchideen kreuzen sich hingegen, was das Zeug hält. Eine genaue Bestimmung der Art ist darum manchmal ganz schön kompliziert. Auf alle Fälle sind sie sehr an uns Menschen gebunden. Würden wir die Magerwiesen nicht abmähen oder abweiden lassen, würden die Orchideen schnell durch nachwachsende Bäume und Sträucher verdrängt werden. Gleichzeitig sind wir Menschen für die Orchideen, was »Home-Sweet-

Home«-Wandtattoos für den guten Geschmack sind: der endgültige Untergang. Bringen wir Dünger auf die Wiese, werden die Orchideen von anderen nährstoffliebenden Arten schneller ausgelöscht, als wir gucken können.

Auch die Orchideen-Samen sind etwas ganz Besonderes. Die meisten von ihnen enthalten nämlich keine Nährstoffe, die sie aber zum Keimen benötigen. Ein bisschen so, als würde man eine Wüstendurchquerung ohne Wasser im Gepäck starten. Darum sind sie auf Pilze im Boden angewiesen, die ihnen beim Start ins Leben helfen. Viele Orchideenarten benötigen auch als ausgewachsene Pflanzen noch Symbiose-Pilze, um überlebensfähig zu sein. Neben diesen speziellen Standortansprüchen zeichnen sich die Orchideen auch durch ihre außergewöhnlichen Blüten aus. Und mit denen wollen wir uns nun einmal näher befassen, denn was ihre Blüten angeht, zählen diese Pflanzen zu den einfallsreichsten und hinterlistigsten überhaupt.

Wer blüht, möchte irgendwie bestäubt werden. Dabei kann man zum Beispiel auf die Mithilfe des Windes setzen oder aber auf die von Insekten. Orchideen wählen zumeist Insekten. Möchte man diese anlocken, sollte man ihnen reichlich Pollen und Nektar anbieten, damit sie auch einen Anreiz dazu haben. Oder aber, man verarscht sie eiskalt. Das ist der Weg, den einige Orchideen bevorzugen. Und den werden wir uns jetzt genauer anschauen.

Eine dieser Trickserinnen ist die Fliegenragwurz. Diese wunderschöne Orchidee ist eine florale Heiratsschwindlerin. Ihre Opfer: die männlichen Grabwespen. Wenn diese schlüpfen, machen sie sich, ohne zuvor richtig aufgeklärt worden zu sein, begattungswillig auf die Suche nach Weibchen. Allerdings schlüpfen diese erst etwas später. Die perfekte Chance für die Fliegenragwurz, denn ihre Blüten sehen für die männlichen

Grabwespen haargenau wie Weibchen aus. Ihre Attraktivität steigern sie zusätzlich noch mit einem betörenden Duft, denn die Blüten produzieren denselben Sexuallockstoff wie die weiblichen Grabwespen. Von diesen Reizen betört, stürzen sich die Männchen auf die Blüten, um sie zu besteigen. Es läuft für die Orchidee genau nach Plan. Ihre lüsternen Begatter bepudert sie nun großzügig mit ihrem Pollen. Für die Fliegenragwurz ein befriedigender Höhepunkt, für die Grabwespen ein echter Reinfall. Die unerwiderte Liebe treibt die Jungs vollends in den Wahnsinn. Völlig besinnungslos werfen sie sich auf die nächste Blüte, und die nächste und die nächste, denn zu ihrem Unglück lernen sie nicht dazu und ein jedes Schäferstündchen beglückt allein die Fliegenragwurz, die so umfassend bestäubt wird. Die Grabwespen-Männchen rammeln sich so lange quer durch die Magerwiese, bis endlich die echten Grabwespen-Weibchen schlüpfen. Und wenn sie nicht gestorben sind, dann leben sie noch heute.

Andere Ragwurzen setzen auf dasselbe Prinzip, denn es funktioniert hervorragend. Die Spinnenragwurz lässt sich beispielsweise von der Sandbiene besteigen. Die Hummelragwurz wird wiederum von der Langhornbiene begattet. Mehr oder weniger zufällig lädt die Hummelragwurz auch noch den Gartenlaufkäfer zum Kopulieren ein, obwohl sie es auf diesen eigentlich gar nicht abgesehen hat. Das Prinzip dieser Sexualtäuschblumen ist immer wieder dasselbe: Sie sehen so aus wie Weibchen, ihr Duft erinnert an paarungswillige Weibchen, und sie können sich sogar so anfühlen wie Weibchen. Denn manche Blüten haben kleine Haare, die an ein flauschiges Fräulein erinnern und dem knatternden Knaben mitteilen, wo eigentlich hinten und vorne bei seiner Herzensdame ist. Die Bienenragwurz sticht etwas aus ihrer Verwandtschaft heraus. Denn obwohl sie aussieht wie eine lüsterne Biene auf Acid, täuscht sie niemanden, sondern macht es sich einfach selbst – sie setzt auf Selbstbestäubung.

Das Kleine Knabenkraut, das Blasse Knabenkraut und die Spitzorchis finden die sexuell umtriebigen Ragwurzen irgendwie zu wild und täuschen darum auch nicht vor, weibliche Insekten zu sein. Stattdessen tun sie lediglich so, als hätten sie unglaubliche Mengen an Nektar zu verteilen – und haben in Wahrheit keinen Tropfen! Damit das klappt, wachsen sie in der unmittelbaren Nachbarschaft von Pflanzen, die wirklich Nektar haben. Diesen Pflanzen sehen sie dann auch noch so ähnlich, dass sie beispielsweise Hummeln austricksen können. Damit diese nicht dazulernen und die trügerischen Orchideen am Geruch erkennen, kann der Duft von Pflanze zu Pflanze leicht variieren.

Zum Glück sind nicht alle Pflanzen auf dem Magerrasen so hinterlistig. Gerade bei den Glockenblumen steht Freundlichkeit an erster Stelle. Zum einen gibt es bei ihnen reichlich Nektar und Pollen, zum anderen sind ihre violetten glockenförmigen Blüten aber auch noch etwas anderes: das perfekte Hotel! Die Wildbienen, die diese Blüten ohnehin schon so gerne aufsuchen, können in ihnen nämlich auch übernachten. Durch die Form der Blüten sind sie dann vor fremden Blicken gut geschützt und können friedlich schlummern. Hier profitieren alle: Die Glockenblume wird bestäubt, und die Biene findet Nahrung und Ruhe.

Der Name Trollblume klingt wiederum so, als sei diese Pflanze eines der hinterlistigen Gewächse, das nichts lieber tut, als Insekten vorzuführen. Ihre Blüten sind schon etwas Besonderes: knallgelb und kuppelförmig mit einem winzigen Eingang an der Oberseite. Hier passen nur die kleinsten Insekten durch. Einmal in der Kuppel angekommen, ist alles überraschend normal. Man wird noch nicht mal gefangen genommen – trotz des Namens, trotz der verdächtigen Blütenform. Ganz im Gegenteil: In der Blüte der Trollblume gibt es lecker Nektar und Pollen. Weil die Wildpflanze offensichtlich nichts Böses im Schilde führt, gibt es sogar drei Fliegenarten, die am Fruchtknoten der Blüte ihre Eier ablegen. Die geschlüpften Larven werden dann von der Kuppelblüte, die sie umgibt, perfekt geschützt, und finden zugleich noch Nahrung. Die Trollblume bleibt gelassen, obwohl in ihr Fliegenlarven leben und fressen. Im Gegenzug wird sie von den Fliegeneltern ja auch bestäubt. Trotz der Larvenbesiedelung kann sie erfolgreich Samen produzieren. Es sei denn, die Fliegen haben zu viel Nachwuchs. Ab sechs Larven in der Blüte gibt's nämlich keine Samen mehr. Von Überbevölkerung hält die Trollblume also nicht viel und setzt sich darum seit jeher für eine strikte Fünf-Kind-Politik für Fliegen ein.

Apropos Fortpflanzung von Insekten: Bei diesem Thema wollen so einige Pflanzen auf der Magerwiese mitreden. Gerade die Blüten, die einen großen Durchmesser haben und eher flach sind, stellen sich als romantische Rendezvous-Plätze zur Verfügung. Zu ihnen gehören zum Beispiel die Witwenblumen, auf denen sich alleinstehende Insekten aller Couleur treffen, kennenlernen und natürlich auch direkt paaren können. Die Doldenblütler sind ebenfalls in der Partnervermittlung tätig, wie zum Beispiel die Wilde Möhre. Was auf ihr vor sich geht, ist alles andere als jugendfrei. Ihre Blüten sind nämlich eher so die Generalisten, und von Käfern über Bienen bis hin zu Fliegen sind alle zum Bestäuben eingeladen. Da geht es schnell, dass man sich im Bestäubungsrausch mit Puder am ganzen Körper auf eine kleine Fortpflanzung einlässt.

Fast alle Insekten sind auf den Möhrenblüten zu berauschenden Trinkgelagen und Sexpartys eingeladen, aber eine Art hat definitiv Hausverbot: die Möhrengallmücke. Die kommt nämlich nicht zur Paarung, sondern zum Gebären her. Aber weil das hier keine Babyklappe ist, sondern eine Möhrenblüte, wird gefälligst auch nicht Nachwuchs abgelegt! Die Möhrengallmücke legt ihre Eier nämlich zu gern auf Möhrenblüten. Dadurch bilden sich an den Blüten dann aber auch Pflanzengallen, also unschöne große Geschwulste. Darauf hat die Wilde Möhre verständlicherweise keine Lust, und darum hat sie sich auch was ausgedacht. Eigentlich hat die Möhre ja eine klassische Doldenblütler-Blüte, also eine Art Schirm aus Hunderten kleinen weißen Blüten. Doch genau in der Mitte der Blütendolde sitzt eine kleine schwarz-rote Blüte, die optisch absolut heraussticht. Diese ist kein modisches Accessoire, sondern imitiert so eine Möhrengallmücken-Geschwulst, sodass die vorbeifliegenden Möhrengallmücken denken, diese Blüte ist schon von der Verwandtschaft belegt.

Insektenparadies

Ein Magerrasen blüht oft die ganze Vegetationsperiode hindurch mit unzähligen Arten. Natürlich ist er gerade deshalb auch ein absolutes Insektenparadies. Für viele Insekten stellt er sogar die notwendige Lebensgrundlage dar, denn sie leben im Larvenstadium monophag, das heißt, sie ernähren sich in dieser Zeit ausschließlich von einer einzigen Pflanzenart. Und einen Großteil dieser dringend benötigten Pflanzenarten findet sich ausschließlich auf nährstoffarmen Wiesen. Wird die Wiese gedüngt, verschwinden nicht nur die Pflanzenarten, die die Nährstoffarmut brauchen, sondern auch all die Insektenarten, die an diese Pflanzen gebunden sind. Darum ist Düngung eine der Hauptursachen für das Insektensterben. Allein bei den

Bläulingen gibt es unzählige Arten, die nur dank der Magerwiesen existieren können. Die Raupen der blauen Schmetterlinge lieben diesen Lebensraum. Der Kreuzenzian-Ameisenbläuling braucht zum Beispiel unbedingt Kreuzenzian, und der Lungenenzian-Ameisenbläuling braucht den Lungenenzian. Diese beiden Schmetterlingsarten beweisen einiges an Einfallsreichtum, schon von Kindheitstagen an.

Da stellt sich unsereins die Frage: Warum ausgerechnet nur Enzian? Ganz einfach, die beiden Enzianarten schmecken bitter wie die Hölle und werden darum von weidenden Tieren gemieden. So besteht schon mal keine Gefahr, dass die Eier oder Raupen von einer Kuh mitgemampft werden. Die Raupen fressen dann, im Gegensatz zu vielen anderen Schmetterlingsraupen, nicht die Blätter der Pflanze, sondern machen sich auf den Weg in das Innere der Blüte, um dort zu futtern. Hier sind die Raupen gut geschützt. Natürlich hat das den Nachteil, dass die Blüten in ihrer Fortpflanzungsfähigkeit eingeschränkt werden. Aber der Bläuling setzt eben darauf, dass wir Menschen nicht so blöd sind, alle Wiesen zu überdüngen und damit die Enziane immer mehr in Richtung Aussterben zu treiben.

Und während die Bläulingsraupen da so gemütlich futtern, hecken sie auch schon etwas aus. Denn der Moment wird kommen, da haben sie alle leckeren Teile der Blüte aufgefressen. Dann verlassen sie den Enzian und lassen sich unter ihm auf den Boden plumpsen. Von nun an produzieren sie einen Duftstoff, der alles andere als willkürlich gewählt ist, nein, er ist identisch mit dem Geruch von Larven bestimmter Knotenameisen. Vorbeistreifende Knotenameisen denken nun: »Oh, da liegen ja Larven von uns rum!«, und nehmen die Bläulingsraupen mit in ihren Bau. Dort füttern die Ameisen die Findelkinder dann, was das Zeug hält. Doch die Bläulingslarven haben immer noch nicht genug von ihrem durchtriebenen Spiel. Jetzt fangen sie auch noch an, die Geräusche und den Duft einer Ameisenkönigin zu imitieren. Die Arbeiterinnen werden davon völlig wuschig und sind den Raupen komplett untergeben. Auch die Puppen der Bläulinge tun weiter fleißig so, als wären sie Königinnen. Wird aus der Puppe jedoch ein erwachsener Schmetterling, muss er schnellstmöglich den Ameisenbau verlassen. Denn nun fliegt seine Tarnung auf, und wenn er sich nicht schnell davonstiehlt, dreht sich der Spieß schnell um.

Die beiden Enzian-Ameisenbläulinge nutzen die Ameisen eiskalt aus. Andere Bläulingsarten sind viel sozialer im Umgang mit Ameisen. Zum Beispiel haben wir da den Hauhechel-Bläuling. Seine Raupen ernähren sich nicht monophag von nur einer Pflanzenart, sondern von allen möglichen Schmetterlingsblütlern. Auch sie locken Ameisen an, jedoch keineswegs, um sich wie nimmersatte Ausbeuter aufzuspielen. Während sie beispielsweise genüsslich von einem Kriechenden Hauhechel snacken, wollen sie möglichst nicht von anderem fiesen Getier genervt werden. Einen Teil ihrer Nahrung scheiden sie darum wieder aus, nämlich als süßliches Sekret. Dieses bekommen die Ameisen, die im Gegenzug auf die Raupen aufpassen und sie vor Fressfeinden schützen. Eine Symbiose, bei der beide Seiten profitieren.

Libellen-Schmetterlingshaft. Wie bitte? Ist das ein neues Deutschrap-Album von einer Libelle, die ihre Vergangenheit verarbeitet, in der sie Juweliere überfallen hat, doch dann von Schmetterlingen in Haft genommen wurde, um dann im Knast von Kellerasseln aufgemischt zu werden? Nein, das ist es nicht. Vielmehr ist es eine Art solarbetriebenes Insekt, das optisch sowohl einer Libelle als auch einem Schmetterling ähnelt, aber weder noch ist. Der Libellen-Schmetterlingshaft sieht ein wenig aus wie ein Insekt von einem anderen Planeten. Die Flügelspannweite ist mit circa 5 Zentimetern recht beachtlich, und die Flügel selbst sind teils gelb, teils durchsichtig. Dieses eigenartige Wesen kommt nur auf sehr wärmebegünstigten Magerwiesen vor. Dort schwirrt der Libellen-Schmetterlingshaft dann an einer Stelle dicht über der Vegetation, immer auf der Suche nach Beute. Aber auch in der Luft fliegende Insekten stehen auf seiner Speisekarte und werden dann sogar noch direkt im Flug verschlungen.

Nur warum soll dieses Insekt mit dem schönsten aller Namen jetzt solarbetrieben sein? Man kann es noch so penibel untersuchen, Solarzellen wird man keine finden. Und dennoch: Der Libellen-Schmetterlingshaft fliegt ausschließlich bei Sonnenschein. Selbst seine Augen, die zur Jagd wichtig sind, sind auf strahlendes Sonnenlicht spezialisiert. Kaum ziehen Wolken auf, rast der Libellen-Schmetterlingshaft auch schon an den nächsten Grashalm und beißt sich dort fest. So verharrt unser Alien-Insekt nun, bis irgendwann mal wieder die Sonne rauskommt. Steht eine Wetterlage mit andauernder Bewölkung an, kann es sogar passieren, dass der Libellen-Schmetterlingshaft verhungert. »Eher sterbe ich, als im trüben Lichte unter Wolken entlangzufliegen wie eines dieser anderen missgestalteten Insekten!«

Die Aussage des Libellen-Schmetterlingshafts über andere Sechsbeiner war heftig und falsch. Um das zu beweisen, schauen wir uns gleich mal noch einen anderen Magerrasenbewohner aus der Insektenwelt an: die Zweifarbige Schneckenhausbiene. Vorne ist diese schöne Biene schwarz und hinten rostrot. Ein Schneckenhaus trägt sie nicht auf dem Rücken, allerdings ist sie absolut auf Schnecken angewiesen. Eiskalt ermächtigt sie sich des Erbes toter Schnecken, und zwar ihrer zurückgelassenen leeren Häuser. Und ehe irgendwelche Heuschrecken vorbeikommen und leerstehende Schneckenhäuser als Spekulationsobjekte in Besitz nehmen, soll doch lieber die Biene kommen. Kaum ist die Zweifarbige Schneckenhausbiene im Frühjahr aktiv geworden, geht sie auch schon auf die Suche nach leeren Schneckenhäusern. Hat sie welche gefunden, lagert sie ihren gesammelten Pollen und Nektar in diesen Häusern. Anschließend wird ein Ei in die süße Hütte gelegt und das Ganze mit einem selbst gemachten Mörtel aus Pflanzenmaterial verschlossen. Nun wird das Schneckenhaus mit der Öffnung auf den Boden gedreht, leicht eingegraben und abschließend noch mit Pflanzenmaterial getarnt. Jetzt kann der Nachwuchs im Schneckenhaus schlüpfen, und die Eltern können sicher sein, dass niemand die frisch geschlüpften Nachkömmlinge vertilgt. Indirekt profitieren auch die Pflanzen auf dem Magerrasen von den leeren Schneckenhäusern. Denn nur dank der Schneckenhäuser gibt es diese Biene, die wiederum die Pflanzen bestäubt und ihnen so hilft, sich zu vermehren.

Die Zweifarbige Schneckenhausbiene ist nur eine von vielen Bienen, die wir in diesem Lebensraum sehen können. Manchmal täuscht jedoch der erste Blick, nicht jede Biene hier ist auch wirklich eine. Oft ist es eine Schwebfliege. Doch auch die Schwebfliegen sind wichtige Bestäuberinnen, allerdings wesentlich wehrloser als die Bienen, denn sie haben keinen Stachel. Darum sehen sie zumindest äußerlich Bienen, Hummeln oder Wespen ähnlich, um auf ihr Umfeld abschreckend zu wirken. Die größte unter den Schwebfliegen ist die Hornissenschwebfliege, die vorgibt, eine Hornisse zu sein. Und eine Hornisse zu fressen, darauf hat echt niemand Bock! Selbst ihre Larven legt diese Schwebfliege in die Nester von Hornissen und Wespen. Dort ernähren sich die Schwebfliegenlarven von toten Insekten und halten so das Nest sauber, das eigentlich gar nicht ihnen gehört.

Während sich die Schwebfliegen wie gefährliche Insekten geben, tarnt sich die Krabbenspinne, indem sie die Farbe der Blüte annimmt, auf der sie sitzt. Das Umfärben dauert ein paar Tage, aber es lohnt sich. Nach erfolgreichem Farbwechsel ist die Spinne auf der Blüte nahezu unsichtbar und kann nun auf ein Opfer warten, das zum Bestäuben angeflogen kommt. Hier erfolgt die Tarnung primär zum Jagen und nur sekundär zum Selbstschutz.

Die Konusspinne hingegen, die ihre Netze zwischen den Pflanzen der Wiese spannt, will unter keinen Umständen von Feinden entdeckt werden, die sie fressen könnten. Darum hängt sie eine bunte Mischung aus Kadavern in ihr Netz und gesellt sich dann ganz leger zu den sterblichen Überresten. Optisch kann man sie kaum von einem toten Insekt im Netz unterscheiden. Die Fressfeinde finden so eine scheinbare Ansammlung von Tod weniger appetitlich als eine frische lebendige Spinne. Es ist zugegebenermaßen ein eigentümlicher Lebensstil, sich tagein tagaus mit Kadavern zu umgeben und dabei selbst auch noch so auszusehen. Aber wenn er funktioniert?

Besondere Bedingungen = besondere Lebensformen

Besinnen wir uns nun noch einmal auf die existenziellen Grundlagen des Magerrasens. Ohne dass ihm jemand hin und wieder mal eine neue Frisur verpasst, könnte er gar nicht existieren. Was für uns Luft und Wasser sind, sind für den Magerrasen eben Nährstoffarmut und Friseurbesuche. Und einer dieser Friseure, die diesen Lebensraum mitgestalten können, ist das Schaf. »Du bist, was du isst«, ist ein Spruch, den viele kennen. Er stellt aber nur einen Teil der Wirklichkeit dar und sollte um »Es ist, was du nicht isst« erweitert werden. So ein weidendes Schaf futtert alles Mögliche auf der Magerwiese, aber manche Sachen schmecken einfach nicht. So zum Beispiel die Enziane. Sie sind so bitter, dass Schafe sie meiden. »Aber die guten Bitterstoffe!«, das würde ein Schaf niemals sagen. Die Enziane freut's natürlich. Auch der Wacholder ist so ein Kandidat. Eigentlich sind die Schafe überaus gut darin, so ziemlich jeden noch so kleinen Busch oder Baum einfach wegzuweiden, sodass niemals etwas Großes daraus werden kann. Der Wacholder widersetzt sich mit seinen spitzen Nadeln den Schafen jedoch ausgesprochen gut. Der pikt einfach so unfassbar, da hat selbst der härteste Bock keinen Bock drauf. Dadurch entstehen dann mancherorts Wacholderheiden. Der Wacholder findet das gut, denn er hat gewonnen. Woanders würden ihn konkurrierende Arten schnell verdrängen, hier kann er frei sein und leben. Wie dem Wacholder ergeht es auch anderen spitzen Gewächsen, sie werden ebenso von Weidetieren gemieden. Darum finden wir auf Magerwiesen des Öfteren auch mal die Silberdistel. Ihre großen silbrigen Blüten sind eine wahre Freude für alle langrüsseligen Insekten, denn sie können hier reichlich Nektar finden. Neben bestäubt zu werden, gut auszusehen und zu stechen, vertreibt sich die Silberdistel ihre Zeit auch noch mit einem naturwissenschaftlichen Hobby, der Meteorologie. Steigt die Luftfeuchtigkeit und ist Regen in Sicht, schließt sie ihre Blüten. Bei schönem Wetter öffnet sie sie.

Neben bitteren und stechenden Gewächsen werden natürlich auch giftige Pflanzen von den Weidetieren verschont. Die fischartig stinkende Weiße Schwalbenwurz will wirklich niemand fressen. Lediglich ein paar abgefuckte Fliegen kommen zum Bestäuben vorbei. Aber selbst für sie läuft es bei der Schwalbenwurz bisweilen alles andere als gut. Die fischigen Blüten sind nämlich Klemmfallenblüten. Das heißt, sie stinken so köstlich, dass man als Fliege unbedingt darauf landen will.

Tut man das jedoch, können zierliche Fliegenbeine schnell in die Klemmfalle tappen, in der sich der Pollen befindet. Große Fliegen wie Schmeißfliegen schaffen es, ihre Beine wieder rauszuziehen. Dabei bleibt einiges an Pollen am Bein hängen. Mit diesen bepuderten Gliedmaßen bestäuben die Fliegen dann weitere Schwalbenwurzen. Kleinere Fliegen hingegen kommen oft nicht mehr aus der Falle heraus und sterben kläglich an ihrer Blüte. Die Schwalbenwurz hat davon nichts: außer immenser sadistischer Befriedigung.

Schafe und Co weiden nicht nur selbst, sie werden auch beweidet – und zwar von Vögeln. Hin und wieder kann man beispielsweise Stare beobachten, wie sie auf dem Rücken von Schafen umherspringen. Im wolligen Fell suchen sie nach Insekten. Die Schafe können davon durchaus profitieren, denn unter den Insekten sind mitunter auch Parasiten, die von den Vögeln entfernt werden. Nicht nur zur Nahrungssuche im Fell sind die Weidetiere für verschiedene Vögel von Interesse. Auf der von Tieren beweideten Magerwiese bleiben allerlei stachelige Pflanzen stehen. In diesen Stacheln können ganz wunderbar Fellknäuel von vorbeistreifenden Tieren hängen bleiben. Diese wiederum holen sich die Vögel zum Nestbau. Und das ist noch nicht alles. Gerade die Tatsache, dass allerlei Disteln stehen bleiben, ist gut für die Vögel. Gerade der Distelfink ist, wie sein Name schon vermuten lässt, ein Spezialist, wenn es ums Futtern von Distelsamen geht. Andere Vögel interessieren sich weniger für die Disteln, sondern vielmehr für die Stellen, an denen die Weidetiere weiden. Denn einerseits werden beim Weiden allerlei Insekten aufgescheucht, die panisch davonfliegen, andererseits kommen durch die Erschütterungen am Boden auch schnell mal Regenwürmer zum Vorschein. Gerade die Schafstelze hat hier ihr Spezialgebiet gefunden. Im Umkreis von weidenden Tieren findet sie lauter umherschwirrende

Insekten, knusprig und frisch. Weidetiere wirken sich also äußerst positiv auf die Vogelvielfalt aus.

Ähnlich sieht es bei den Insekten aus. Sie nutzen das Fell der Tiere als Taxi, um von einem Ort zum nächsten zu kommen. Insbesondere Schafe sind als Insektentaxis bestens geeignet. Neben verschiedenen Krabblern finden sich im Schaffell auch Pflanzensamen, Pilzsporen und manchmal sogar Eidechsen.

Es kommt also einiges zusammen, was die Weidetiere für diesen Lebensraum tun. Doch wir sind immer noch nicht fertig. Ganz im Gegenteil zu den Tieren, die jetzt schreien: »Ich bin fertig!«, weil sie gekackt haben. Und wie! Der Kot der Weidetiere ist äußerst wertvoll für die Artenvielfalt. In ihm befinden sich Samen und Pilzsporen. Außerdem ist er für viele Tiere besonders nahrhaft. Gerade die Dungkäfer werden magisch von den köstlichen Haufen angezogen. Sie futtern das braune Gold für ihr Leben gern und tragen so zur Kompostierung bei. Sie helfen aber auch anderen Arten. So ein Kuhfladen ist, wenn er frisch ist, noch sehr schmierig und feucht. Doch schneller als man denkt, fängt er auch schon an zu trocknen und hart zu werden. Das ist wiederum schlecht für viele Insekten, Bakterien und Pilze, denn sie kompostieren zwar gerne Fladen, aber nur die feuchten Teile. Die Dungkäfer sind nun wiederum in der Lage, Löcher durch die trockene Kruste in das feuchte Innere des Fladens zu fressen, wo sich dann andere Arten bedienen können.

Gerade bei den Pilzen können wir die Arten auch mit eigenen Augen entdecken, besonders im Herbst. Zum einen gibt es da die Düngerlinge. Für sie sind die Fladen die Lebensgrundlage, sie wachsen direkt aus ihnen heraus oder in unmittelbarer Nähe. Auch unter den Champignons finden wir viele Kotnascher. Gerade der essbare Wiesenchampignon lässt sich auf mageren Weiden oft in großer Zahl finden. Immer wieder mit von der Partie ist der Spitzkegelige Kahlkopf. Der kleine Schelm ist dank seiner psychoaktiven Wirkung wohl einer der bekanntesten unter den Wiesenpilzen. Sein psychoaktives Psilocybin haben wir womöglich auch dem Kot zu verdanken. Denn im Dung befindet sich Ammoniak, das der Pilz mutmaßlich entgiftet, indem er Psilocybin daraus macht. Gleichzeitig schützt das Psilocybin auch vor Insekten, da es bei ihnen als Appetithemmer wirken kann.

Blütenmeer und Summ-Konzert, das gibt es vor allen Dingen auf dem Magerrasen. Und der Magerrasen braucht uns und unsere Weidetiere. Hier können wir der Natur beweisen, dass wir es draufhaben und – statt immer nur zu zerstören – auch in der Lage sind, Artenvielfalt zu beleben. Diese Wiesen sind wie Leinwände, die wir mitgestalten können. Kunterbunte Werke voll spannender Symbiosen warten darauf, hier zu entstehen. Alles, was es braucht, ist die extensive Bewirtschaftung. Ob Almwirtschaft oder Wanderschäferei, so geht Vielfalt. Einzig die Gülle darf hier nicht her, denn: Nur Natur ohne Gülle ist Kunst!

Hecke –
Grenzenlose Schönheit in der Grenze

Wenn es darum geht, sein Eigentum vom Rest der Welt abzugrenzen, erlebt die Menschheit derzeit eine wahre Blütezeit der Hässlichkeit. Man muss nur einmal in einen beliebigen Vorort einer gewöhnlichen Stadt gehen und sich die schauerlichen Auswüchse des Territorialverhaltens unserer Spezies anschauen: Zäune, aber was für welche! Gitterzäune mit grauem Plastiksichtschutz, die bei ihrer grauenhaften Scheußlichkeit allein den Nutzen haben, uns den Anblick der seelenlosen Schottergärten dahinter zu ersparen. Doch damit nicht genug. In manchen Gärten erobert diese lebensverneinende Gestaltung des eigenen Grund und Bodens auch die Vertikale, wenn Metallkäfige mit Steinen gefüllt werden, um das eigene durchschnittliche Leben vor den Blicken der Nachbarn zu schützen. Nichts gegen etwas Privatsphäre, doch sichtgeschützte Rückzugspunkte lassen sich auch anders schaffen. Nämlich mit Hecken. Diese können nicht nur Gärten begrenzen, sondern machen sich auch traumhaft an Feldrändern und Böschungen. Wir erkennen eine Hecke daran, dass sie nur wenige Meter breit, aber viele Meter lang ist. Die Sträucher und kleinen Bäume in der Hecke sind dabei zwischen 1 und 8 Metern hoch. So kann sie wie ein Zaun Grundstücke voneinander trennen. Im Gegensatz zu unseren unansehnlichen Gebilden, die lediglich dazu taugen, von Hunden angepinkelt zu werden, sind Hecken auf verschiedenste Weise wertvoll und bereichern unsere Lebenswelt, anstatt sie zu verschandeln.

Hecken dienen nicht nur dazu, den eigenen in der Sonne bräunenden Hintern vor den neugierigen Glotz-Apparaten der Mitmenschen zu schützen. Zwischen Äckern und Wiesen sind Hecken wertvolle Korridore für die Tierwelt. Hier sagen sich Fuchs und Hase nicht nur »Gute Nacht«, sondern auch »Guten Morgen« oder »Hinfort mit dir, hier hopple ich!«. So können sich die Tiere auf sicheren Wegen von einem Lebensraum, wie etwa einem Ufersaum, zu einem anderen, wie etwa einer Streuobstwiese, begeben. Die Komfortzone Hecke verlassen dabei verschiedene Tierarten unterschiedlich weit. Während sich ein Fuchs schon mal in einem Radius von 3 Kilometern um die schützende Hecke herumschleicht, möchte sich das Mauswiesel immer sicher sein, dass es einen Strauch im Rücken hat, und entfernt sich darum nicht mehr als 150 Meter von der Hecke. Die Haselmaus wiederum kann dem Verlassen des eigenen Wohlfühlbereichs gar nichts abgewinnen und verlässt die Hecke, wenn möglich, überhaupt nicht.[50] Wir sehen also, dass eine gute Vernetzung der Hecken untereinander wichtig ist, um es den Arten zu ermöglichen, sich neue Lebensräume zu erschließen. Das ist auch in Hinblick auf die genetische Vielfalt der Tiere unerlässlich. Können Arten, die das Gebüsch nur in einem kleinen Radius verlassen, in diesem keine weitere Hecke finden, bedeutet das, dass sie auch keine Chance haben, sich dort mit anderen Artgenossen zu treffen und mit ihnen Nachwuchs zu zeugen. Darum sind diese Lebensräume in der Kulturlandschaft von sehr großer Bedeutung.

Doch auch für die Erträge der Ackerflächen bieten Hecken große Vorteile. Man könnte ja meinen, dass durch so einen Korridor aus Sträuchern Fläche verbraucht wird, die nicht für den Anbau von Kulturpflanzen verwendet werden kann. Es hat sich jedoch gezeigt, dass Hecken den Ertrag der angrenzenden Ackerflächen erhöhen, sodass die verlorene Fläche ausgeglichen werden kann. Darüber hinaus beherbergen die Sträucher viele Nützlinge, die die Ernte durch ihre natürliche Bekämpfung von Schädlingen schützen. Außerdem bietet eine Hecke einen Windschutz, was dabei hilft, die Ausbreitung von Pilzkrankheiten zu verhindern. Darüber hinaus leben in der Hecke unzählige Bestäuberinsekten, von denen wir einige gleich kennenlernen werden. Diese tragen auch dazu bei, dass die Kulturpflanzen bestäubt werden.[51]

Eine gut gepflegte Hecke hat einen stufigen Aufbau, das heißt, außen gibt es einen Kräutersaum, der die Hecke beispielsweise von der Kulturlandschaft abgrenzt, in der sie wächst. Es folgt die Mantelzone, wo bereits höhere Sträucher wachsen. Diese ummanteln die Kernzone, die über einige höhere Gehölze verfügt. Der Aufbau der Hecke sorgt dafür, dass in ihr zahlreiche Mikrohabitate entstehen, die einen Lebensraum für viele verschiedene Lebewesen bieten. Schätzungen zufolge sind Hecken in Mitteleuropa das Zuhause von circa 10 000 Tierarten.[52] Es ist also einiges im Busch. Alle Lebewesen leben hier in einer unglaublich komplexen und vielseitigen Gemeinschaft. Und das schauen wir uns jetzt einmal genauer an.

Kernzone

In der Kernzone der Hecke finden wir die höchsten Gewächse. Hier können verschiedene Greifvögel nach Beute Ausschau halten und Singvögel-Männchen ihre Lieder erklingen lassen. Fasane und Tauben nutzen die hohen Bäume in der Nacht zum Schlafen, während Waldohreulen hier des Tages schlummern.

Die Kernzone ist geprägt von vielen verschiedenen Sträuchern und kleinen Bäumen, die zu unterschiedlichen Zeiten blühen und Früchte tragen. Daher gibt es hier ein großes Nahrungsangebot für verschiedenste Lebewesen, die wiederum die Bestäubung der Pflanzen vornehmen oder aber deren Samen verbreiten.

Eine typische Pflanze der Kernzone ist die Eberesche, die viele auch als Vogelbeere kennen. Dieser Name greift aber zu kurz. Wollte man die ökologische Bedeutung der Eberesche mit einem treffenden Namen ausdrücken, so müsste man sie Vogel-Insekten-Säugetier-Beere nennen. Denn neben 63 Vogelarten bedienen sich auch 72 Insektenarten und 31 Säugetierarten an der Eberesche. Man kann sich die Eberesche wie eine buschige Fruchtbarkeitsgöttin mit Hunderten Brüsten vorstellen, die unzählige Lebewesen mit ihren großzügig dargebotenen Zitzen beköstigt. Ihre Blätter nähren die Raupen unterschiedlichster Schmetterlinge. So knabbern die Raupen des Ebereschen-Bergspanners, des Gelben Hermelins, der Pflaumen-Gespinstmotte, des Frühlings-Wollafters, der Kupferglucke, des Bergweißlings, des Schwammspinners und vieler anderer Arten gerne mal am Ebereschenlaub. Auch Rehe und Rothirsche lassen sich das Blätterwerk der Pflanze bei Gelegenheit schmecken.

Die Knospen der Vogelbeere werden vom circa 3 Millimeter kleinen Gesprenkelten Ebereschen-Blütenstecher als Kinderstube genutzt. Er legt seine Eier in die Knospen, die dann von der Käferlarve gefuttert werden. Eine verlorene Blüte für die Vogelbeere, aber ein niedlicher Rüsselkäfer für eine bessere Welt. Auch die Blüten der Big Mama des Gebüsches werden von unterschiedlichsten Käfern, Fliegen und Bienen aufgesucht und von diesen besonders aufgrund ihres ansprechend fischigen Duftes geschätzt. Die hungrigen Gäste nutzen ihr, weil sie bei der Bestäubung helfen. So kann die Eberesche noch mehr geben, nämlich ihre Früchte. Und die sind bei zahlreichen Tieren mächtig beliebt. Viele Vögel vertilgen das rote Naschwerk voller Freude und verbreiten die unverdauten Samen mit ihren Ausscheidungen. Davon profitieren sie selbst, aber auch die Eberesche. Außerdem nutzen viele Vogelarten das Geäst der Eberesche zum Brüten. Gar keine schlechte Idee, denn so haben sie es nicht weit bis zur Speisekammer. Hier schlagen sich auch andere gerne den Magen voll. Füchse und Dachse kennen die Vogelbeeren als schmackhafte Nachspeise; Eichhörnchen, verschiedene Mäuse und Bilche wecken die Früchte gerne für den Winter ein. Allerdings ohne sie mit Zucker einzukochen. Die Früchte werden einfach unter der Erde versteckt und dann bei aufkommendem Hunger ausgegraben und gesnackt.

Die Haselmaus, die eben keine Maus, sondern ein Bilch ist, findet das süß-herbe Aroma der Eberesche sehr lecker. Aber im Grunde ist sie auch nicht sehr wählerisch. Sie frisst sich am liebsten quer durch die Hecke und nascht Knospen, Beeren, Früchte und Samen. Das große Mampfen ist für das kleine Säugetier auch überlebenswichtig, denn nur mit genug Speck auf den Rippen kommt es durch den Winter. Während wir Menschen uns während der Festtage zur Winterzeit den Bauch mit Plätzchen und anderen Fettbomben vollschlagen, verbringt die Haselmaus diese Zeit eingerollt und bewegungsunfähig in ihrem Nest am Boden. Erstarrt zehrt sie von ihren Fettreserven, bis der Frühling kommt. Dabei spart sie dermaßen konsequent Kalorien, dass sie sich nur alle 11 Minuten einen Atemzug gönnt. Das flauschige Tier hält bei klirrender Kälte und Minusgraden seine Körpertemperatur nur knapp über dem Gefrierpunkt. Wenn der Nager dann im Frühjahr wieder aus der Starre erwacht, ist es kein Wunder, dass er sich nicht groß überlegt, was ihm am besten schmeckt, sondern er sich einfach alles reinschaufelt, was geht. Leider sind Hecken, die genügend Nahrung für Haselmäuse bieten, mancherorts eine echte Seltenheit. Das führt dazu, dass auch die niedlichen kleinen Winterschläfer sehr selten sind. Darum pflanze Hecken, wer kann!

Und gerne mit Hasel. Die mag die Haselmaus nämlich besonders gerne. Die Nüsse liefern ihr eine gute Portion Energie, die ihr dabei hilft, sich mal wieder richtig auszuschlafen. Um an die begehrten Früchte zu kommen, nagt sie ein kreisrundes Loch in die Schalen. Andere Haselnuss-Fans aus unserer Hecke sind da nicht so akkurat. Das Eichhörnchen, das gerne mal eine Nuss versteckt und damit der Hasel durchaus nützt, knackt die Schalen ganz einfach auf. Der Siebenschläfer und die Rötelmaus nagen die Schalen hingegen ebenfalls auf, lassen dabei aber bei Weitem nicht so viel Sorgfalt walten wie die Haselmaus. So können wir am Fraßbild an einer Haselnuss erkennen, wer da im Gebüsch so alles lebt.

Auch dem Haselnussbohrer kommen wir so auf die Spur. Dieser circa 7 Millimeter kleine Käfer mit dem langen Rüssel verfolgt eine ähnliche Taktik wie der Gesprenkelte Ebereschen-Blütenstecher, nur eben mit der Haselnuss. In die Nuss hinein mit den Eiern und dann nichts wie davon. Die in der Nuss geschlüpfte Larve erwartet weder eine Krabbelgruppe noch Baby-Yoga. Dafür eine gewaltige Haselnuss, die der Larve für 4 Wochen das Glück eines vollen Magens beschert. Doch irgendwann passiert das absolut Erschütternde: Die befallene Nuss fällt vom Strauch ab. Keiner weiß, was der Larve in diesen Momenten der Schwerelosigkeit und bei dem harten Aufprall am Boden durch den Kopf geht, aber sicher ist, dass sich niemand die Mühe gemacht hat, das kleine Lebewesen auf diesen traumatischen Sturz vorzubereiten. Bisher hat jedenfalls noch kein Haselnussbohrer in Eigentherapie seine innere Larve umarmt und diesen Moment aufgearbeitet. Stattdessen stecken die Käfer womöglich im Wiederholungszwang fest und lassen ihre eigenen Eier genauso hilflos zurück, wie sie selbst in ihrer Kindheit gewesen sind. Vielleicht denken die Krabbler aber auch ganz anders über ihre Larvenzeit. Womöglich ist das Alleinsein in der Nuss das Schönste, was sich ein Haselnussbohrer vorstellen kann. Wenn sie nicht zu sprechen anfangen, werden wir es wohl nie erfahren.

Neben den Nüssen sind auch die männlichen Blütenkätzchen der Hasel ein Fest für die Insektenwelt. Diese blühen schon sehr früh im Jahr und bieten so den ersten Honigbienen Pollen als Nahrungsvorrat für das neue Jahr an. Für die Schmetterlingswelt ist eine Hasel im Busch ebenfalls eine echte Bereicherung. 64 Arten von Faltern legen ihre Eier an diesem Strauch ab, der daraufhin ihre Raupen ernährt. Die vielfältige Insektenwelt auf der Hasel ist wiederum für verschiedene Vögel eine willkommene Kost.

Eine Vogelart, die sich auf das Leben in den Hecken und die hier umherkrabbelnden Proteinquellen spezialisiert hat, ist der Neuntöter. Von seiner Ansitzwarte lauert er seinen Beutetieren in der Saumzone der Hecke auf. Nun hat er nur noch die Qual der Wahl. Vielleicht ist es ein guter Tag, um sich eine Heuschrecke schmecken zu lassen? Oder einen knusprigen Käfer? Vielleicht aber heute, zur Feier des Tages, etwas ganz Besonderes? Wenn er Appetit auf eine Hornisse hat, greift er auf eine Jagdtechnik zurück, die Uropa Neuntöter immer den »Schleudergang« genannt hat. Er greift die Hornisse im Flug mit seinem Schnabel und schleudert sie von sich weg, nur um sie erneut zu schnappen und ein weiteres Mal durch die Luft zu ballern. Das wiederholt der Neuntöter so oft, bis die Hornisse ihren Verletzungen oder ihrem Schwindelgefühl erliegt. Nun muss die Nahrung nur noch fachgerecht zerlegt werden. Dafür nimmt sich so mancher kultivierte Neuntöter richtig Zeit. Ohne Messer und Gabel, dafür mit seinem praktisch geformten Schnabel, reibt der Vogel seine Mahlzeit nun so lange auf einem harten Untergrund herum, bis er den Stachel aus dem Insekt herausgequetscht hat. Außerdem trennt er die Flügel, Beine und Fühler fein säuberlich von seiner Speise – Esskultur geht ihm über alles.

Wenn das Insekt dann allerdings verschlungen ist, legt der Neuntöter ein Verhalten an den Tag, das absolut nicht im Sinne Knigges ist: Er würgt alle unverdaulichen Nahrungsbestandteile als Speiballen wieder herauf. Darum legt er so viel Wert auf die sorgfältige Zerteilung seiner Speisen. Nur sehr hungrigen Neuntötern ist alles egal, und sie verschlucken ihre ganze Insektenmahlzeit auf einmal. Ein hungriger Neuntöter schert sich nicht darum, ob das Essen Stacheln, stinkende oder ätzende Verteidigungsflüssigkeiten oder unverdauliche Beinchen hat. Was rein geht, kommt rein, und was dann eben wieder raus muss, wird rausgewürgt. Und in den kleinen Vogel geht vieles rein. Zum Beispiel neben verschiedensten Insekten auch kleine Vögel, Säugetiere, Amphibien und Reptilien. Die Wirbeltiere werden vom Neuntöter mit einem Biss in den Nacken getötet, woraufhin er sich einen anderen Strauch im Unterwuchs der Kernzone zunutze macht: den Schlehdorn. Dieser Busch verfügt über lange Dornen, die dem Neuntöter und vielen anderen Tieren der Hecke Schutz vor Fressfeinden bieten. Allerdings sind diese Spieße für den Neuntöter auch auf andere Weise sehr nützlich. Sie eignen sich perfekt als Speisekammer. An ihnen kann der kleine Vogel erbeutete Mäuse und andere größere Lebensmittel aufspießen, zerteilen und lagern.

So ein gut organisierter Neuntöter ist besser auf den Weltuntergang vorbereitet als jeder Prepper. Insektensterben? Egal, dann kommen heute eben Mäuse auf den Spieß.

Der Schlehdorn ist aber nicht einfach nur der Spießgeselle des Neuntöters. Vom Insektensterben hält dieser Strauch auch gar nichts. Darum tut er alles, was er kann, um den Insekten zu helfen. Davon können die Bienen ein Liedlein summen, denn allein 20 Wildbienenarten sammeln den Pollen dieser weißblühenden Pflanze. Darüber hinaus werden seine Blätter von verschiedensten Schmetterlingsraupen gefressen. Nun gut, das findet der Schlehdorn nicht unbedingt so toll, irgendwo hört die Wohltätigkeit dann doch auf. Spätestens da, wo raupenförmige Vielfraße sich an den Blättern zu schaffen machen. Darum lockt sich der Schlehdorn zur Abwehr der unliebsamen Fresser seine Privatpolizei an. Zum Dienst melden sich verschiedene Ameisen, die sich daranmachen, die ungebetenen Gäste zu vertreiben. Dafür werden sie vom Schlehdorn mit ganz besonderem Nektar entlohnt. Nämlich mit extrafloralem Nektar, der nicht in den Blüten zu finden ist, sondern von großen Drüsen auf der Blattunterseite ausgeschieden wird. Allerdings bekommen auch die Ameisen, die keine Lust auf den stressigen Polizistenjob haben, Nektar ab, ganz ohne dafür irgendwelche Raupen verprügeln zu müssen. Die glücklichen und gesättigten Raupen, die ihren Fressfeinden trotzen, können dann einmal so wunderschöne Falter wie der Hecken-Wollafter, der Graue Laubholz-Dickleibspanner, der Gebüsch-Grünspanner oder der Segelfalter werden.

Zu der bunten Vielfalt, die den Schlehdorn umflattert, gehören natürlich auch verschiedenste Vögel. So fühlen sich Grünfinken und Mönchsgrasmücken beim Brüten im Schlehdorn absolut wohl. Ihre offenen Nester sind für Elstern hier im dornigen Dickicht nicht zugänglich. Wer also fürchtet, von einem

Rabenvogel angegriffen zu werden, nehme sich ein Beispiel und wickle sich mit Stacheldraht ein. So ist man nicht nur vor Elstern, sondern auch vor verschwitzten Leuten in der Supermarktschlange sicher, die einem sonst nur zu gerne mal viel zu nahe rücken. Gern geschehen! Doch zurück zum Schlehdorn. Dieser Strauch lebt des Öfteren auch in einer harmonischen Beziehung. Und zwar mit dem Schlehenrötling. Dieser süßlich duftende Pilz erscheint im Frühling unter den Schlehensträuchern oft in Büscheln und ist für Menschen essbar. Er sollte jedoch nicht mit dem giftigen Riesenrötling verwechselt werden. Der ist für Menschen unter Umständen tödlich. Anzeichen einer Vergiftung sind nach circa 4 Stunden auftretende Muskelkrämpfe, Schweißausbrüche, Angstzustände und Erbrechen. Im Gegensatz dazu führt der Genuss des Schlehenrötlings lediglich zu einem angenehm gefüllten Magen. Neben seinen Pilzen bietet der Schlehdorn auch seine Früchte zum Verzehr an. Und da bedienen sich nicht nur wir Menschen, sondern auch jede Menge Vögel. Diese wiederum düngen mit ihren Hinterlassenschaften die Hecke, sodass die Lebensgemeinschaft wunderbar harmonisch zusammenlebt.

Mantelzone

Wie wir sehen, ist eine Hecke ein wahrer Magnet für die Artenvielfalt, und jeder Strauch der Kernzone bietet einer Unmenge an Tieren Nahrung, Unterschlupf, Jagdgründe und mehr. Auch in der Mantelzone ist einiges los. Dornige Sträucher wie die Brombeere prägen das Bild dieses Teils der Hecke. Die Dornen dienen der Brombeere nicht nur als Schutz vor Fressfeinden, sondern sind auch nützlich beim Klettern. Wie kleine Enterhaken können die rückwärts gerichteten Dornen der Triebe sich an anderen Pflanzen festhalten. Durch das Gewicht der Zweige sinken die Dornen dann noch tiefer in ihre Rankhilfe, sodass die Brombeere in die Höhe klimmen kann. Ab Juni blühen dann pro Strauch Hunderte Blüten, die von unzähligen Insekten besucht werden. Davon profitieren wiederum alle, die gerne von den süßen Früchten der Brombeere naschen. Doch damit nicht genug, die Brombeere ist auch ein fantastisches Insektenhotel. Es gibt zwar keinen Whirlpool oder elektrische Schuhputzer, dafür aber schöne hohle Stängel.

Für die Keulhornbienen sind die Brombeerstängel eine absolute 5-Sterne-Unterkunft. Diese schwarzen kleinen Wildbienen schlüpfen im August und September aus ihren Brutzellen und wollen zunächst das süße Leben kosten. Ein Leben, das sich lediglich um das Zeugen von Nachwuchs dreht, finden sie einfach nur öde. Sie wollen was erleben, bevor sie die nächste Generation in die Welt setzen. Darum nutzen sie die Zeit vor dem Winter, um sich die Bäuche vollzuschlagen. Wenn die verschiedenen leckeren Blüten dann verköstigt wurden und die Temperaturen langsam kälter werden, geht es auf ins Hotel Brombeerer Hof. Der Check-in geht schnell und unkompliziert, und schon ist die Keulhornbiene drin im luxuriösen Winterquartier. Die von Mark ausgekleideten Wände laden zum gemütlichen Kopfabwärtssitzen ein. Es besteht die Möglichkeit, sich einen Stängel mit bis zu 30 Artgenossen zu teilen, sodass die Chance hoch ist, nicht allein aus dem Winterschlaf zu erwachen, auch wenn der eine oder andere Hotelgast den kalten Temperaturen erliegt. Aber auch Einzelzimmer sind mitunter zu bekommen. Durch die Stängelöffnung ist eine gute Belüftung stets sichergestellt. Damit bietet der Brombeerer Hof die besten Bedingungen für eine geruhsame Erholung, denn in der Ruhe liegt die

Kraft. Und wer dabei erfriert, kann immerhin keine schlechte Bewertung auf Tripadvisor mehr abgeben, also alles kein Problem.

Die Keulhornbienen, die den Winter überlebt haben, suchen sich nach dem Check-out einen Geschlechtspartner und paaren sich. Dann bucht sich das Weibchen im Brombeerer Hof einen speziellen Niststängel. Dieser sollte am Ende abgebrochen oder abgeschnitten sein, sodass das Weibchen sich direkt an die Gestaltung dieser Kinderstube machen kann. Die Keulhornbiene entfernt dazu das Mark des Stängels und füllt die Kammer mit einem Proviantballen aus Pollen und eingedicktem Nektar. Dann legt die Biene ihr Ei, das etwa halb so groß ist wie sie selbst, zwischen den Futterballen und die Stängelwand. Während die Larven heranwachsen und vom Proviant naschen, beschützt die Mutterbiene das Nest und sucht nach Futter. In Südeuropa lebt eine Keulhornbienenart, bei der sich sogar das Männchen an der Aufzucht des Nachwuchses beteiligt, indem es die Brut vor Ameisen und anderen Räubern verteidigt, die in den Niststängel einzudringen versuchen.[53] Zusätzlich bieten die Dornen der Brombeere einen guten Schutz für die neue Generation der Keulhornbienen.

Auch der Weißdorn und verschiedene Wildrosen schaffen mit ihren Dornen sichere Rückzugsorte in der Mantelzone der Hecke. Davon profitieren auch die Braunbrustigel, die sich im dornigen Gestrüpp am sichersten fühlen. Wenn es nach den Igeln geht, kann es gar nicht genug Stacheln geben. Seine körpereigenen Stacheln verwendet der Igel zur Abwehr der meisten Angreifer, die ihm gefährlich werden könnten. Kommt ein hungriger Marder daher, der gerne mal einen Happen Igel knabbern würde, rollt sich das piksige Tier ein und zeigt seine Stacheln. Pech für den Marder. Kommt ein Fuchs mit Kohldampf daher, dem ein Stückchen Igel munden würde, rollt sich das piksige Tier ein, zeigt seine Stacheln, und der Fuchs muss woanders nach Nahrung suchen. Kommt ein Dachs daher, der Igel lecker findet, rollt sich das piksige Tier ein und zeigt seine Stacheln. Der Dachs nutzt daraufhin seine speziell geformte Schnauze, um den Igel aufzurollen und dann zu verspeisen. Und so endet leider so manches Igelleben. Dass ein Igel im Magen dem Uhu nicht schaden kann, haben wir ja schon im Schluchtwald erfahren. Hinzu kommt, dass kranke oder unterernährte Igel sich nicht mehr so gut einrollen und darum auch von Mardern oder Füchsen erbeutet werden können. Grund genug für den Braunbrustigel, die externen Dornen der Hecke zu schätzen. Außerdem gibt es im Gestrüpp für ihn ausreichend zu futtern. Hier kann er Laufkäfer und Ohrwürmer, Wühlmäuse oder Vogelküken erbeuten und sich einverleiben. Auch den Kadaver einer toten Schlange lässt sich der stachlige Gourmet in seinem dornigen Unterschlupf schmecken.

Neben dem Braunbrustigel, der das Hundsrosengestrüpp vor allem zu schätzen weiß, weil es ihm Schutz und ein reiches Nahrungsangebot bietet, finden auch andere Lebewesen diesen Strauch ganz dufte. Ein solches Geschöpf ist die Gemeine Rosengallwespe. Sie legt ihre Eier in die geschlossenen Knospen der Triebe des Vorjahres und fliegt ihrer Wege. Die Larven, die nach wenigen Tagen schlüpfen, beginnen sofort damit, sich ihre kleinen Larvenbäuchlein vollzuschlagen. Die Hundsrose reagiert darauf mit einem mysteriösen Verhalten, das wir Menschen noch nicht wirklich verstanden haben. Ihr Gewebe beginnt zu wuchern und bildet kleine flauschige Gallen, die aussehen wie besonders wollige rosa-grüne Clownsnasen. Im Inneren dieser haarigen, runden Gebilde finden sich dickwandige Kammern, in denen die Larven leben und von denen sie sich ernähren. Dort überwintern die kleinen Rosengallwespenlarven und warten auf den Frühling. Womit sie sich in den Wintermonaten die Zeit vertreiben, bleibt ihr Geheimnis. Im Frühjahr verpuppen sie sich dann, um schließlich zu ausgewachsenen Rosengallwespen zu werden, neue Eier in Hundsrosenknospen zu legen und zu sterben.

Die Lebensgeschichte dieser kleinen Gallwespen wirkt alles in allem wenig spektakulär. Das Dasein geht seinen geregelten Gang, jahrein, jahraus. Doch hinter den Kulissen spielt sich das wahre Drama ab. Es kann nämlich sein, dass eine Räuberische Rosenerzwespe auf die Galle aufmerksam wird, in der die Larven der Rosengallwespe ihre Kinderstube haben, und ihre Eier in diese Galle einsticht. Die bald geschlüpften Larven machen ihrem Namen alle Ehre, denn sie rauben den Larven der Rosengallwespe nicht nur ihr gemütliches Kinderzimmer, sondern auch das Leben. Als gnadenlose Killer ziehen sie durch die Kammern der Galle und verspeisen die wehrlosen Larven der Rosengallwespe. Doch auch die Brutalolarven der Räuberischen Rosenerzwespe sind nicht unbesiegbar. Es kann nämlich dazu kommen, dass eine noch gewalttätigere Larve das traute Heim der Rosengallwespe unsicher macht. Die Larve der Gezeichneten Rosenerzwespe kennt keine Gnade und verschlingt sowohl die Larven der Rosengallwespe als auch die der Räuberischen Rosenerzwespe, deren Widersacherin. Doch damit ist die Wespennahrungskette in der Rosengalle noch nicht vorbei, da die Larve der Gemeinen Rosenerzwespe nun ihrerseits alle Larven vertilgt, die sie finden kann. Kein Wunder also, dass sich die Hundsrose eine Clownsnase wachsen lässt. Das ewige Fressen-und-gefressen-Werden in der Galle findet sie einfach nur köstlich komisch.

Ein weiterer Fun Fact an dieser Stelle: Obwohl wir Menschen ziemlich viel über das ganze Gemetzel in der Rosengalle wissen, haben wir bisher noch nicht herausgefunden, was die ausgewachsenen Erzwespen fressen, oder ob sie überhaupt Nahrung zu sich nehmen. Wer also noch keinen Lebenssinn für sich gefunden hat, darf sich gerne dieser Frage annehmen.

Heckensaum

Betrachten wir nun den Heckensaum, der die Hecke mit einem Gürtel an bunt blühenden Wildkräutern umgibt, so stellen wir fest, dass dieser Teil der Hecke nicht weniger vielfältig und wichtig ist als ihre anderen Teile. Und dass an diesem Ort das Leben in höchster Herrlichkeit erstrahlt, sehen wir sofort. Die Kräuter und Gräser, die hier in Blüte stehen, veredeln die Luft der Saumzone mit ihren Wohlgerüchen, während bunte Schmetterlinge munter durch die Lüfte ziehen.

Ein besonders nasenbeglückendes Kraut ist die Knoblauchsrauke. Diese Pflanze hat alles, wovon Nasenflügel nur träumen können. Während die Blüten süßen Nektarduft verströmen, liegt beim Zerreiben der Blätter ein würziger Knoblauchduft in der Luft. Darum ist die Pflanze nicht nur bei Riechkolben, sondern auch bei Geschmacksknospen und Saugrüsseln sehr beliebt. Nicht nur Menschen lassen sich den Geschmack dieses Krautes auf der Zunge zergehen, auch viele Schmetterlinge schlürfen gerne den süßen Nektar aus den kleinen weißen Blüten. So lässt sich das häufige Waldbrettspiel gerne zur Verköstigung eines guten Tropfens auf der Pflanze nieder. Der Aurorafalter findet ebenfalls Gefallen an dem köstlichen Bouquet des Nektars der Knoblauchsrauke. Die Schmetterlingsraupen wiederum können gar nicht genug von den Blättern der Pflanze bekommen. Den ganzen Tag Knoblauchgeschmack am

Gaumen und doch kein Mundgeruch? Etwas Besseres gibt es doch gar nicht.

Auch die Knoblauchsrauke findet übrigens, dass es nichts Besseres gibt als sie selbst, und hält hohe Bäume und deren schattenwerfendes Blattwerk für absolut beknackt. Hallo, ihr Baum-Vollpfosten, schon mal daran gedacht, dass unter euch ehrwürdige Knoblauchsrauken gerne Photosynthese betreiben würden? Weil aber die Bäume auf diese freundliche Ansprache nicht reagiert haben, hat das Wildkraut beschlossen, die arroganten Holzköpfe fertigzumachen. Dazu zerstört sie das, was jedem Lebewesen am wichtigsten ist: die Überlebenschancen seiner Kinder. Nun denn, uns Menschen ist derzeit ja auch egal, dass wir den jungen Generationen eine absterbende Erde überlassen. YOLO! Die Knoblauchsrauke geht in ihrem Rachefeldzug allerdings etwas smarter vor als unsere Spezies, die aus Bequemlichkeit den ganzen Planeten kaputtfickt. Sie attackiert nicht mal direkt die kleinen Bäumchen. Nein, sie ist viel gerissener. Sie sorgt nämlich mit bestimmten chemischen Verbindungen dafür, dass in ihrer unmittelbaren Umgebung keine Mykorrhiza-Pilze wachsen können. Diese Pilze sind wiederum essenziell für das Gedeihen kleiner Baumsprösslinge. Somit setzt die Knoblauchsrauke auf die altbewährte Weisheit »Der Freund meines Feindes ist mein Feind« und hält sich auf diese Weise die nervigen Schattenwerfer vom Leib. Davon profitieren auch die anderen Kräuter der Saumzone.

Die Rote Lichtnelke gedeiht hier prächtig, umflattert von Schmetterlingen und Schwebfliegen. Ihre Blüten hat sie so angelegt, dass lediglich langrüsselige Insekten an den Nektar in ihrem Inneren kommen. Doch da hat die Pflanze die Rechnung ohne die Hummeln gemacht, die einfach von außen ein Loch in die Kelchwand beißen, um an den Nektar der Pflanze zu gelangen. Dieses hinterlistige Vorgehen betreiben die Brummer nicht nur bei der Roten Lichtnelke, sondern ebenfalls beim Hohlen Lerchensporn, den wir ja bereits im Auwald kennengelernt haben. Auch hier im Krautsaum der Hecke wächst diese wundervoll duftende Pflanze und bietet ausschließlich langrüsseligen Insekten Nektar zur Verkostung an. Der Hintergedanke dabei ist natürlich, dass Schmetterling und Co beim Schlemmen im Nektarhimmel auch die Pollen der Pflanzen zu passenden Partnerinnen bringen. Aber Pflanze kann sich noch so vornehm und exklusiv gebärden, der Pöbel kommt auch ungeladen und schummelt sich ganz einfach auf direktem Wege ans Buffet.

Doch hier sollten wir wirklich mal innehalten und reumütig in den Spiegel sehen. Es ist ja wohl unerhört, dass wir ein paar diebische Hummeln, die ansonsten moralisch einwandfrei unterwegs sind, als »Pöbel« bezeichnen, während wir selbst tagtäglich in Plastik verpackte Lebensmittel konsumieren und so beständig an dem Donnerbalken sägen, von dem aus wir auf die Welt und unsere Mitlebewesen hinabkoten.

Im Folgenden werden wir darum den ehrenwerten Hummeln mit dem Respekt begegnen, der ihnen gebührt. Denn diese erlauchten Geschöpfe repräsentieren den Gipfel der Nützlichkeit im Geflecht des Lebens. Eine Art dieser edlen Kreaturen ist die hochgeschätzte Steinhummel. Dieses Wesen von höchster Güte käme nie im Traum auf die Idee, sich gammeliges Billigtfleisch im Angebot zu kaufen, um es in besoffener Runde auf den Grill zu packen und sich dann halb verbrannt einzuverleiben. Nein, die Steinhummel hat Niveau und ernährt sich von den edelsten Pflanzensäften, die die Natur bereithält. Im Kräutersaum wird sie dabei gut fündig und kann Pollen und Nektar von Taubnessel, Günsel, Klee und Co nach Belieben schlemmen. Diese gewitzten Geschöpfe vom wohlgestalteten Geschlecht der Steinhummeln können ihre Wohnstätte an den unterschiedlichsten Orten anlegen. Ihr Name verrät schon, dass die Art es vermag, ihre Nester unter Steinhaufen zu errichten. Darüber hinaus nutzt diese vortreffliche Spezies aber auch verlassene Mäusegänge unter der Erde oder verwaiste Vogelnester zur Errichtung ihrer Wohnstätte. Dort leben die Steinhummeln in Staaten von 100 bis 300 Tieren und fliegen aus, um Blüten zu bestäuben und dem Leben dienlich zu sein. Ganze 19 Tage lang. Leider ist die Lebenszeit einer Steinhummelsammlerin allzu schnell verflogen. Auch die Königin des Volkes lebt nur bis zum Ende des Sommers, und mit ihr stirbt das ganze Hummelvolk. Allein die Jungköniginnen überleben das Ende ihres Clans und kehren im nächsten Jahr zurück, um einen neuen Staat in ihrer angestammten Heimat zu gründen. Und die wundersamen Verflechtungen im Kreislauf der Natur gehen weiter ihren Gang.

Allerdings gibt es da jemanden, der nur zu gerne von dem harmonischen Steinhummelgetummel profitieren möchte. Es ist die Königin der Felsen-Kuckuckshummel. Diese ist, obschon von edlem Wuchs und schöner Gestalt, doch auch von böser Gesinnung. Diese Hummelart hat sich nämlich darauf spezialisiert, die Steinhummelnester zu parasitieren. Ohne Ausbeutung gibt es kein Leben für die Felsen-Kuckuckshummel, in der Hinsicht ist sie radikaler als jeder neoliberale Bonze aus dem Reich der Menschen. Ein solcher könnte ja auch noch einen spirituellen Erleuchtungsmoment haben und den Rest seines Lebens in einem Ashram mit Atemübungen zubringen. Für die Felsen-Kuckuckshummel steht das aber nicht zur Debatte. Die Arbeitskraft der Steinhummeln bis zum letzten Atemzug auszuschlachten, das ist ihre größte Erfüllung. Dazu muss sie sich geschickt anstellen. Ihre Taktik besteht zunächst darin, sich in das Nest ihrer Opfer einzuschleichen. Praktischerweise sieht sie so aus wie eine Steinhummel, die in Miraculix' Zaubertrank gefallen ist und darum etwas größer als die anderen ist.

Im nächsten Schritt presst sich die Felsen-Kuckuckshummel an die Waben des Nestes, um den Duft der Kolonie anzunehmen. Dann sucht sie die Königin der Steinhummeln und kämpft mit dieser auf Leben und Tod, was zumeist den Tod der kleineren Steinhummelkönigin bedeutet. Im nächsten Schritt zerstört sie die Einäpfchen des Nestes und verwendet das Wachs für die Einäpfchen, in die sie ihre Eier ablegt. Die Larven lässt sie von den fleißigen Steinhummelarbeiterinnen füttern und pflegen. Die Nachkommenschaft der Felsen-Kuckuckshummel besteht ihrerseits nur aus Drohnen und Königinnen, die einem Leben im Sinne der Ausbeutung anderer entgegenblicken. Hin und wieder noch ein Schlückchen Nektar von Löwenzahn, Witwenblume oder Distel: einfach zauberhaft.

Doch nicht nur die Felsen-Kuckuckshummel frönt im Heckensaum ihrem Schmarotzer-Dasein. Auch die Nelkensommerwurz, die mit ihren zarten weißlichen bis bräunlichen Blüten gänzlich unschuldig aussieht, treibt ihr dunkles Spiel hier in der Saumzone, allerdings mit den Labkräutern. Während diese sich nämlich grün und chlorophyllhaltig, wie sie sind, tagtäglich mit der Photosynthese rumplacken, zapft sich die Nelkensommerwurz, was immer sie braucht, einfach von den Nachbarn ab. Sie ist damit aber auch absolut abhängig von den Labkräutern, ohne die sie verhungert, weil sie komplett verlernt hat, eigenständig Chlorophyll zu bilden. Dafür produziert sie in ihren Blüten einen starken Duft nach Gewürznelken. Das nützt ihr zwar nichts, falls die Labkräuter sterben, aber zum Flexen taugt es allemal.

Wie wir sehen, sind Hecken Orte faszinierender Vielfalt und unglaublicher Geschichten. Hier haben Rötelmaus und Neuntöter, Keulhornbiene und Braunbrustigel ihr Zuhause. Grund genug, mehr Hecken zu pflanzen und die bereits bestehenden Hecken zu pflegen. Nun stellt sich noch die Frage: Wie lässt sich so eine Hecke am besten erhalten? Die Antwort ist das abschnittweise auf Stock setzen. Dabei werden in Bereichen von 20 bis 30 Metern jeweils alle Sträucher auf wenige Zentimeter abgeschnitten, während die angrenzenden Bereiche der Hecke unberührt bleiben. Auch größere Bäume dürfen in dem auf Stock gesetzten Bereich stehen bleiben. Natürlich sollte der Heckenbereich nicht komplett entfernt werden, schließlich brauchen die Lebewesen der Hecke immer noch einen Ort zum Leben. Die zurückgeschnittenen Heckenteile können nun nachwachsen und künftig wieder neuen Tieren Unterschlupf bieten. Was übrigens dabei auch wichtig ist: kein Flankenschnitt an den Hecken. Büsche, die geometrisch gerade beschnitten sind, sehen nicht nur doof aus, sondern bieten auch bedeutend weniger Lebensraum. Wer also nicht möchte, dass die Nachbarschaft denkt, man sei als Kind vom Wickeltisch gefallen, sollte die Gartenhecke so pflegen, dass sie dem Leben hier Raum zur Entfaltung bietet.

Stadtnatur –
Der Kampf gegen den Beton

Der weiße SUV rollt über den schwarzen Asphalt, vorbei an weißen Mehrfamilienhäusern, hin zum grauen Bürogebäude. Obwohl in ihm Platz für fünf Leute mitsamt Gepäck wäre, verlässt eine einzige schwarz gekleidete Person den weißen SUV, passiert einen weißen Schottergarten und betritt das graue Bürogebäude. Vorbei geht es an Schränken voller schwarzer Akten, zum grauen Stuhl am weißen Tisch, um in den grauen Alltag zu starten. Die Person startet den Computer, klinkt sich in eine virtuelle Sitzung ein und sagt: »Hallo, heute möchte ich sterben.« »Ich auch!«, stimmen all die anderen Personen im Chor mit ein. Ja, es stimmt, das Leben in der Stadt kann so richtig schön beschissen sein. Ohne Farben, ohne Formen, ohne Leben. Moderne Einheitsgrütze, die sich vermessenerweise auch noch Architektur nennt. Viel zu große Autos für viel zu kleine Persönlichkeiten. Dazu noch Lärm, verpestete Luft und Müll. Einfach nur deprimierend.

»Moment mal, so schlimm ist das Leben in der Stadt gar nicht!«, melden sich jetzt einige wenig begeisterte Stimmen zu Wort. Und es stimmt, sie haben so was von recht. Denn auch eine Stadt kann ein vielfältiger Lebensraum voll einzigartiger Natur sein, die es so nirgendwo anders gibt. Stadtnatur ist vor allen Dingen ein großes Experiment. Hier versuchen neue

Arten aus fernen Ländern ihr Glück, aber auch einheimische Arten finden Nischen, die sie lieben lernen.

Lebenskünstler und andere Exoten

Und wenn wir schon mal beim Thema Nische sind, fangen wir auch gleich mal mit einer an: Fugen. Denn dort, wo sich Pflastersteine treffen, kann ein artenreiches Miniaturbiotop entstehen, die sogenannte Fugenvegetation. Leicht ist das Leben in der Fuge keinesfalls. So richtig Platz für schöne Wurzeln gibt es keinen. Aber auch nach oben hin sieht die Lage alles andere als rosig aus. Ständig trampeln hier Menschen rum. In der Fuge können also nur Pflanzen gedeihen, die auch mit kleinen Wurzeln auskommen und zudem äußerst trittfest sind. Zu diesen Pflanzen gehört das Einjährige Rispengras. Es ist eines der verbreitetsten Gräser auf der ganzen Welt. Das Rispengras schreckt vor nichts zurück, auch nicht vor Fugen. Als Kosmopolit hat es unzählige Strategien, seine Samen zu verbreiten. Durch Wind, Wasser, Vögel, Ameisen und eben auch durch Menschen, indem es die Samen an Schuhsohlen heftet und sich so zu neuen Fugen tragen lässt.

Auch der Vogelknöterich wächst und gedeiht bestens unter dem Einfluss aufstampfender Füße. Wie sagt man so schön? »Ein paar heftige Tritte gegen den Kopf haben noch niemandem geschadet.« Der Vogelknöterich wächst nicht nur in Fugen, sondern auch in besonders stark genutzten Parks. Denn einige Stadtparks werden derart stark beansprucht, dass sich nach und nach alle mühevoll gesäten Gräser aus dem Staub machen, weil sie den Menschenmassen einfach nicht mehr gewachsen sind. Doch dann übernimmt der Vogelknöterich und bildet schöne weiche Teppiche. Die Samen sind, wie der Name schon ahnen lässt, besonders begehrt bei Vögeln. Die Vögel helfen dem Knöterich dann auch bei der Verbreitung.

Besonders hilfreich sind dabei vor allen Dingen die Haussperlinge, die auch Spatzen genannt werden. Sie sind die Kulturfolger schlechthin und leben fast ausschließlich in menschlichen Siedlungen wie Städten. Dort futtern sie alles, was irgendwie nach Samenkorn aussieht. Ursprünglich kommen diese Vögel, so vermutet man, eigentlich aus den Savannen Afrikas und haben sich dann zusammen mit uns Menschen quer durch Europa angesiedelt. Kulturschocks sind diesen Vögeln auf jeden Fall fremd, ihre Lebensphilosophie ist Opportunismus durch und durch. Ihre Nester können sie so gut wie überall bauen – ob in Baumhöhlen, im Efeu an einer Hauswand oder unter Dachziegeln.

Dennoch gehen ihre Bestände zurück, da die eingangs schon erwähnte zeitgenössische Architektur immer glatter und langweiliger wird, weshalb es auch immer weniger Nischen zum Brüten gibt. Trotzdem gehören sie, was die Nistplätze angeht, immer noch zu den flexibelsten Vögeln. Ähnlich sieht es bei der Nahrung aus. Die Leibspeise der Spatzen sind zwar Samen, aber gerade in Städten findet man unter ihnen auch wahre Imbiss-Junkies. Den ganzen Tag atmen sie die klare Fritten-Luft und warten nur darauf, dass jemand einen Teller mit Essensresten stehen lässt. Schon stürzen sie sich in großer Zahl auf das Festmahl. Denn ein Spatz kommt selten allein, sie sind äußerst gesellige Vögel, selbst zur Brutzeit, wo sich so manch andere Vogelarten schon mal gegenseitig mit ihren Schnäbeln beharken.

Das Nahrungsangebot in der Stadt ist recht groß, und darum haben die Spatzen auch Zeit, ausgiebig ihrem liebsten Hobby nachzugehen: dem gemeinschaftlichen Baden. Sowohl im Wasser als auch im Sand kann man Spatzen dabei beobachten, wie sie stundenlange Bäder nehmen. Reinlichkeit ist ihnen in der nicht immer so sauberen Stadt eben wichtig.

Während die Bestände der Spatzen sinken, ist eine andere Vogelart so langsam im Kommen: der Halsbandsittich. Der Grüne Papagei wandert derzeit immer weiter nach Norden und besiedelt schon einige deutsche Städte. Ganz ähnlich wie einst der Haussperling folgt er dem Menschen und breitet sich immer weiter aus. Seine ursprüngliche Heimat hat er südlich der Sahara in den Savannen sowie auf dem indischen Subkontinent. Doch es scheint, als wäre der Papagei einer der Gewinner der Klimaerhitzung. In Zukunft wird er sich wohl in immer mehr Städten etablieren. Als Höhlenbrüter bevorzugt er Höhlen in alten Bäumen, weshalb man ihn vor allem in Parks und auf Friedhöfen vorfindet. Aber auch eine Hausfassade kann unter Umständen mal genutzt werden. Während die Spatzen ohne ihre ausgiebigen Bäder gar nicht glücklich leben könnten, hassen die Halsbandsittiche das Baden wie die Pest! Stattdessen duschen sie ausgiebig, wenn es regnet. Ja richtig, hier bricht ein Kulturkampf zwischen Baden versus Duschen aus!

Lassen wir die beiden Vögel darüber streiten, welche Form der Körperpflege nun die Bessere ist, und schauen uns die Bäume in der Stadt an. Schnell fällt auf, dass viele Baumarten hier keineswegs heimisch sind, sondern aus aller Welt zusammenkommen. Während die Eschen in den Auwäldern durch Pilze, Insekten und vor allen Dingen Menschen nach und nach vernichtet werden, breiten sich ihre Verwandten langsam in den Städten aus. Die Manna-Esche sagt: »Hallo!« Ursprünglich wächst sie im Mittelmeerraum, doch weil sie im Frühling voller 10 Zentimeter langer duftender weißer Blütenrispen hängt, hat man sie hier und da in Parks und Straßen angepflanzt, ihrer Schönheit wegen. Außerdem duften ihre Abertausenden weißen Blüten köstlich nach Honig und locken allerlei Insekten an. Allzu viel Nektar gibt es allerdings nicht zu holen, dafür umso mehr Pollen. Darüber hinaus verfügt die Manna-Esche über jede Menge Saft. Bei Verletzungen tritt der auch aus. Er enthält vor allen Dingen Mannitol – ein süß schmeckender Zuckeraustauschstoff, den man zum Beispiel aus Bonbons kennt.

Und nun passiert Folgendes: Das Klima wird immer wärmer, und gerade in Städten kann es durch die mit Beton versiegelten Flächen glühend heiß werden. Und da sagt sich die Manna-Esche: »Mensch, das ist hier ja fast wie am Mittelmeer«, und wagt zaghafte Versuche des Verwilderns. Mit Erfolg. In immer mehr Städten gibt es wilde Vorkommen dieser blühfreudigen Esche. Momentan finden wir diesen Baum hier in Mitteleuropa noch ausschließlich in Städten; ob er eines Tages auch in wärmebegünstigte Wälder vordringt, wird sich noch zeigen.

Alles in allem steckt die Verwilderung der Manna-Esche aber vielerorts noch in den Kinderschuhen. Andere Baumarten sind da schon viel weiter. Besonders effektiv im Besiedeln von Städten ist der Götterbaum. Ursprünglich kommt er aus China und wurde im 18. Jahrhundert erstmalig in Europa angepflanzt. Seitdem wuchert der Götterbaum wild durch die Gegend, vor allem in Städten. Seine Robustheit ist beachtlich. Durch Streusalz verpestete Böden machen ihm genauso wenig aus wie intensive Abgaswolken oder starke Dürreperioden. Da er sich immer mehr ausbreitet und die Gefahr besteht, dass er einheimische Arten verdrängt, hat man ihn mancherorts sogar schon mit Herbiziden attackiert. Doch in vielen dieser Fälle zuckt er einfach nur mit den Ästen, denn die meisten Pflanzengifte überlebt er spielend. Selbst ihn abzusägen, bringt nicht viel, da er einfach wieder austreibt. Insekten, die dem

Götterbaum schaden könnten, gibt es hierzulande fast keine. Lediglich die Raupen vom Götterbaumspinner bedienen sich an seinen Blättern. Auch sie wurden hier in Europa einst eingeführt – für die Seidenzucht.

Obwohl sein Name »Götterbaum« schon ziemlich imposant klingt, trägt er noch weitere. Nach dem Zweiten Weltkrieg wuchs er auf den Trümmern der zerstörten Städte und wurde darum auch Trümmerbaum genannt. Heutzutage ist er vor allem bekannt dafür, die kleinsten Lücken im Beton zu finden und dort zu wachsen. Da seine gefiederten Blätter zudem etwas an Palmen erinnern, nennt man ihn auch Ghettopalme. In Städten ist er oft ein willkommener Baum, weil er von ganz allein an lebensfeindlichsten Orten wächst. Allerdings zieht er sich so langsam von den Streifen entlang der Autobahnen und Bahntrassen zurück und besiedelt Magerrasen, wo er allerdings andere Arten verdrängt. Ihn dort wieder loszuwerden, stellt uns vor große Herausforderungen.

Autobahnen und Bahntrassen wählt nicht nur der Götterbaum, um von A nach B zu kommen. Die meisten Neophyten verbreiten sich auf diesem Wege, denn die Ränder von Straßen und Gleisen werden regelmäßig gemäht oder sogar mit Pflanzenschutzmitteln besprüht, damit hier keine dichte Vegetation entstehen kann. Daraus resultiert eine immer wieder offene Fläche, auf der sich Pflanzen leicht ansiedeln können. Durch Autoreifen und Fahrtwind können sich die Pflanzen dann immer weiter verbreiten.

So tat es auch das Schmalblättrige Greiskraut. Ursprünglich fanden seine Samen den Weg nach Europa an Schafwolle haftend, die aus Südafrika importiert wurde. Da Südafrika auf der Südhalbkugel liegt und dort Sommer ist, wenn wir Winter haben, blühte das Greiskraut anfangs immer zwischen September und Januar, weil es dachte, jetzt müsse doch eigentlich die richtige Zeit sein. Nach und nach checkte es irgendwann, was los war, und mittlerweile blüht es von Mai bis Dezember, was eine ausgesprochen lange Blütezeit ist. Der Wechsel der Blütezeit dauerte nur einige Jahre und hatte damit evolutionsbiologische Lichtgeschwindigkeit. Inzwischen ist das Schmalblättrige Greiskraut die Autobahnpflanze schlechthin geworden. Artreine gelb blühende Bestände zieren zum Teil kilometerweit den Mittelstreifen und die Ränder der Autobahnen. Eine Pflanze allein kann bis zu 30 000 Samen produzieren, die dann vom Fahrtwind der vorbeifahrenden Autos Hunderte Meter weit fliegen. So hat sich die Pflanze innerhalb weniger Jahre in ganz Europa rasant verbreitet und ist mittlerweile überall zu finden, allerdings mit einer ausgeprägten Vorliebe für Autobahnen.

Das Greiskraut steht voll auf Individualverkehr; ganz anders und doch wesensverwandt verhält sich der Schmetterlingsflieder. Er bevorzugt die Bahn. Ursprünglich stammt der Schmetterlingsflieder aus China. Weil er im Hochsommer blüht und ein wahrer Schmetterlingsmagnet ist, wurde und wird er sehr häufig in Gärten und Parks angepflanzt. Von dort aus verselbstständigte sich die Pflanze dann und nahm die Bahn. Eigentlich liebt der Schmetterlingsflieder ja Trümmer und Schotter, und wo gibt es das, wenn nicht an Bahngleisen? Ein Strauch allein produziert bis zu drei Millionen Samen, die 40 Jahre lang keimfähig sind und sich ganz wunderbar mit dem Fahrtwind der vorbeifahrenden Züge verbreiten. Wie so oft bei den Neophyten polarisiert auch der Schmetterlingsflieder. Einerseits kann er einheimische Arten verdrängen, er gilt also als invasiv. Andererseits stellt er große Mengen Nektar für die Insektenwelt im Spätsommer bereit, zu einer Zeit also, in der die meisten Pflanzen schon verblüht sind.

Doch nun springen wir auf einen vorbeifahrenden Zug und begeben uns wieder zurück in die Stadt, denn es gibt noch viele weitere Arten zu entdecken. Eine von ihnen sieht ein bisschen so aus wie ein Alien, den man beim Kacken im Gebüsch erwischt hat: die Europäische Gottesanbeterin. Früher gab es diese gigantische Fangschrecke in Mitteleuropa gar nicht. Doch seit die Klimaerhitzung so richtig aufdreht, also seit den 1990er-Jahren, breitet sich die Gottesanbeterin immer mehr aus. Ihre Heimat liegt in Afrika, aber schon seit langer Zeit wandert sie immer weiter in Richtung Norden. Hierzulande finden wir sie mittlerweile in Weinanbaugebieten, auf Trockenrasen und eben an warmen sonnigen Plätzen in Städten. In der wilden Natur ist sie perfekt getarnt: Es gibt sie in Grün, dann tarnt sie sich als frisches Blatt oder Pflanzenstängel; aber auch braune Gottesanbeterinnen existieren, die sich in ihrem Lebensraum als vertrocknetes Blatt geben. In der Stadt lauern sie gerne mal auf Hausfassaden. Dort funktioniert das mit der Tarnung allerdings eher mittelmäßig, und wir können sie einfacher entdecken.

Ihre Anatomie ist absolut faszinierend. Der Kopf ist um 180° drehbar. Während sie lauert, faltet sie ihre Fangarme so zusammen, als würde sie beten, daher auch ihr geistlicher Name. Doch der einzige Gott, den sie anbetet, ist der heilige Hunger. Ist ein Opfer in der Nähe, springen die mit Widerhaken besetzten Fangarme in weniger als 1 Zehntelsekunde wie ein Klappmesser auf und schnappen sich die Beute. Hören kann die Gottesanbeterin übrigens auch. Zwei Ohren am Kopf sind allerdings voll uncool, darum trägt sie lieber ein einzelnes Ohr am Bauch, das sogar Ultraschall wahrnehmen kann. Auch in Sachen Sexualverhalten ist die Gottesanbeterin die Frömmigkeit in Person. Zur Paarung verströmen die Weibchen zunächst einen sinnlichen Duftstoff, um die Männchen anzulocken. Geht es dann ans Einge-

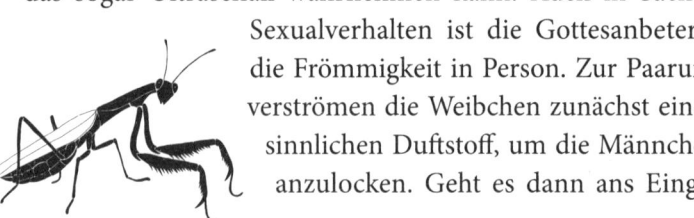

machte, fällt vielen Weibchen plötzlich auf, dass sie die Kerle eigentlich gar nicht mehr brauchen. Darum werden etwa 30 Prozent aller Gottesanbeterinnen-Männchen noch während der Paarung oder kurz danach vom Weibchen gefressen. Der Sexual-Kannibalismus ist allerdings kein Fetisch, sondern einfach nur praktisch, denn ein wohlgenährtes Weibchen kann mehr Eier legen als ein hungriges. Im Sinne der Vermehrung haben wir es hier also mit einem äußerst sinnvollen Verhalten zu tun. Männer fressen, um dem demografischen Wandel entgegenzuwirken ... Let's go!

Füchse, Waschbären und andere Stadtbewohner

Auch unter den Säugetieren gibt es einige richtige Urbanisten. In den 1930er-Jahren entschieden sich ein paar Füchse in Großbritannien, ihr wildes Leben auf dem Lande aufzugeben und stattdessen in die Stadt zu ziehen. Sie waren der Anfang einer großen Bewegung unter ihresgleichen, denn mittlerweile leben in so gut wie allen mitteleuropäischen Städten feste Fuchspopulationen. Darum unterscheidet man inzwischen sogar den Stadtfuchs vom Landfuchs.

Diese Landflucht gibt es nicht nur bei Füchsen, sondern bei vielen Arten. Warum zieht man freiwillig in eine dreckige und laute Stadt? Ganz einfach, vielerorts ist das Landleben zu lebensfeindlich geworden. Auf intensiv genutzten Äckern finden einige Lebewesen einfach keinen Raum zum Leben mehr, und so verdrängt die industrialisierte Landwirtschaft die Arten aus ihrer ursprünglichen Heimat. Die Stadt ist dann nur ein halbgarer Kompromiss, aber lieber in einem Busch in einem Park leben als auf dem Land, wo es vielleicht gar keinen Strauch mehr gibt.

Doch zurück zum Stadtfuchs. Der hat seinen Lebensstil über die Jahre ganz schön verändern müssen. Ein klassischer Landfuchs ist Jäger durch und durch. Landfüchse haben große Reviere, in denen sie durch die Gegend ziehen und jagen. Stadtfüchse hingegen sind zu passionierten Sammlern geworden. Ihre Reviere sind vergleichsweise klein, und statt zu jagen, suchen sie nach Essensresten von Menschen. So wird zum Beispiel systematisch ein Mülleimer nach dem anderen durchgecheckt. Die Landfüchse sind eher scheue Genossen, die man leider häufiger tot am Straßenrand als lebendig in der Natur antrifft. Die Stadtfüchse hingegen haben gelernt, mit viel Verkehr umzugehen, und wissen, wie man eine Straße überquert. Sie sind auch viel zahmer als ihre wilde Verwandtschaft vor den Toren der Stadt. Man könnte fast sagen, die Stadtfüchse domestizieren sich selbst.

Die Stadtfüchse bekommen zunehmend Konkurrenz von den Waschbären. Die eigentlich aus Nordamerika stammenden Kleinbären verbreiten sich seit dem 20. Jahrhundert in Europa. In dieser Zeit wurden sie absichtlich oder versehentlich aus Pelzfarmen befreit, was ihr Startschuss zur Besiedelung dieses Kontinents war. Gerne gesehen sind die Waschbären nicht überall, weil sie Vogelpopulationen schaden können. Generell unterscheidet man auch bei ihnen Land- und Stadtbären. Die Stadtbären stellen besonders oft ihre Intelligenz und Gerissenheit unter Beweis. Als nachtaktive Tiere, die sie sind, suchen sie sich tagsüber Schlafplätze. Normalerweise sind das vor allen Dingen Baumkronen oder Dachsbauten. In der Stadt hingegen kommen auch menschliche Behausungen in Betracht. In einer Untersuchung wurde einst ein Waschbär beobachtet, der tagsüber unter anderem in einer Brauerei, einer Autofabrik und einem Sexshop übernachtete. So manch neugieriger Genosse schafft es auch in private Einfamilienhäuser. Durch die Hundeklappe in der Tür, ein offenes Dachfenster oder auch den Kamin geht es ab in die vier Wände auf Erkundungstour. Wird es dunkel, beginnt die Nahrungssuche. Mit Vorliebe plündern die Waschbären Obstbäume in Gärten. Aber auch Mülltonnen werden routiniert geöffnet und ausgeräumt.

In der kanadischen Stadt Toronto waren der Stadtverwaltung die kriminellen Machenschaften der Waschbären an den Mülltonnen zu viel, weshalb sie waschbärensichere Mülltonnen im Wert von 30 Millionen Dollar anschaffte. Doch die Rechnung hatte sie nicht mit den Halunken der Nacht gemacht, denn nach kurzer Zeit hatten die Waschbären herausbekommen, wie sie den Mechanismus knacken können.[54] Eines kommt bei den urbanen Nachtgespenstern noch erschwerend hinzu: Die Stadtbären sind  sozialer als die Landbären und bilden öfter größere Rudel. Dann kann es schon mal sein, dass auf dem heimischen Dachboden eine richtige Party steigt, Randale inklusive, versteht sich! Wir können uns weiter fleißig selbst belügen und denken, die Städte gehören uns. Oder aber wir stellen uns endlich den Tatsachen: Die Waschbären sind jetzt die Chefs in der Hood.

Während die eingewanderten Bären das Gesetz der Straße schreiben, ist das Gesetz der Lüfte schon längst geschrieben, nämlich von den Krähen. Die schwarzen Vögel sind in Städten einfach überall, und wenn sie reden könnten, müssten wir wohl Unsummen an sie zahlen, damit sie nicht unsere dunkelsten Geheimnisse ausplaudern. Oder aber, wir müssten uns ehrlicher verhalten. Doch wo kämen wir denn da hin? Krähen können sich Gesichter merken. Vermutlich wissen sie genau, wer in der Stadt wen betrügt, wer korrupt ist und wer eine reine Weste hat.

Hier in Mitteleuropa gibt es vor allem zwei Krähenarten: In

Ostdeutschland lebt die Nebelkrähe und in Westdeutschland die Rabenkrähe.[55] In der Mitte Deutschlands verläuft keine klare Krähengrenze, stattdessen leben hier beide Arten und bilden Hybride. Warum ist das so? Vermutlich gab es mal eine Krähenart, von der zwei Populationen durch die Eiszeit räumlich voneinander getrennt wurden. Aus den zwei Populationen entwickelten sich dann zwei verschiedene Arten: die schwarzgraue Nebelkrähe und die gänzlich schwarze Rabenkrähe. Was sie eint, ist ihre Intelligenz. So können sie sich nicht nur Gesichter merken, sondern auch abstrakt denken, Pläne schmieden und Werkzeuge verwenden. Und dabei zerstören sie nicht mal den gesamten Planeten! Man kann also sagen, Krähen sind die besseren Menschen ...

In der Stadt kümmern sich die Rabenvögel vor allen Dingen ehrenamtlich um unseren Müll. Alles, was essbar ist und von uns fallen gelassen wird, wird verspeist. Als Aasfresser sorgen sie für etwas hygienischere Zustände und beseitigen Tierkadaver, indem sie sich diese einverleiben. Da in Städten auf einen Menschen auch immer ein bis zwei Ratten kommen, ein ausgesprochen freundlicher Service, denn Ratten haben keine Bestattungswirtschaft. Weniger Krähen bedeutet also mehr Kadaver. Daran sollte man immer denken, wenn die Krähen mal wieder ein Nahrungslager aus Eicheln und Walnüssen in einer Regenrinne angelegt haben und man sie gerade dafür verfluchen will. Besser tut man daran, sie immer nett zu grüßen, schließlich können sie sich Gesichter merken.

Im Monat Mai heißt es dann Vorsicht! Denn im Wonnemonat unternehmen die vor Kurzem geschlüpften Jungvögel ihre ersten Flugversuche. Nicht selten verlaufen diese etwas ungeschickt, und es kommt vor, dass eine junge Krähe etwas hilflos wirkend irgendwo am Boden hockt. Nähert sich nun ein Mensch, egal ob neugierig oder krähenblind, wirkt er aus Sicht einer alten Krähe wie eine Gefahr für den Jungvogel, weshalb es schon mal dazu kommt, dass Krähen Menschen attackieren. Bisweilen enden diese Angriffe sogar blutig – für die ungefiederten Zweibeiner.

Mit den Füchsen hatten wir ja schon eine Tierart, die aktiv Landflucht betreibt. Auch unter den Bienen gibt es eine Art, die aufgrund intensiv-industrieller Bewirtschaftung ihrer Lebensräume auf dem Land dort kaum noch eine Bleibe findet und darum in die Städte flüchtet. Es ist die Gehörnte Mauerbiene. Zwischen den Fühlern hat diese Bienenart zwei kleine Hörnchen, die namensgebend sind. Natürlicherweise kommt die Gehörnte Mauerbiene in allerlei Wänden vor: Lehmwänden, Lösswänden und Felswänden. Dort nutzt sie ehemalige Nester der Gemeinen Pelzbiene. Doch wie schon gesagt, auf dem Land ist es nicht überall so schön wie man denkt. Raps, Mais, Gülle und Pestizide sind vielerorts die vier Säulen der Realität. Bienen finden sich in dieser Realität schon lange nicht mehr wieder. Hinzu kommt, dass die Gehörnte Mauerbiene sehr zeitig im Jahr losfliegt, da sie die Frühblüher liebt. Ende Februar beginnt bereits die Nahrungssuche, und die ersten Krokusse und Blausterne werden angeflogen. Später folgen Veilchen, Weide oder auch die Apfelblüte. In den Städten findet die Gehörnte Mauerbiene noch, was sie sucht, auch wenn sie etwas improvisieren muss. Als Nistplätze nimmt die Biene hier einfach menschengemachte Hohlräume wie Mauerritzen, zusammengeklappte Gartenstühle oder sogar Radkappen. Das Nahrungsangebot in der Stadt ist ebenfalls gar nicht so schlecht, denn Frühblüher erfreuen sich hier als Zierpflanzen größter Beliebtheit. Zum Glück ist die Gehörnte Mauerbiene so anpassungsfähig und opportunistisch, dass sie im Gegensatz zu vielen anderen Wildbienenarten nicht gefährdet ist.

Die Gehörnte Mauerbiene bringt etwas Wildnis in die Gärten und Parks. Doch wie wäre es mit etwas Wildnis in den eigenen vier Wänden? Eine Wahl hat man nicht, denn eines ist gewiss, die Stadtnatur findet auch in den Häusern statt. Vor langer, langer Zeit lebte einst eine Spinnenart in den Höhlen des Mittelmeerraums. Doch sie war neugierig darauf, wie der Rest der weiten Welt aussieht, und machte sich auf den Weg in ferne Länder. Die expeditionsfreudige Spinne, von der hier die Rede ist, ist die Große Zitterspinne. Von ihren mediterranen Höhlen ausgehend, ist sie mittlerweile überall auf der Welt zu finden, wo ein gemäßigtes Klima herrscht. Gemäßigt ist übrigens auch ihr Machthunger. Reisen geht sie zwar gerne, aber im Gegensatz zur Menschheit hat sie weder Kolonialismus noch Kreuzzüge betrieben. Nein, sie hat sich einfach ihre Nischen gesucht, in denen sie friedlich lebt. Zu diesen Nischen gehören auch unsere Häuser mit ihrem angenehmen Klima. Darum gibt es wohl kaum ein Haus, das die Große Zitterspinne noch nicht von innen gesehen hat. Wegen ihrer Friedfertigkeit dürfen wir sie auch ruhig willkommen heißen. Denn sie will uns weder ihre Religion aufzwingen noch unsere Rohstoffe und Schätze plündern noch uns versklaven und Völkermord begehen. Die Große Zitterspinne sucht sich einfach eine ruhige Ecke an der Zimmerdecke und hält uns lästige Mücken und Fliegen vom Leib. All diese weniger friedfertigen Eindringlinge stehen auf ihrer Speisekarte. Optisch erinnert die Zitterspinne sehr an die als »Opa Langbein« bekannten Weberknechte. Doch Weberknechte spinnen keine Netze, die Zitterspinnen hingegen schon. Weberknechte leben eher draußen, Zitterspinnen eher drinnen. Durch die optische Ähnlichkeit werden die meisten Zitterspinnen fälschlicherweise als Weberknechte bezeichnet. Schon erschreckend, wie wenig wir unsere engsten Mitbewohner kennen!

Doch zurück zu den Netzen. Mit diesen fangen sie ihre

Beute – und unfreiwillig auch Staub. Nicht dass sie gerne Staub fressen, aber durch den Staub im Netz werden wir oft erst auf sie aufmerksam. Denn die typischen staubigen Fäden, die man häufig an Wänden und Decken findet, stammen meist von unseren achtbeinigen Freunden. Neben Mücken und Fliegen »beschützen« uns die Zitterspinnen auch vor anderen Spinnen, wie zum Beispiel der als »Hausspinne« bekannten Winkelspinne, denn auch sie wird hin und wieder vertilgt. An und für sich ist die Hausspinne absolut harmlos, doch dank ihres bisweilen handtellergroßen Durchmessers, ihrer schwarzen Farbe, ihrer borstigen Beine und ihrer Höchstgeschwindigkeit von einem halben Meter pro Sekunde (!) löst sie regelmäßig Angst und Schrecken in den gutbürgerlichen Behausungen Mitteleuropas aus. Die Hände, die diese Zeilen schreiben, fangen schon beim bloßen Gedanken an die Hausspinne an zu schwitzen, während die innere Stimme einfach nur schreit. Deshalb zurück zur Zitterspinne, die sich der gruselig wirkenden Hausspinne nur allzu gerne annimmt. Sie selbst wird so schnell nicht zum Opfer, denn sie kann sich nahezu unsichtbar machen. Dazu hat sie nicht etwa Harry Potters Tarnumhang gestohlen, sondern fängt bei drohender Gefahr ganz einfach stark zu zittern an. Weil die Spinne sich dann mitsamt ihrem Netz so schnell bewegt, sieht man einfach nicht mehr, wo sie eigentlich ist. Eine geschickte Tarnung!

Stadtliebhaber unter den Pilzen

Das war's, genug Zeit drinnen verbracht, gehen wir wieder raus. Jetzt haben wir ja schon einige Pflanzen und Tiere der Stadt kennengelernt, doch was ist eigentlich mit den Pilzen? Entwarnung, auch Pilze gibt es in der Stadt. In Parks und auf

Friedhöfen sehen wir mitunter dieselben Arten wie im Wald. In trockenen Sommern ist das Pilzvorkommen in Form von Fruchtkörpern hier sogar höher als im Wald, da Parks und Friedhöfe oft künstlich bewässert werden. Unter den Pilzen gibt es aber auch einige Stadt-Spezialisten.

Besonders bei den Champignons gibt es mehrere Arten, die Städte einfach nur lieben. Der Stadtchampignon trägt seinen bevorzugten Lebensraum sogar im Namen. Er besiedelt die extremsten Standorte. Sowohl Schatten als auch pralle Sonne machen ihm nichts aus. Ob der Boden nun eher sauer oder basisch, nährstoffarm oder nährstoffreich ist, den Pilz juckt es nicht. Selbst Streusalz ist kein Problem. Der Stadtchampignon kommt einfach mit allem zurecht und besiedelt sowohl die Ränder von Gehwegen und Straßen als auch Wiesen in Parks. Selbst durch Schotter kann er seine Fruchtkörper hindurchpressen. Als Folgezersetzer verdaut er organisches Material. Dazu gehört neben den Klassikern wie Laub und Nadeln auch Kot – egal ob nun menschlichen Ursprungs oder von Hund oder Katze. Und während er so zwischen Straße und Gehweg dafür sorgt, dass es wieder sauber wird, duftet er auch noch herrlich nach Marzipan. Da er sowohl Schwermetalle vom Straßenverkehr als auch Parasiten aus Kot aufnehmen kann, sollte man ihn trotz seiner Essbarkeit besser nicht sammeln.

Manchmal bekommt er Gesellschaft vom Großsporigen Champignon. Auch er zersetzt, was so anfällt, duftet dabei aber nicht nach feinstem Marzipan, sondern standortgetreu nach Urin, weshalb sein wissenschaftlicher Name auch *Agaricus urinascens* lautet. Trotz seines Geruchs ist auch dieser Champignon essbar. In die Tat umsetzen sollte man das Verspeisen aber aus denselben Gründen wie beim Stadtchampignon besser nicht.

Auch an den Orten, wo frustrierte Vakuumschädel rumhupen, weil für ihren Geschmack jemand zu langsam ausparkt, wachsen Pilze. Die Rede ist natürlich von Supermarktparkplätzen. Denn ausgerechnet dort, wo öfter »Fahr doch, du Arschloch!« gesagt als Luft geholt wird, wachsen Morcheln. Im Dunste der Autoabgase, umgeben von aktiv und passiv aggressiven Intelligenzbestien, die ihr Leben hassen, liegt öfter mal Mulch. Nicht dass zwischen den potthässlichen Karren noch irgendwelche Kräuter wachsen, nein, das ginge ja viel zu weit. Doch auch hier, auf diesen Parkplätzen, liegen gerne mal Holzreste in Form von Rindenmulch herum. Und wo Mulch ist, da sind auch Morcheln. Die Spitzmorchel, die auch als Rindenmulchmorchel bezeichnet wird, wächst sonst vor allem im Nadelwald auf alten Holzlagerplätzen. Da wir es bei der Morchel mit einem der besten Speisepilze überhaupt zu tun haben, ist die Verlockung natürlich groß, sie zu sammeln. Leider sollte man sich aber zurückhalten und die Morcheln lieber im Wald suchen. Denn auch die Spitzmorcheln sind große Talente im Akkumulieren von Schwermetallen, die es auf dem Parkplatz zuhauf gibt. Außerdem sind in industriell verarbeitetem Rindenmulch oft Pestizide und Farbstoffe enthalten, die gut von der Morchel aufgenommen werden können. Also Finger weg von den Parkplatzdelikatessen!

Für viele neue Arten sind Städte die »Häfen«, in denen sie ankommen. Von den Städten ausgehend erobern sie dann neue Lebensräume, weit entfernt von ihrer ursprünglichen Heimat. Manchmal ist das eine echte Bereicherung, und sie füllen bisher vorhandene Lücken. In anderen Fällen werden die neuen Arten zum Problem, wenn sie sich invasiv verhalten und die ursprüngliche Vielfalt verdrängen. Neben den Neuankömmlingen leben auch viele Landflüchtlinge in den Städten. Sie suchen hier neue Lebensräume, nachdem sie von Harvestern und Traktoren, Pestiziden und Gülle vom Land vertrieben wurden. So eine Stadt ist also nicht nur für uns Menschen ein besonders vielfältiger Ort, sondern auch für die Natur. Umso wichtiger ist es, auch in Städten Räume für die Entfaltung der Natur zu erhalten. Egal ob Parks und Friedhöfe oder aber auch leerstehende Grundstücke und Bahntrassen – überall, wo nicht zu viel Beton und Asphalt hingeklatscht werden, kann sich die Natur frei entfalten und insbesondere in der Stadt sogar neu erfinden.

Ruderalfläche – Alles wird gut (nach der Menschheit)

Falls irgendwo mal ein Hang abrutscht oder ein Hochwasser ganze Landschaften wegspült, sorgt das für dramatische Schlagzeilen. Schauen wir in diesem Fall jedoch auf die Reaktionen in der nicht-menschlichen Welt, so begegnet uns bisweilen pure Euphorie. Wenn die Kräfte der Natur mal wieder etwas vom Boden abtragen, seien das jetzt Häuser oder Bäume, bleibt scheinbar nichts zurück. Wirklich nichts? Nein, was nun zutage tritt, ist Rohboden. Und wo Rohboden ist, kann sich neues Leben entfalten. Auf einmal ist überall Platz für vielfältige Arten. Die Ruderalfläche ist geboren.

Wer jetzt denkt, dass die Entwicklung des Lebensraums Ruderalfläche immer Naturkatastrophen wie Hochwasser oder Hangrutsche voraussetzt, kann beruhigt werden. Die allermeisten Ruderalflächen der Gegenwart sind menschengemacht und darum normalerweise auch ohne Tote und Verletzte entstanden. Seien das nun ehemalige Truppenübungsplätze, stillgelegter Bergbau oder einfach nur ein brachliegender Acker. All diese Orte haben eine intensive Nutzung hinter sich, überall ist nur noch nackter Boden. Da ist es nur eine Frage weniger Tage, bis die Natur nach der Stilllegung beginnt, diese Flächen neu zu besiedeln.

Nackte Erde – das gelobte Land

Der Rohboden mag zwar wie eine Einladung zum Keimen für alle Samen wirken, aber es ist keinesfalls so, als könnte auf der Ruderalfläche jede beliebige Pflanze wachsen. Zunächst müssen die Samen ja erst mal ankommen. Klar im Vorteil sind darum alle Pflanzen, deren Samen fliegen können. Und wenn es eine Pflanzenfamilie gibt, die mehr fliegt als business-minded Businessmenschen in der Businessclass zum Businessmeeting, dann ist das die Familie der Korbblütler. Die Korbblütler fühlen sich dabei richtig gut und sind sich ihrer sinnvollen Existenz sehr bewusst, denn sie fliegen nicht nur CO_2-neutral, sondern tragen auch Wertvolles zur Welt an sich bei. Die Korbblütler sind eine richtig große Familie, allein in Deutschland gibt es mehr als 1000 Arten. Viele ihrer Sämlinge fliegen durch die Gegend und hoffen inständig, auf nackter Erde zu landen. Eine Ruderalfläche mit hektarweise nacktem Boden ist da natürlich das gelobte Land für die Korbblütler. Viele der bekanntesten Heilpflanzen gehören zu ihnen, ob Beifuß, Wermut, Kamille oder Schafgarbe, sie alle sind Teil der Familie.

Was die Korbblütler eint, sind ihre vielfältigen ätherischen Öle, deren nützliche Heilwirkungen wir uns zunutze machen. Da im Umkreis menschlicher Siedlungen Ruderalflächen gang und gäbe sind, wuchsen diese Heilkräuter schon immer sehr menschennah. Sie profitieren unmittelbar vom Schaffen unserer Spezies. Mit ihrer Fähigkeit, neue Standorte schnell zu besiedeln und weite Strecken zurückzulegen, haben sich einige Arten von Korbblütlern mit der Zeit über die Grenzen ihrer ursprünglichen Heimat hinweg verbreitet. So ist beispielsweise die Gemüse-Gänsedistel eine der erfolgreichsten Pionierpflanzen der Welt.[56] Ursprünglich war sie nur in Eurasien und Nordafrika anzutreffen, mittlerweile findet man sie auf der ganzen Welt, egal ob in Neuseeland, dem tropischen Afrika oder auf karibischen Inseln.

Neben den Korbblütlern finden sich auch Raublattgewächse verhältnismäßig schnell auf der Ruderalfläche ein. Ihre Samen kommen allerdings nicht angeflogen, sondern heften sich an das Fell von Tieren oder lassen sich von Ameisen tragen. Viele Raublattgewächse haben besonders wohlklingende Namen: Gewöhnliche Hundszunge, Gemeine Ochsenzunge oder auch Gewöhnlicher Natternkopf. Gerade letztgenannte Pflanze erfreut sich bei der Insektenwelt allergrößter Beliebtheit, weil es in den Blüten besonders viel Nektar zu holen gibt. Mehr als 40 Schmetterlingsarten wurden schon am Natternkopf beobachtet. Eine ganz besondere Beziehung zu dieser Pflanze hat die Natternkopf-Mauerbiene, denn sie ernährt sich ausschließlich von deren Blüten. In typischer Mauerbienenmanier nistet sie am liebsten in Hohlräumen. Manche findet sie unmittelbar auf der Ruderalfläche, und zwar in Form von hohlen Pflanzenstängeln. Von besonderer Bedeutung ist dabei die Kleinblütige Königskerze. Diese Pflanze bildet einen bis zu 2 Meter langen Blütenstängel. Ist die Königskerze erst einmal verblüht, findet die Natternkopf-Mauerbiene im verbliebenen Stängel eine Behausung. Praktischerweise ist die Königskerze wollig behaart. Diese Haare schabt die Biene ab und verwendet sie zum Nestbau im Stängel – gemütlich soll es sein.

Die Mauerbiene ist nur ein Beispiel von vielen für die Bedeutung der Ruderalfläche als Zufluchtsort. Weil Ruderalflächen oft nicht gemäht werden, bleiben über den Winter alle alten Halme und Stängel stehen. Wie die Mauerbiene können viele weitere Insekten in die sterblichen Überreste der Pflanzen einziehen. Auch für Vögel ist die Ruderalfläche ein Winterwonderland, denn weil hier nicht gemäht wird, hängen an vielen Stängeln noch Samen. Für die Piepmätze, die trotz des Winters hierbleiben, gibt es so wertvolles Futter. Bluthänfling, Stieglitz und Co freut das ungemein.

Im Großen und Ganzen ist die Ruderalfläche in ihren ersten Jahren ein recht sonniger und trockener Standort, denn vorerst wachsen hier nur Kräuter, die wenig Schatten spenden. Damit ist ein ideales Zuhause für die Zauneidechse entstanden. Doch nur weil der Lebensraum jetzt da ist, muss das noch lange nicht heißen, dass sich gleich Zauneidechsen auf ihn stürzen. Die Besiedelung kann eine Weile dauern. Die allermeisten Zauneidechsen entfernen sich kaum von dem Ort, an dem sie geboren wurden. Hier bewegen sie sich in einem Radius von circa 20 Metern. Haben sich erst einmal Zauneidechsen etabliert, bleiben sie, wenn alles gut geht, so lange da, wie der Lebensraum es ermöglicht.

Auf der Ruderalfläche haben die Echsen alles, was sie brauchen: viel Sonne und knackige Grashüpfer. Die Sonne wird zum Tanken von Energie benötigt. Dazu suchen sich die Eidechsen einen besonders wärmebegünstigten Ort und nehmen ein ausgiebiges Bad in den Strahlen unserer wärmenden Kugel. Mit der richtigen Körpertemperatur funktioniert das Jagen gleich viel besser. Weil Wärme so wichtig ist, sind Zauneidechsen auch nur in den sonnengeheizten Monaten aktiv, im Winter wird gepennt. Verpassen tut man da eh nichts, schließlich schlummern in dieser Zeit ja auch die köstlichen Grashüpfer. Warum wir Menschen bei klirrender Kälte und fieser Dunkelheit arbeiten gehen, anstatt uns einfach für ein paar Monate mit Fliegenpilztee abzuschießen, um den Winter ebenfalls zu verschlafen, ist den Echsen schleierhaft. Sie blenden die kalte Jahreszeit im Schlaf einfach aus und wachen erst wieder auf, wenn der Frühling kommt.

Dann werden nicht nur delikate Insekten verspeist, sondern es wird auch gepimpert. Die Männchen wagen sich etwas vor den Weibchen nach draußen. Weil sie viel Wert auf ihr Äußeres legen, verlassen die Kerle den Unterschlupf im Frühling meist schon frisch gehäutet in einem leuchtend grünen Prachtkleid, schließlich wollen sie ordentlich imponieren. Etwas später kommen dann auch die Weibchen an die Oberfläche. Sie sind allerdings nicht immer schon gehäutet. Wenn sich dann so ein notgeiler Echserich auf sie stürzt, vertreiben sie ihn entschlossen mit aggressiven Bissen. Zur Fortpflanzung wollen die Damen schließlich auch erst mal gehäutet sein. Wenn das geschafft ist und die Chemie stimmt, vertreibt das Echsenmädel den Buben auch nicht mehr, sondern lässt den Beginn des Paarungsrituals über sich ergehen. Dabei beißt das Männchen das Weibchen in den Schwanz und packt es. Dann knabbert es sich langsam immer weiter in Richtung Flanke, wo es sich dann final so richtig stabil festbeißt. Nun krümmt sich der Kerl noch, sodass sich die Kloaken berühren und Babys gemacht werden können. Sowohl Weibchen als auch Männchen weisen nach der Paarungszeit noch für eine ganze Weile Bissspuren auf.

Dass ihre Körper ganz schön geschunden werden, daran haben sich die Echsen schon gewöhnt. Schließlich haben sie nicht nur eine riesige Speisekarte an leckeren Insekten, nein, sie stehen auch selbst auf der Speisekarte vieler Tiere. Meistens beobachten sie sich nähernde Feinde, bis es fast schon zu spät ist, um dann davonzuflitzen. »Davon« heißt in diesem Fall oft nur 1 Meter, denn dann verharren sie auch schon wieder, um gegebenenfalls zum nächsten Sprint anzusetzen. Langstreckenläufer sind die Zauneidechsen keineswegs. Weil diese Fluchtroutine recht gefährlich ist, können sie ihren Schwanz abfallen lassen. Der bewegt sich dann noch zuckend auf dem Boden und lenkt den hungrigen Feind hoffentlich ab. So langsam wächst der Schwanz dann wieder nach. Eine zerbissene und schwanzlose Zauneidechse ist also alles andere als ungewöhnlich. »Leben ist Leiden« – diesen Spruch liest man auf jedem Fußabtreter in Eidechsenheimen.

Dass das Leben Leiden ist, wird man auch dann feststellen, wenn man aus der folgenden Pflanze einen Salat zubereitet. Mit sehr viel Glück lässt sich nämlich auch das halluzinogene Schwarze Bilsenkraut auf einer Ruderalfläche nieder. Insgesamt ist es im deutschsprachigen Raum aber äußerst selten geworden. Denn die Ruderalflächen, die diese Pflanze bevorzugt, sollten sehr nährstoffreich sein. Früher gedieh die Pflanze des Öfteren in Dörfern auf sogenannten Eseldistel-Fluren. Das können beispielsweise Brachflächen mit Schuttablagerungen innerhalb eines Dorfes sein. Da solche Flächen mittlerweile gefühlt seltener geworden sind als Saphire, ist es auch das Bilsenkraut. Dabei hat die Wildpflanze eigentlich einige geniale Eigenschaften. Ihre Samen, von denen eine einzige Pflanze pro Jahr mehrere tausend produzieren kann, sind bis zu 600 Jahre lang keimfähig. Die Samen warten also förmlich im Boden darauf, dass die Wachstumsbedingungen passen. Sollte beispielsweise auf einer ehemaligen Ruderalfläche mittlerweile ein Wald wachsen, können die Samen einfach warten, hoffen und beten, dass dieser Wald aus irgendwelchen Gründen wieder stirbt und eine neue Ruderalfläche entsteht. Wer denkt, Samen seien nur kleine rundliche Teile, die nichts tun, irrt gewaltig. In Wirklichkeit hecken sie schon Pläne für die Weltherrschaft aus. Das Schwarze Bilsenkraut enthält zudem einen schönen halluzinogenen Alkaloid-Cocktail. Damit will sich die Pflanze davor schützen, gefressen zu werden. Nur in seltensten Fällen gelingt es Menschen, die sie dennoch zu sich nehmen, eine schöne Erfahrung mit dieser Pflanze zu haben. Die allermeisten Selbstversuche enden in Höllenqualen oder im Leichentuch. Die alten Namen vom Bilsenkraut sprechen Bände: Rasewurz, Tollkraut, Dummkraut, Gänsegift, Hühnertod, Totenkräutel, Saugift …

Das Bilsenkraut will schon mal nicht gegessen werden, seinen Standpunkt hat es klargemacht. Ähnlich hält es auch das Sechsfleck-Widderchen. Der kleine Schwarze Schmetterling mit den roten Punkten trägt sein Outfit nicht ohne Grund, denn es soll warnen: »Ich bin giftig!« Ganz bewusst fressen die frechen Widderchen jede Menge Hornklee, um die darin enthaltenen cyanogenen Glykoside in ihren Körpern anzureichern. Aus den Glykosiden wird wiederum Blausäure. Wer einmal so ein Widderchen frisst, wird den Fehler bestimmt kein zweites Mal tun. Sollte es nicht genügend Pflanzen mit cyanogenen Glykosiden geben, kann das Sechsfleck-Widderchen das Gift auch einfach selbst im Körper synthetisieren. Das macht den kleinen Chemie-Falter in der Insektenwelt absolut einzigartig. Weil das Widderchen nur so selten angegriffen wird, ist es auch äußerst zahm und hat keine Angst vor anderen Arten, auch nicht vor Menschen, nein, es ist sogar zutraulich …

Nachdem die letzten Zeilen so langsam verhallt sind, hört man am Horizont plötzlich ein ohrenbetäubendes Dröhnen. Es sind die Rotoren des Fluggeschwaders der Helikoptereltern. Ihre Mission: Alles Giftige muss sterben, und zwar sofort und überall! Darum hier noch mal eine kleine Erinnerung: Das Leben an sich führt schon zum Tode, und die Wahrscheinlichkeit, dass ein Kind ausgerechnet so ein Widderchen futtert, liegt so ziemlich bei null. Jeder SUV stellt eine viel größere Gefahr für Kinder dar als die Natur. Also bitte nicht über das Widderchen den Kopf zerbrechen!

Die Jahre ziehen ins Land

Alles in allem ist so eine Ruderalfläche sehr schnell mit vielen verschiedenen Kräutern besiedelt. Die Kräuter locken dann die Insekten an und die Insekten wiederum die Vögel. Streichen die ersten Jahre ins Land und bleibt die Fläche unangetastet, siedeln sich auch schon die ersten Sträucher an. Was nun passiert, nennt sich Sukzession – aus einer Fläche mit nacktem Boden entwickelt sich, Level für Level, so langsam ein Wald.

Ein typischer Strauch in diesem Biotop ist der Schwarze Holunder. Ist er erst mal angekommen, überragt er schnell die ganzen Kräuter der Ruderalfläche. Mit ihm entstehen auch neue Brutplätze für Vögel. Mit dem Blühen beginnt er erst im Juni, wenn die meisten Kräuter am Boden das bereits hinter sich gebracht haben. Dennoch sind die Blüten nicht für alle Insekten von Interesse – Nektar gibt es gar keinen, und Pollen sind nur mäßig vorhanden. Darum sieht man auch nur selten Bienen am Hollerbusch. Schon eher schaut mal ein Schmetterling oder eine Schwebfliege vorbei. Eine besonders wichtige Rolle bei der Bestäubung spielen vor allen Dingen Fransenflügler, auch bekannt als Thripse. Diese winzig kleinen Tierchen sind oft gerade mal 1 Millimeter groß. Manche von ihnen haben Flügel, andere nicht. Ist auch fast egal, denn aktives Flattern ist eh nicht so ihr Ding. Vielmehr fliegen sie des Öfteren mal passiv. Sie sind dermaßen leicht, dass der Wind sie Hunderte bis Tausende Kilometer weit transportieren kann. Die meisten Thripse saugen die Säfte aus Blättern. Manchmal verwechseln sie aus noch unbekannten Gründen Menschen mit Pflanzen und stechen uns arme Geschöpfe in die Haut, nur um dann festzustellen, dass sie ja gar kein Blut saugen können. Der Ruf von Fransenflüglern ist also weder bei Pflanzen noch bei Menschen der beste.

Dennoch, der Schwarze Holunder profitiert von den Winzlingen, da bestimmte Fransenflügler Pollen fressen. Der Holunder lockt genau diese Arten von Thripsen mit Duftstoffen in seine Blüten und schafft ihnen dort eine angenehme Wohlfühlatmosphäre. Die Thripse können sich dort vermehren, und der Holunder blüht so lange, dass die Larven zu erwachsenen Thripsen werden können. Da die Fransenflügler sich so lange in den Blüten tummeln, findet ganz nebenbei auch noch die Bestäubung statt. Irgendwann hat der Holunder dann aber keinen Bock mehr auf die Viecher und produziert ordentlich cyanogene Glykoside, also eine Vorstufe von Blausäure, um sie mit einem chemischen Arschtritt im hohen Bogen rauszuschmeißen.[57]

Lässt man etwas Zeit vergehen, kommt der Tag, an dem aus Blüten Früchte geworden sind, der bestäubenden Thripse sei Dank. Die Holunderbeeren locken viele Vögel zum Naschen auf die Ruderalfläche. Und wer weiß, vielleicht gefällt es ihnen ja so gut, dass sie früher oder später direkt im Busch nisten. Auch das Herbstlaub bringt Schwung in die Ruderale. Es verrottet recht schnell und trägt somit Nährstoffe in den Boden ein. Der Holunder wird hier zum natürlichen Düngerlieferanten.

Bei der Besiedelung der Ruderalfläche durch Sträucher wie den Holunder ist noch nicht Schluss. Im Schatten der Büsche wachsen so langsam die ersten Bäume in die Höhe. Vor allem sind es die schnell wachsenden Pionierbäume, deren Samen vom Wind angetragen wurden, die hier ihr Glück versuchen. Einer von ihnen ist die Zitterpappel. Dieser Baum ist von unschätzbarem Wert für das Ökosystem und sogar die Zukunft des Planeten. Kein Wunder also, dass die Zitterpappel vom Menschen besonders geschützt wird. Oder? Nein, natürlich nicht, sie wird vielerorts aus Tradition bekämpft. Auf freien Flächen kann sie sich rasch ausbreiten und auch sehr schnell wachsen. Solche freien Flächen können Kahlschläge im Wald sein. Nun haben manche, die den Schuss noch nicht gehört haben, Angst, dass die fiesen Pappeln in Konkurrenz mit den mühsam angepflanzten Douglasien treten könnten, welche im Übrigen für das Ökosystem so wertvoll sind wie die Beulenpest für uns. Außerdem lässt sich das Pappelholz nicht so teuer verkaufen wie das Holz anderer Bäume. Darum werden Zitterpappeln vielerorts als Baum-Unkraut angesehen und im großen Stil bekämpft und vernichtet.

Nun wollen wir aber mal schauen, warum das alles andere als schlau ist. Die Zitterpappel ist eine der wichtigsten Futterpflanzen für mitteleuropäische Schmetterlinge. Falter-Raupen lieben die Pappelblätter einfach. Beispielsweise fressen die Raupen vom Großen Eisvogel für ihr Leben gern das Laub dieses Baumes. Doch weil ihre Leibspeise systematisch vom Menschen bekämpft wird, gilt der Große Eisvogel mittlerweile als stark gefährdet. Neben dem Großen Eisvogel nutzen 85 (!) weitere Schmetterlinge die Zitterpappel als Nahrungspflanze, unter ihnen auch viele gefährdete Arten. Eine Ruderalfläche, die von Zitterpappeln besiedelt wird, leistet also schon mal einen löblichen Beitrag gegen das Insektensterben. Darüber hinaus gibt es an den Winterknospen des Baumes den sogenannten Pappelbalsam zu holen. Das ist eine Art Harz, das Bienen dankend mitnehmen. Dieses mischen sie mit Pollen und Speichel, und es entsteht Propolis. Propolis wirkt stark antibakteriell, antiviral und antimykotisch. Die Bienen sorgen mit diesem Stoff dafür, dass sich keine unerwünschten Mikroorganismen im Bienenstock ausbreiten können. Somit schützt die Pappel also auch die Bienen vor Krankheit, Tod und Verderben.

Bei den Pilzen sieht es ganz ähnlich aus wie bei den Insekten. Die Zitterpappel ist auch hier ein wahrer Biodiversitätsgigant.

Der bekannteste Pilz, der mit Pappeln in Symbiose wächst, ist wohl die Espenrotkappe. Dieser Röhrling mit dem roten Hut sieht nicht nur schick aus, sondern ist auch einer der beliebtesten Speisepilze. Zum Rotkäppchen gesellt sich im Falle der Pappel nicht so gerne der böse Wolf, aber dafür ein anderer Symbiose-Pilz, nämlich der farbenfrohe Pappel-Grünling. Ein bisschen Kontrast muss schon sein. Auch unter den Pilzen, die das tote Pappellaub zersetzen, finden sich einige echte Besonderheiten wie etwa Verpeln. Diese schon im Frühjahr erscheinenden Pilze stehen mittlerweile vielerorts auf der Roten Liste. Vielleicht auch deshalb, weil es gar nicht mal mehr so viele ihrer Lieblingsbäume gibt. Auf dem Holz der Zitterpappeln wachsen wiederum Raritäten wie zum Beispiel der Weißgezähnelte Träuschling oder auch der Fuchsrote Schillerporling. Auch diese beiden Pilze finden sich auf der Roten Liste.

Es sollte jetzt ganz deutlich sein, dass einer der vom Menschen meistbekämpften Bäume zugleich einer der ökologisch wertvollsten überhaupt ist. Am Anfang unserer kleinen Pappel-Abhandlung hieß es ja auch, die Pappel sei von unschätzbarem Wert für die Zukunft unseres Planeten. Klar, und das allein schon durch ihren unermüdlichen Einsatz im Kampf gegen das Artensterben. Doch damit nicht genug: Die Zitterpappel hat noch ein weiteres Ass im Ast: Sie ist äußerst resistent gegen Dürre. Wenn im aufgeheizten und trockenen Klima der Zukunft immer mehr unserer Bäume dahinsiechen werden, hat die Pappel gute Chancen, damit klarzukommen. Während in den Forsten immer mehr ökologische Totgeburten wie Douglasien und Roteichen gepflanzt werden, um auf die Klimaerhitzung vorbereitet zu sein, steht die Pappel schon längst bereit, und das seit jeher. Doch statt sie zu verehren, weil sie eine Antwort auf das Artensterben und die Klimaerhitzung zugleich sein kann, wird sie oft nur als wertlos angesehen. Auch mit

Waldbränden kommt die Zitterpappel bestens klar. Schon wenige Wochen nach einem Feuer kann dieser Baum wieder neu austreiben. Andere Baumarten sind da wesentlich langsamer.

Natürlich besiedelt die Zitterpappel die Ruderalfläche nicht allein. Zu ihr gesellen sich andere Pionierbaumarten, unter anderem auch die Birke. Ihre Samen kommen ebenfalls mit dem Wind angeflogen. Man sollte eben nie unterschätzen, was der Wind doch für ein genialer Gärtner ist. Nun gesellt sich die Birke also zu den Pappeln. Ist sie etwas größer geworden, fällt direkt ihre weiße Rinde auf. Warum macht sie das eigentlich? Hier geht es um Sonnenschutz. Wenn man zu den ersten Bäumen auf einer freien Fläche überhaupt gehört, ist man noch ziemlich viel Sonnenlicht ausgesetzt. Sonnencreme für Bäume hat ja noch niemand erfunden. Doch das ist der Birke egal. Das in ihrer Rinde enthaltene Betulin sorgt für die weiße Farbe. Dadurch heizt sich der Stamm nicht so schnell auf und kann auch nicht so leicht reißen. Zudem ist die Rinde wasserabweisend und antimikrobiell. Im Grunde genommen trägt die Birke also eine Funktionsjacke. Aber hey, wer sich 365 Tage im Jahr stets den Kräften der Natur aussetzt, dem kann man das nicht verdenken. Ist ja schließlich nicht so, als würde die Birke nur Sonntagsspaziergänge machen.

Ruderalflächen sind wie Theaterbühnen. Die Natur führt uns hier immer wieder vor, was für unglaubliche Kräfte sie hat. Wenn aus nacktem Boden zunächst eine kunterbunt blühende Wiese wird, aus der Wiese dann eine buschige Landschaft voller singender Vögel und daraus ein Wald, den die Insekten und Pilze einfach nur lieben. Auf der Ruderalfläche sehen wir auch, dass die Natur unsere Mithilfe absolut nicht braucht, dass ein Wald von ganz allein wachsen kann, ganz ohne millionenschwere Aufforstungsprogramme. Selbst wenn wir es schaffen, einen Planeten zu hinterlassen, der fast nur noch aus nackter Erde besteht, entsteht einfach eine riesige Ruderalfläche. Hier kann sich das Leben neu entfalten, und die Welt bleibt auch ohne uns Menschen bunt. Und das beruhigt ungemein.

Ein Wort zum Schluss

Die Natur, unsere Lebensgrundlage, ist das mit Abstand Vielfältigste, was es gibt. Der Reichtum an Arten und die wilden Verknüpfungen dieser untereinander sprengen unsere Vorstellungskraft. Auch wenn wir technologisch bereits weit vorangekommen sind, stehen wir, was unser Verständnis der Natur angeht, oft immer noch am Anfang. Werden wir das Netzwerk der Lebensformen je richtig begreifen können? Vermutlich nicht, aber wir können zumindest immer größere Einblicke gewinnen.

Ist es gerade angesichts dieser immensen Zusammenhänge egal, wenn hier und dort mal eine Art ausstirbt, nur weil wir »Wichtigeres« zu tun haben? Definitiv nein. Je mehr Glieder der Kette des Lebens wir vernichten, umso mehr zerstören wir auch uns selbst. Dabei ist ein Zusammenleben mit der Natur gar nicht schwer. Allzu oft reicht es einfach, wenn wir uns raushalten und die Lebensräume so schützen, dass sie sich selbst entfalten können, wie zum Beispiel im Wald.

An anderen Stellen, wie auf Magerwiesen, wird unser direktes Eingreifen in die Natur aber auch zum Wohle der Vielfalt benötigt. Zum einen, indem wir diese Orte schützen, zum anderen aber auch pflegen und lenken.

Angesichts der Lage der Biodiversität kommt man schnell zum Schluss, die Menschheit sei nichts als ein ressourcenhungriges Krebsgeschwür auf dem Planeten Erde, das blind wuchert und immer mehr Leid und Zerstörung verursacht, weil es sich nur mit sich selbst beschäftigt und die anderen Arten gar nicht mehr wahrnimmt. Dabei sollten wir uns tatsächlich mehr mit uns selbst beschäftigen. Und zwar nicht nur oberflächlich. Blicken wir in die Tiefe, werden wir feststellen, dass wir genauso von den Arten da draußen abhängig sind wie sie alle untereinander. Wir müssen nicht mehr der Planetenkrebs sein, wir können auch Lebewesen werden, die ihre Ökosysteme schützen, genießen und lieben. Die Vielfalt um uns schlummert auch in uns. Lasst sie uns erwecken!

Quellen & Literatur

1. https://www.researchgate.net/publication/346053489_Within-species_floral_odor_variation_is_maintained_by_spatial_and_temporal_heterogeneity_in_pollinator_communities
2. https://www.swissbryophytes.ch/index.php/de/mehr-ueber-moose/lebensraeume/waelder-gehoelze#Schluchtwalder
3. https://www.lwf.bayern.de/mam/cms04/wissenstransfer/dateien/w75_vegetationsgeschichte_der_eiche_bf_gesch.pdf
4. http://www.wald-und-forst.de/wald-nacheiszeit.php
5. https://www.lwf.bayern.de/mam/cms04/biodiversitaet/dateien/w75_pilze_an_eichen_bf_gesch.pdf
6. https://www1.biologie.uni-hamburg.de/b-online/d33/33b.htm
7. https://www.waldwissen.net/de/waldwirtschaft/schadensmanagement/schaeden-an-natuerlich-verjuengten-stieleichen
8. https://schaedlingskunde.de/schaedlinge/steckbriefe/schmetterlinge/grosser-frostspanner-erannis-defoliaria/grosser-frostspanner-erannis-defoliaria/
9. https://www.thuenen.de/de/newsroom/detail/default-dde16b1cab
10. https://www.waldwissen.net/de/lebensraum-wald/pilze-und-flechten/die-eichen-stabflechte-foerdern
11. https://www.waldwissen.net/de/lebensraum-wald/pilze-und-flechten/die-eichen-stabflechte-foerdern
12. https://www.waldwissen.net/de/lebensraum-wald/pilze-und-flechten/die-eichen-stabflechte-foerdern
13. https://www.lwf.bayern.de/mam/cms04/biodiversitaet/dateien/w75_pilze_an_eichen_bf_gesch.pdf
14. http://www.nw-ornithologen.de/images/textfiles/charadrius/charadrius53_69_76_Froehlich_Schmitt_HoehlenbaeumeMittelspecht.pdf
15. https://books.google.de/books?id=agDsDwAAQBAJ&pg=PT65&lpg=PT65&dq=%22Niemand,+der+das+gemacht+hat,+wollte+-

dem+Baum+schaden%22&source=bl&ots=l305Sjbou1&sig=ACfU-3U0V2gEbCUqdX2RIgXzCdFtNrk6u0A&hl=de&sa=X&ved=2ahU-KEwjqzY-olMaCAxX03AIHHYM0BiAQ6AF6BAgIEAM#v=on

16 https://nph.onlinelibrary.wiley.com/doi/10.1111/j.1469-8137.2010.03523.x
17 https://www.cell.com/current-biology/fulltext/S0960-9822(23)00167-7
18 https://www.nature.com/articles/s41598-020-71055-1
19 https://www.greenpeace.de/publikationen/ibisch_et_al_2021_der_wald_in_deutschland_auf_dem_weg_in_die_heisszeit_final.pdf
20 https://www.zobodat.at/pdf/EntBer_40_0169-0172.pdf
21 https://www.lwf.bayern.de/mam/cms04/biodiversitaet/dateien/w24_biber_und_weiden-eine_beziehung_zum_gegenseitigen_nutzen.pdf
22 https://data.jncc.gov.uk/data/1352bab5-3914-4a42-bb8a-a0a1e2b15f14/JNCC-Report-483-FINAL-WEB.pdf
23 https://www.jkip.kit.edu/botzell/2305.php
24 https://www.lwf.bayern.de/mam/cms04/waldschutz/dateien/w42_pilzwelt_der_schwarzerle.pdf
25 https://www.sciencedirect.com/science/article/abs/pii/S0034666714000311
26 https://www.jstor.org/stable/24099128
27 https://www.sciencedirect.com/science/article/abs/pii/S1226861518304424
28 https://link.springer.com/article/10.1007/s13592-014-0307-0
29 Siegfried Slobodda: Pflanzengemeinschaften und ihre Umwelt 1985, S. 152
30 https://www.zobodat.at/pdf/Faun-Oekol-Mitt_1_8_0002-0004.pdf
31 https://www.zobodat.at/pdf/nat-land_2001_1-2_0013.pdf
32 https://lintulehti.birdlife.fi:8443/pdf/artikkelit/973/tiedosto/of_54_1-29_artikkelit_973.pdf
33 https://web.archive.org/web/20120813060902/http://www.uni-kassel.de/fb11/bbp/Skript-G04.pdf
34 https://www.mdpi.com/1420-3049/27/8/2503
35 https://link.springer.com/article/10.1007/BF00299249
36 https://academic.oup.com/aob/article/99/1/161/2769259?fbclid=IwAR28ViB9pTUaJ7ZxYT7DxGW_jMM2TBrjuK5ymfWyL50dEXY-Zf3LRyNAX1n0&login=false
37 https://www.wsl.ch/de/2020/01/zu-viel-stickstoff-bremst-waldwachstum-in-europa.html
38 https://docplayer.org/29155922-Untersuchungen-ueber-koerpertem-

peratur-und-stoffwechsel-beim-fichtenkreuzschnabel-loxia-c-curvirostra.html
39 https://www.waldwissen.net/de/lebensraum-wald/tiere-im-wald/voegel/tannenhaeher-und-zirbe
40 https://link.springer.com/article/10.1007/s11104-022-05497-z
41 https://link.springer.com/article/10.1007/s00360-001-0240-1
42 https://www.zobodat.at/pdf/Jb-Verein-Schutz-Bergwelt_64_1999_0137-0154.pdf
43 http://www.mollusca.de/weichtier_2008_maeuseoehrchen_web.pdf
44 Carl Meyer, Der Aberglaube des Mittelalters, 1884, S. 76
45 https://www.zobodat.at/pdf/Westfaelische-Pilzbriefe_5_0135-0139.pdf
46 https://link.springer.com/chapter/10.1007/978-3-322-91216-9_5
47 https://onlinelibrary.wiley.com/doi/10.1111/oik.01347
48 https://royalsocietypublishing.org/doi/10.1098/rspb.2020.3174
49 https://www.research-collection.ethz.ch/bitstream/handle/20.500.11850/137710/1/eth-36000-01.pdf
50 https://www.biodivers.ch/de/index.php/Hecke/Grundlagen
51 https://www.aknaturschutz.de/service/hecken.pdf
52 https://vogelschutz-wiler.ch/media/PDF/2022/hecke-im-siedlungsraum.pdf
53 https://www.nzz.ch/wissenschaft/bienen-maennchen-einer-art-helfen-bei-der-brutpflege-ld.1465674
54 https://orf.at/stories/3022601/
55 RABEN – U. NEBELKRÄHE Von Melde · 1996
56 https://link.springer.com/article/10.1007/s11738-019-2920-z
57 https://link.springer.com/article/10.1007/s00425-019-03176-5